U0350211

优雅女人三件事

会说话⊕会交际⊕会理财

帮助中国女性开启优雅模式，品位出众

水中鱼 ◎ 著

3堂课，24种方法，教你90天修炼气质女神

立信会计 出版社
LIXIN ACCOUNTING PUBLISHING HOUSE

图书在版编目（CIP）数据

优雅女人三件事：会说话、会交际、会理财 / 水中鱼著. -- 上海: 立信会计出版社, 2015.3

（去梯言）

ISBN 978-7-5429-4526-6

Ⅰ.①优… Ⅱ.①水… Ⅲ.女性 – 语言艺术 – 通俗读物②女性 – 人际关系 – 通俗读物③女性 – 财务管理 – 通俗读物 Ⅳ.①H019-49②C912.1-49③TS976.15-49

中国版本图书馆CIP数据核字（2015）第006647号

策划编辑　蔡伟莉
责任编辑　蔡伟莉
封面设计　久品轩

优雅女人三件事：会说话、会交际、会理财

出版发行　　立信会计出版社

地　　址	上海市中山西路2230号	邮政编码	200235
电　　话	（021）64411389	传　　真	（021）64411325
网　　址	www.lixinaph.com	电子邮箱	lxaph@sh163.net
网上书店	www.shlx.net	电　　话	（021）64411071
经　　销	各地新华书店		

印　　刷	固安县保利达印务有限公司		
开　　本	720毫米×1000毫米	1/16	
印　　张	18.25	插　　页	1
字　　数	256千字		
版　　次	2015年3月第1版		
印　　次	2017年10月第3次		
书　　号	ISBN 978-7-5429-4526-6/H		
定　　价	36.00元		

PREFACE

前　言

女人要想魅力十足、生活得好，关键在于具备做好三件事的能力：会说话、会交际、会理财！可以说，这三件事影响着女人的命运，决定着女人的幸福度。

女人要会的第一件事：会说话。会说话的女人是智慧女人。

对于女人，卓越的口才、有技巧的说话方式，不仅是增加自身魅力的砝码，还是家庭幸福的法宝，更是事业披荆斩棘的利剑。

社交场上的佼佼女，必定会在言谈中闪烁着真知灼见，给人以睿智不凡的印象。优美、高雅的谈吐是女性魅力的显现，是展示女人气质的主要手段。好口才还可以体现出一个女性的思想观念、性格以及她的应变能力、处世能力和思考能力。

会说话的女人是一个有涵养、有情趣的女人，这样的女人在家庭中是亲切的、可爱的和活泼的。她们在言谈中表现得幽默感十足，在笑声中改变家人的情绪和心态，消释老公的事业烦恼，平息家庭的矛盾纷争，增进相互间的情感。女人会说话，会为家庭带来生气，注入活力，让整个家庭生活在愉悦快乐的氛围中，快乐时时相伴，幸福天天相随。

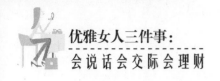

语言的力量能征服人们的心灵。妙语连珠、谈吐不凡，已成为社交能力强弱的重要标志之一。

只会做而不会说，只会蛮干而不知道与人沟通、交际，在今天的社会已经行不通了。作为女人，只有改善口才，才能为自己的职业发展打开更宽的通路。

女人要会的第二件事：会交际。会交际的女人是优雅的女人。

优雅的女人善于打造自己的人际圈，她们懂得在何时何种场合展现自信与魅力，不仅让异性仰慕，也让同性乐于与其交心。

会交际的女人不仅修养佳，而且EQ高，他们通常拥有良好的人缘，而且会比别的女人有着更多的成功机会和较高的成功率。和谐幸福的家庭往往是有一个好女人；协调有序的社会往往是有一群好女人。以至于可以说，女人的交际影响着整个社会的交际。

积累一定的社交经验对于女人的事业以及生活都能起到良好的促进作用。出众的社交能力可以说是女人一生最为宝贵的财富。从职场、情场、生意场，到家庭，女人如何刚柔并济，在交际圈如鱼得水，无疑是展现自我、实现圆满人生极重要的必修课。

人际交往是一门学无止境的艺术，从外在修饰到内在涵养，从知己到了解他人心思，博得人心，进而赢得信任与好感，都需要女人用心学习。

女人要会的第三件事：会理财。会理财的女人是幸福的女人。

作为女人，知道吗？如果你不懂得理财，那就意味着你不懂得如何自主地掌握金钱、自如地掌控自己的生活。

女人如何让自己学会自主地掌控金钱？如何培养自己的理财智慧？这需要先从思想观念上入手，刷新思路，明白理财的意义，明白赚钱的目的，学会制定理财计划。越早开始理财，你就越早能够享受幸福。从理财规划开始打理自己的财富，让自己一步步变成一个按计划理财的有梦想的女人。

你还要学会消费，学会把钱花在刀刃上。乱花钱的女人比比皆是，但是，会花钱的女人却少之又少。你要做的，就是成为这少之又少的女人中的一个。买自己需要的、买适合自己的、买有用的！这样，你才不会"月月光"，才有好的心情去旅游、去工作、去交际，成为一个理性消费并会享受生活的女人。

你还需要给自己充电，学习理财知识，掌握理财技巧，提高自己的财商。懂得理财知识和技能的女人，脸上会比常人更多一份自信和坦然。这样的女人不会盲目投资，她们会适时而动，在最合适的时候果断出手，让自己的财富迅速增值。你也要做这样一个女人，懂得理财知识，有理财智慧，成为一个知性而会管钱的女人。

懂得理财的女人，将金钱、亲情、友情、爱情全都牢牢握在手中，享受最丰盈、最美丽的生命状态，成为一个最幸福的女人。

《优雅女人三件事：会说话会交际会理财》围绕女人在生活中最实用的三大本领为中心，即说话、交际和理财，通过这三大方面致力于打造一个优雅智慧的幸福女人，让女人在口才表达上更受欢迎，在人际交往中如鱼得水，在理财方面更胜一筹。本书内容丰富，案例翔实，贴近生活，无论在日常生活中还是在工作上，无论作为家庭主妇还是职场丽人，都是一本不可或缺的能力提升智慧书。为了更能适应未来对现代女性的要求，书中不仅详细地介绍了口才、社交和理财对于女人的重要性和意义，还提供了有效实用的解决方法和能力提升技巧，教女人做一个家里家外独当一面、说话办事游刃有余、理财投资样样拿手的优雅女强人。

优雅女人就是要会说话、会交际、会理财，做好三件事，女人不畏惧！

CONTENTS

目 录

第一件事　会说话

会说话的优雅女人惹人爱

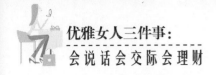

第二件事　会交际
会交际的优雅女人最出众

第三件事　会理财
会理财的优雅女人最幸福

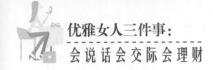

第一件事　会说话

会说话的优雅女人惹人爱

投资口才等于投资未来。

要想成才，先练口才。

做社交场上最会说话的女人，可以在关键时刻以出色的表达展现自己的魅力和个性，赢得众人欣赏的眼光；做爱情和婚姻中最会说话的女人，可以让你稍稍施展魅力就能俘获男人的心，尽情享受爱情和婚姻的浪漫；做职场上最会说话的女人，可以让你充分利用自己的口才优势，取得事业上骄人的成绩。

……

现代女性应该怎样加强说话技巧，使自己成为一个口才高手呢？现代女性又如何才能在交际中引起别人的注意，赢得别人的欣赏，成为社会活动中的明星呢？本篇内容将给你答案。

第1章

优雅女人会说话，魅力口才赢天下

好口才是女人的智慧魅力

说话，作为一种艺术具有巨大的美感与魅力。它能缔造友情、密切亲情、寻觅伴侣、调和关系等，是人际交往中最不可缺少的工具，更是连接人们之间关系的纽带。谈话质量的好坏，直接决定了人际关系的和谐与否，进而会影响到事业的发展以及人生的幸福。尤其对于现代女性，卓越的口才、有技巧的说话方式，不仅是家庭幸福的法宝，更是事业披荆斩棘的利剑。

会说话的女人才是最出色的。社交场上的成功的女性，必定会在言谈中闪烁着真知灼见，给人以深邃、精辟、睿智之感。一个成功的人士必须拥有好的口才，这样也会给自身带来更多的利益和机遇。

齐小姐是T市一家电梯公司的业务代表。这家公司和T市一家最好的旅馆签有合约，负责维修这家旅馆的电梯。旅馆经理为了不给旅客带来太多的不便，每次维修的时候，顶多只准许电梯停开两个小时。但是修理至少要八个

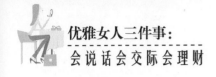

小时，而一般在旅馆可以停下电梯的时候，电梯公司都不一定能够派出所需要的技工。

这次，这家旅社的电梯又坏了。齐小姐在派出一位技工修理电梯之前，她要先打电话给这家旅馆的经理。打电话的时候，齐小姐并不去和这位经理争辩，她只说："瑞克，我知道你们旅馆的客人很多，你要尽量减少电梯停开时间。我了解你很重视这一点，我们会尽量配合你的要求。不过，我们检查你们的电梯之后，发现如果我们现在不彻底把电梯修理好，电梯损坏的情形可能会更加严重，到时候停开时间可能会更长。我知道你是不会愿意给客人带来好几天的不方便。"经理不得不同意电梯停开八个小时。因为这样总比停开几天要好。由于齐小姐懂得说话的技巧，从内心表示理解这位经理要使客人愉快的愿望，因此很容易地赢得了经理的信任。

因此，口才至关重要。一个人说话的语气、态度直接决定着双方的合作能否顺利进行。齐小姐应用说话技巧，从同情别人的角度，去和他人沟通，赢得了对方的信任。所以，女人要想在社会上立足，就要懂得用心说话，要懂得变通，这样才可以把事情做好。

诺瑞丝是一位钢琴教师。她教的学生有十几个。其中，有个叫贝贝蒂的小女孩留着特别长的指甲。任何人要弹好钢琴，留了长指甲就会有妨碍。诺瑞丝太太知道贝贝蒂的长指甲对她想弹好钢琴是一大障碍。但是，在开始教她课时，诺瑞丝太太根本没有提到她的指甲问题，也不想打击她学钢琴的愿望。第一堂课结束后，诺瑞丝太太觉得时机已经成熟，就对贝贝蒂说："贝贝蒂，你有很漂亮的手和美丽的指甲。如果你要把钢琴弹得你所想要的那么好，那么你若能把指甲修短一点，你就会发现把钢琴弹好真是太容易了。你好好地想一想。"贝贝蒂做了一个鬼脸，表示她一定会把指甲修短。很明显，贝贝蒂仔细修剪过的美丽的指甲，对她来说极为重要。第二个星期贝贝蒂来上第二堂课，贝贝蒂修短了指甲。其实要命令她把指甲修短可以说是非常困难的，贝贝蒂知道她的指甲很美丽，但是诺瑞丝太太传达了一种情感：我很同情你，我知道决定把指甲修短不是一件容易的事，但在音乐方面的收获，将会使你得到更好的补偿。

因此，一个人的口才有时候能起到举足轻重的作用。俗话说："一人之辩重于九鼎之宝，三寸之舌强于百万之师。"有口才的女人才能充分展现自己的才华，有口才的女人才能更好地生存和发展。

作为女人，如果你没有美丽的外貌，也不要为此耿耿于怀，你完全可以通过不断修炼、完善自己的口才，来为你的气质加分，为你的魅力加分！

作为女人，要懂得培养自己的口才。在你人生成功的征途上，它会是你终生的伴侣，它会助你成功，会加速你的成功，会提高你成功的几率，在关键时刻，它能够起到决定性的作用。

口才就是女人的成功资本

语言是一条纽带，它能够将人们紧密连接起来，纽带质量的好坏，直接决定了人际关系的和谐与否，进而会影响到事业的发展以及人生的幸福。尤其对于女人，卓越的口才、有技巧的说话方式，不仅是家庭幸福的法宝，更是事业披荆斩棘的利剑，增加自身个性魅力的砝码。

有些女人是天生的社交高手，这不是因为她们拥有倾城的外貌，而是因为她们无论在什么场合，都能口吐莲花，妙语连珠，博得满堂彩。会说话的女人，能适时送出赞美，让人听了如沐春风；会说话的女人，能让批评也变得悦耳；会说话的女人，懂得什么时候该温柔婉转，什么时候该仗义执言；会说话的女人，面对不同的人，会采取不同的语言策略；会说话的女人，能适时转变话题，以免气氛冷场；会说话的女人，不仅会说，更会倾听。

口才是女人的成功资本，有着良好口才的女人一定是善于与人沟通的人。善

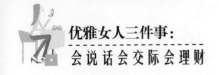

于沟通的女人，一定拥有众多的支持者，也最容易受人欢迎，获得别人的理解；善于沟通的女上司一定是个好的领导者，因为她了解下属，下属也相信她；善于沟通的母亲，子女比较听话；善于沟通的妻子，婚姻才会幸福；懂得用沟通的方式教育学生的老师，她的学生一定用功学习。

这个世界处处都需要沟通。遗憾的是，大部分女人不会沟通，不会如何与人交往。会沟通的女人，总是先由对方开始，先倾听，后表达。而不会沟通，一味地只顾自己说个不停的女人，完全不听他人的观点，这样的喋喋不休是不会维持多久的，而且也达不到沟通的目的。

除了要注重倾听，还要认识到沟通中需要会说赞美话，肯定对方正确的观点。在与人交往中时常会遇到意见不同或者相悖的情况，要想好好解决问题就要委婉地表达自己的观点，不能断然否决，要极力避免同对方对抗。

亚里士多德曾经说过，漂亮比一封介绍信更具有推荐力，也更容易被人们所接受。有统计显示，外貌出色的女人一般取得成功的几率相对较高。可以说，美貌是女人天生的一种竞争力。但天生貌美如花的女人有几个呢？令人欣慰的是，与美貌相比，良好的口才更是女人脱颖而出的资本！而且它比美貌更具优越性：美貌是有期限的，并且有很大的遗传因素，而口才不仅没有期限，而且是可以靠后天锻炼出来的。如今的女人，早已摆脱了成天围着灶台转的命运，她们走出了家庭，走入了社会，成了干练的职场丽人，成了叱咤商场的女强人，而这无疑对她们的口才能力有了更高的要求。毫无疑问，女人的形象固然重要，但更加不可忽视的是女人的口才，会说话的女人才是最出色的！那么，作为女人，如果你没有骄人的外貌，也不要为此耿耿于怀，你完全可以通过不断修炼、完善自己的口才，来为你的美丽加分，为你的魅力加分！

含蓄的语言表达余味无穷

生活中，有些女人说话直来直去、想什么说什么，视为是一种好习惯，认为这样的人坦诚、实在。可是，有的时候，难免会遇到不便直说、不忍直说、不能直说的情境。在这种情况下，如果说了直话，可能影响到人际关系，给自己添麻烦，也伤害到别人。因此，为了避免不愉快的事情发生，在某些场合说话还是要讲究一点技巧，尤其女人要学会委婉含蓄地表达自己的看法。

某单位的一个职员到领导家请领导帮忙办事，领导夫人热情招待，很有礼貌地端果倒茶。这位职员办完事后，却仍然待在领导家里不走，高谈阔论起来。天色已经很晚了，领导的孩子还需早点休息，领导夫人也很疲倦了。但是，客人此时说得正酣，也不好直接请客人出门，怎么办呢？

领导夫人便到厨房收拾了一下家务，然后回到房间对丈夫说："人家这么晚来找你，你快点给人家想个办法，别让人家总这样等着。"然后又对客人说："您再喝杯茶吧。"这位职员听出了领导夫人的弦外之音，便很知趣地马上告辞。

这位领导夫人就懂得说话之道，既把自己的意思曲折地表达了出来，又尊重了客人，不至于让客人难看。表面看她是在为客人说话，为客人帮忙，但实际却在传达另一个含义，以得体的表达方式达到了自己的目的。

总之，女人说话不一定要直来直去，委婉含蓄地表达，不仅让人更易接受，还可深得人心。在语言的实际运用中，许多话是不必说得过于清楚的。具有一定的含蓄性，反而能让语言表达更有魅力。例如，当你去拜访朋友时，主人热情地拿出水果、茶点招待你。如果你直言道："不吃不吃，我从来都不喜欢吃零食的，再说我也刚刚吃完饭，肚子饱得很，哪有胃口吃这些东西啊！"这样不仅让主人扫兴，还会伤害主人的一片热心。但如果表达含蓄一点，效果就完全不一样了："谢谢，多新鲜的水果，多香的糕点。可惜我刚刚吃完饭，没有胃口吃了，真是太遗憾了。"主人听了此番话后，心里必定很高兴，这样你也传递出了自己

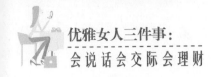

所要表达的意思。

孙犁曾在《荷花淀》中有这样一段描述。有几个青年妇女的丈夫参军走了，她们都很想念自己的丈夫，很想去驻地探望一下。但是，因为害羞，不好当着众人的面直接说出自己的想法，就各自找了一个借口来表达本意。"听说他们还在这里没走。我不拖尾巴，可是忘下了一件衣服。""我有句要紧的话要和他说。""我本来不想去，可是俺婆婆非要叫我再去看看，你说能有什么看头啊？"正所谓曲径通幽。从侧面切入，暗中点明自己要说的话的主要含义，将话说在明处，而含义却藏在话的暗处。

当然，直言直语是人性中一种很可爱、很值得大家珍惜的特质，也唯有这种直言直语的人，才能让是非得以分明，让人的优缺点得以分明。只是在现实社会里，直言直语却可能是为人处世中的致命伤。

因此，在日常交谈中，当遇到一些让我们不便、不忍或语境不允许直说的话时，女人们要懂得把"词锋"隐遁，或把"棱角"磨圆一些，或从相反的角度深入，使语意软化，以便于听者接受，最终达到表达真意的目的。

寥寥数语打动人心

我们常会发现：有些女人长篇大论甚至慷慨激昂，可就是难以提起听者的精神；而有些女人仅仅寥寥数语，却掷地有声，产生吸引人的魔力。这是为什么呢？很简单，因为后者能了解人们的内心需要，能设身处地地站在对方的立场，为对方着想。因此，她们的话总是充满真诚，也更容易打动人心。

沟通是我们生活的主要部分，而说话又是我们沟通的一种重要途径。说话是一个传递信息的过程。因此，女人在说话时，要努力提高自己的说话水平，增添自己的说话魅力，将话说好，使自己的语言能够打动听者的心弦。

统计数据表明，我们大多数人每天花费50%~75%的时间，以书面形式、面对面的形式或打电话的形式进行沟通交流。而在交流中80%是以语言即说的形式进行的，那么说什么以及怎样说，是我们成功沟通的关键。

真诚的语言虽然是朴实无华的，但却是最感人的。有家电视台播放过一个节目，中国女足在一次足球赛上获得较好的名次后，记者问运动员："你们得了亚军后心情如何？你们是怎么想的？"其中一名运动员不假思索地回答道："我想最好能睡三天觉！"

这样的回答让人有些出乎意料，但它质朴、没有任何修饰成分，全场顿时爆发出一片赞许的笑声和掌声。如果这位运动员"谦虚"一番，讲一通"我们还有很多不足"之类的话，可能就没有如此强烈的反响了。

情深，才可惊心动魄。语言真诚，那么即使几句简单的话，也能引起听众的强烈共鸣。学会用真诚打动听众的心，可以帮助女性朋友在交往中捕获人心。

有段日子，王小姐总是接到一个童书推销员的电话。王小姐一向厌恶推销员的死缠烂打，所以电话里的口气并不很好。有一天，这位推销员找上门来了，王小姐毫不客气地把她轰了出去。过了三个星期，推销员又来了，她的客气、谦虚反而让王小姐不忍心了，于是王小姐试着和她谈了十几分钟，虽然王小姐没有买她的书，但是却介绍了一个客户给她。

这个推销员每次的话语并不多，但是她的真诚最终打动了王小姐，使王小姐成了她的潜在客户。

说话如同做生意。做生意的规律是，只要你的一个产品有问题，你的全部产品就都会遭受怀疑。女人说话也是一样，只要你十句话中有一句是谎言，你的全部话语就都会遭受质疑。一个人种下什么，就会收获什么。种下欺骗，收获的就不会是真诚；而种下真诚，收获的也一定是真诚。作为女人，要想打动人心，就必须学会真诚，用简单的话语表达出我们内心的诚意。

有一个女厂长，在就职时向员工发表了别出心裁的讲话："我来当厂长，打

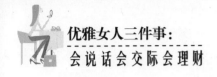
心眼儿里高兴！但厂长不好当，担子重啊！从现在起，我给大家交个底儿，我不想干两件事就捞一把，非跟大伙儿一块儿干出个样来不可。我们好比一根绳子上拴着的蚂蚱，飞不了你们，也跑不了我。"

简单的几句话，平实、通俗，更没有表面的客套，但让人听后却觉得含义不平常。显然，这几句话赢得了员工的信任，许多人说："这个厂长挺实在"，还有的人说："厂长是个老实人，我们跟着实在的厂长干，心里踏实。"

这位厂长亮相前，其实对说话的方式、内容、角度进行了周密的考虑，实实在在地讲出了自己上任时的心理活动及上任后的打算。虽然短短几句话，却达到了与职工交流的目的。

因此，话不在多，而在于分量。只有掌握了说话的技巧，即使寥寥数语也可以打动人心。

谈吐幽默的女人最可爱

谈吐幽默的女人是有情趣的女人，这样的女人是亲切的、可爱的、活泼的。能在言谈中表现得幽默感十足，那么这个女人一定是优雅的女人。

恩格斯曾经说过："幽默是具有智慧、教养和道德的优越感的表现。"幽默不仅能给周围的人以欢乐和愉快，同时也可以提高个人的语言魅力，为谈话锦上添花。幽默用于批评，在笑声中擦亮人们的眼睛；幽默用于讽刺，在笑声中敲响生活的警钟；幽默用于交流，在笑声中改变人们的情绪和心态；幽默平息矛盾，在笑声中显出人们的洒脱。

众所周知，幽默能显示出女性的风度、素养和魅力，能让人在忍俊不禁、轻松活泼的气氛中工作和学习。

某公司举办的产品展销会上，几位年轻的女营销人员用专业术语详细地向消

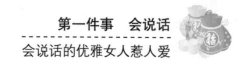

费者介绍了产品的性能、使用方法等，给人以业务精通的印象。在回答消费者提出的问题时，她们反应很快，对答如流。最重要的是，她们的表现既彬彬有礼又幽默风趣，给消费者留下非常难忘的印象。

有消费者问："你们的产品真能像广告上说得那么好吗？"营销人员立即答道："您用过后就会发现它会比广告上说得更好。"

消费者又问："如果买回去使用后发现性能并不好怎么办？"营销人员马上笑着回答："不，我们相信您的感觉。"

展销会取得了很大的成功：产品销量大大超过以往，更重要的是，产品品牌的知名度得到了提高。可见，良好的口才既能提升自己的语言魅力，也能提升公司的整体形象。

英国思想家培根说过："善谈者必善幽默。"幽默的魅力就在于：话不需直说，但却让人通过曲折含蓄的表达方式心领神会。

友善的幽默能表达人与人之间的真诚友爱，能沟通心灵，拉近人与人之间的距离，填平人与人之间的鸿沟。尤其当一个女人，要表达内心的不满时，或和他人关系紧张时，即使是在一触即发的关键时刻，幽默也可以使彼此从容地摆脱不愉快的窘境或消除矛盾。

一个善于表达的女人，说话总具有幽默风趣的特征。一个女人出口成趣时，既把别人带入了一个愉悦的氛围，自己也拥有了一个良好的人际关系。因此，幽默是一种健康语言的同时，也是一种应变的技巧，有时能帮助我们在瞬息之间摆脱尴尬的场面。

有一位顾客到一家饭店吃饭，点了一只油焖龙虾。结果菜上来后，他发现盘中的龙虾少了一只虾螯，于是就询问侍者。侍者无法解释，只好找来了店老板王女士。

店老板王女士抱歉地说："真是对不起先生，龙虾是一种残忍的动物。您点的龙虾可能是在和它的同伴打架时被咬掉了一只螯。"

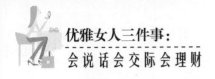

顾客巧妙地说："那么，就请给我换一只打胜的龙虾吧。"

老板王女士和顾客双方都用了幽默的方式，委婉地指出了双方存在的分歧。这种方式，没有取笑他人，没有批评他人，也没有伤及他人的自尊，既保护了饭店的声誉，又维护了顾客的利益。

其实，很多时候我们在帮助别人摆脱了难堪的同时，也是在给自己一个台阶。这个时候，人们称赞的往往不是你的语言功夫，而是你的人品。最重要的是，你因此而化解了很多矛盾，也赢得了很多朋友。

钢琴家雯雯一次在某大剧院演奏，发现到场的观众不到五成。这让她既失望，又尴尬。但是她并未因此而影响演奏的情绪。她以幽默的语言打破了僵局，她微笑着走向舞台，对前来的观众说："我想这个城市的人一定很有钱，因为我看到你们每个人都买了两三张票。"话音一落，大厅里充满了笑声。

雯雯对空座位的原因的解释虽然荒诞，但却很巧妙，用幽默产生的愉悦压倒了因观众少而产生的沮丧。

适当的幽默能帮助女性与他人建立和谐的关系，赢得别人的信任和喜爱。一个女人无论从事什么工作，无论处在何种地位，与人交往是不可避免的。幽默不仅能帮女性更好地与他人进行有效的沟通和交往，还能帮助她们处理一些特殊的人际关系问题，让她们能顺利地摆脱困境。

一次，一个女翻译与士兵们一起开庆功会，在与一个士兵碰杯时，那个士兵由于过于紧张，举杯时用力过猛，竟将一杯酒泼到了女翻译的头上。士兵当时吓坏了，可女翻译却用手擦擦头顶上的酒笑着说："小伙子，你以为用酒能滋养我的头发吗？我可没听说过这个偏方呀！"说得大家哈哈大笑，也让这个士兵对女翻译充满了感激和崇拜。幽默的女人，说出话来虽让人感到如憨似傻，却因心境豁达，反而令人感受到她朴实的天性和无穷的智慧。如果女人都能拥有一份旷达朗润如万里晴空的心境，她们说的话，也就完全能够达到"无意幽默，但却幽默自现"的境界。

　　善于使用幽默的女人，她们常常能将窘迫的情境化为乌有，这实在令人羡慕。事实上，当交流陷入尴尬的境地时，无论是名人还是普通人，无论是随机应变还是荒诞推理，一些幽默技巧的运用，可以让自己摆脱尴尬，甚至还会给对方以回敬。

　　有个女议员发表演讲，在大家都侧耳倾听时，突然座位中有一个听众的椅子腿折断了，这个听众顺势就跌落在地面。此时，听众的注意力马上就分散了，女议员见状急中生智，紧接着椅子腿的折断声大声说道："诸位，现在都相信我所说的理由足以压倒一切异议声了吧？"话音一落，底下立即响起了一阵笑声，随后，就是热烈的掌声。

　　在人际交往中，我们若能轻松幽默地开些得体的玩笑，可以松弛神经，活跃气氛，营造出一个适于交际的轻松愉快的氛围，因而幽默的女人常常受到人们的欢迎与喜爱。

　　总之，幽默是一种情趣，它有效地润滑和缓解矛盾，调节人际关系，给我们周围的人带来欢乐。因此，如果女人说话时能带点幽默，就能更好地赢得他人的赞赏。

女人如何提高自己的说话水平

　　一个女人要展示自己所受的教育程度高低，表现自己具有良好的修养和内涵，最直接和最迅速的方法就是说话。通过交谈，人们可以自然地感觉出这个女人的品性和修养。一个善于言谈的女人，一定能引起别人的兴趣和注意。在现代经济社会，把自己推销出去的捷径就是要善于谈吐。长于辞令，再加上做事的才能，就一定会有不平凡的成就。

　　会说话的人，往往都是语言简明扼要，言简意赅，简中求准。短短几句话，却犹如一粒粒沉甸甸的石子，在听者平静的心湖里激起层层波浪。

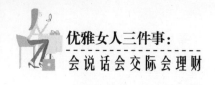

我们每个女人都希望自己说出来的话语既有深度，又有广度。但是，谁见过一个目不识丁的女人能口吐莲花呢？好的口才是建立在深厚的学识基础之上的，如果脱离了这个根本，那么言谈就会成为"无源之水、无本之木"，淡而无味。

小霞是一名大三的学生，平时她最爱做的事情就是泡图书馆，各种类型的书都喜欢看一些，各个学科都喜欢研究一下。别看她是女孩子，连男孩爱看的政治、军事书籍她也不会放过。这些书籍极大地开阔了她的视野，也让她了解了各方面的知识，所以她说起话来总是头头是道，让人信服。后来，她还代表全校去参加了市里举行的辩论大赛，拿了一等奖。肚子里有"货"，说出来的话才能兼有深度和广度。

如果你有一桶水，那么给别人一杯水是一件再简单不过的事情，而如果你的桶里没水，又怎么能给别人呢？说话也是一样，首先你要有知识、有内涵，如此才有可能说出精彩绝伦的话。说话虽然需要一定的技巧，但也与一个人掌握知识的多少有着密切的关系，正所谓"腹有诗书气自华"。知识面不够宽广，就算技巧掌握得再多，也是无法说服别人的。

缜密的思维，幽默机智的应答，准确的表达，这一切无疑都来源于头脑中的广博知识，那种不着边际的，没有什么实际意义的夸夸其谈不是好口才。女人要想说出来的话既有深度又有广度，就要丰富自己的底蕴，而底蕴是靠文化修养得来的，上通天文，下晓地理，知识面越宽底蕴越深。也只有有内涵的女人才能口吐莲花，妙语连珠，倾倒众人。

女人要会说，也要会倾听

大多数女人都喜欢自己说，而不在意别人说；更喜欢谈论自己的事情，而没有耐心听别人谈论他们的事情；总在没有完全"听懂"别人的前提下，就对别

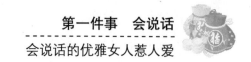

人盲目下判断，这样就出现了人际交往中难以沟通的情况，形成交流的障碍和困难。因此，作为一个成功的女人，我们要学会倾听他人的声音。

在一个晚会上，只有戴尔顿和另外一位女士不会打桥牌，他俩就坐在一旁闲聊上了。

戴尔顿知道这位女士刚从欧洲回来，于是就对她说："啊，你去欧洲游玩，一定到过许多有趣的地方，欧洲有很多风景优美的地方，你能讲讲吗？要知道，我小时候就一直梦想着去欧洲旅行，可是到现在我都不能如愿。"

这位女士一听，就知道戴尔顿先生是一位健谈的人。她知道，如果让一位健谈的人很久地听别人说话那就如同受罪，心中定是憋着一口气，并且不时要打断你的谈话，或者对你的话根本毫无兴趣。她明白戴尔顿是想从自己的话中寻找一些契机好帮助他能够开始自己的谈话。

于是她对戴尔顿先生说："是的，欧洲有趣的地方可多了，风景优美的地方更不用说了。但是我很喜欢打猎，欧洲打猎的地方就只有一些山，很危险的。就是没有大草原，要是能在大草原上边骑马打猎，边欣赏秀丽的景色，那多惬意呀……"

"大草原，"戴尔顿马上打断这位女士的谈话，兴奋地叫道，"我刚从南美阿根廷的大草原旅游回来，那真是一个有趣的地方，太好玩了！"

"真的吗，你一定过得很愉快吧。能不能给我讲一讲大草原上的风景和动物呢？"

"当然可以，阿根廷的大草原可……"戴尔顿先生看到有了一个倾听者，当然不会放过这个机会，滔滔不绝地讲起了他在大草原的旅行经历。然后在这位女士的引导下，他又讲了布宜诺斯艾利斯的风光和他沿途旅行的其他国家的风光，甚至到了最后，谈话变成了他对自己这一生去过的美好地方的追忆。

这位女士在一旁耐心地听着，不时微笑着点点头鼓励他继续讲下去。戴尔顿先生讲了足足有一个多小时，晚会就要结束了，他遗憾而又愉快地对这位女士

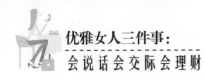
说："下次见面我继续给你讲，还有很多很多呢！谢谢你让我度过了这样美好的一个夜晚。"

这位女士在这一个小时中只说了几句话，然而，戴尔顿却向晚会的主人说："那位女士真会讲话，她是一个很有意思的人，我很乐意和她交谈。"

其实这位女士知道，像戴尔顿这样的人，并不想从别人那里听到些什么，他所需要的仅仅是一双认真聆听的耳朵。他想做的事只有一样：倾诉。他心里很想将自己所知道的一切全都讲出来，如果别人愿意听的话。对于这种谈话者，如果我们不加以配合，而是企图堵住他们的嘴巴，那只会招来厌烦的表情。

倾听是对别人最好的尊敬。专心地听别人讲话，是你所能给予别人的最有效也是最好的赞美。不管说话者是上司、下属、亲人或者朋友，或者是其他人，倾听的功效都是同样的。人们总是更关注自己的问题和兴趣，同样，如果有人愿意听你谈论自己，你也会马上有一种被重视的感觉。

小菲，是公司里年纪最小的，但是大家都很喜欢她。她积极、上进，总是很虚心，无论是谁说话，关于工作的或者与工作无关的，她都能够做到安静地聆听。注意倾听别人讲话总是会给人留下良好的印象。在小说《傲慢与偏见》中，丽萃在一次茶会上专注地听着一位刚刚从非洲旅行回来的男士讲非洲的所见所闻，几乎没有说什么话，但分手时那位绅士却对别人说，丽萃是个多么善言谈的姑娘啊！看，这就是倾听别人说话的效果。它能让你更快地交到朋友，赢得别人的喜欢。

当然，倾听不仅仅是保持沉默，用耳朵听听而已。倾听除了能够帮助你取得朋友的信任，对于管理者，倾听还可以帮助你取得员工的信任。如果你善于倾听，你能够听到员工不同的声音，这些声音将能够帮你找到解决问题的钥匙。

可见，倾听的确可以产生意料不到的效果。因此，女人在生活中要善于倾听朋友、下属、老板和父母的种种意见，做一个善于倾听的人，做一个好的听众。

第2章
女人会说温柔话，温言细语暖人心

嘘寒问暖，掌握必要的社交客套话

嘘寒问暖在社交当中即是寒暄。寒暄者，应酬之语是也。寒暄的主要用途，是在人际交往中主动地打破僵局，缩短人际距离，向交谈对象表示自己的敬意，释放自己的善意，或是借以向对方表示自己乐于与之结交的意思。所以说，在与他人见面之时，若能选用适当的寒暄问候语句，往往会为双方进一步的交谈，做好良好的铺垫；反之，在本该与对方寒暄几句的时刻，反而一言不发，这是极其无礼的，尤其在正式的社交场合。

万事开头难，会晤开始前离不开寒暄。音乐始于序曲，会晤起于寒暄。寒暄和言辞是会晤和商务活动中的重要内容，是人与人之间表达情感的一种方式。寒暄是会客中的开场白，是坦率深谈的序幕。言辞则是人们互相接触交往而进行的谈话，它是人们增进了解和友谊的重要方式。要使寒暄与言辞达到预期的交往目的，就必须遵循一定的礼节。

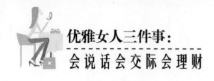

寒暄是会晤双方见面时以相互问候为内容的应酬谈话，属于非正式交谈，本身没有多少实际意义，它的主要功能是打破彼此陌生的界限，缩短双方的感情距离，创造和谐的气氛，以利于会晤正式话题的开始。那么我们应该以什么方式来进行寒暄问候呢？说第一句话的原则应是：亲热，贴心，消除陌生感。比较常见的寒暄方式大体有以下几种类型：

问候型寒暄。问候寒暄的用语比较复杂，归纳起来主要有以下几种：表现礼貌的问候语，如"您好"、"早上好"、"节日好"、"新年好"之类，这些是受外来语的影响在近几十年中流行开来的新型招呼语。过去官场或商界的人，初交时则常说："幸会！幸会！"表现思念之情的问候语，如"好久不见，你近来怎样？""多日不见，可把我想坏了！"等等。表现对对方关心的问候语，如"最近身体好吗？""来这里多长时间啦？还住得惯吗？""最近工作进展如何，还顺利吗？"或问问老人的健康，小孩的学习等。表现友好态度的问候语，如"生意好吗？""在忙什么呢？"这些貌似提问的话语，并不表明真想知道对方的起居行止，往往只表达说话人的友好态度，听话人则把它当成交谈的起始语予以回答，或把它当作招呼语不必详细作答，只不过是一种交际的触媒。

攀认型寒暄。俗话说："山不转水转，水不转路转。"人际互动中的关系也是这样。据国外专家统计，只要通过五个认识的人，就可以将世界上任何两个人联系起来。在人际交往中，只要彼此留意，就不难发现双方有着这样那样的"亲戚"、"朋友"关系，如"同乡"、"同事"、"同学"，甚至远亲等沾亲带故的关系。在初见时，略事寒暄，攀认某种关系，一见如故，是建立交往、发展友谊的契机。三国时，鲁肃见诸葛亮的第一句话是："我，子瑜友也。"（子瑜就是诸葛亮的哥哥诸葛瑾）这短短一句话，就奠定了鲁肃与诸葛亮之间的情谊。在现实生活中这种攀认型的事例比比皆是。"我出生在武汉，跟您这位武汉人可算得上同乡啦！""您是研究药物的，我爱人在制药厂工作，咱们可算是近亲啊！""唉，您是北大毕业的，说起来咱们还是校友哩！"这些事例，说明在交际过程中，要善于寻找契机，发掘双方的共同点。从感情上靠拢对方，是十分重要的。

敬慕型寒暄。这是对初次见面者尊重、仰慕、热情有礼的表现。

如"我可久仰大名了！""早就听说过您！""您的大作，我已拜读，获益匪浅！""您比我想象的更年轻！""小姐，您的气质真好，做什么工作的？""您设计的公关方案真好！"简单一句敬慕的话语，就可以使对方愿意与你交流。

寒暄语或客套话的使用还应根据环境、条件、对象以及双方见面时的感受来选择和调整，没有固定的模式，只要让人感到自然、亲切，没有陌生感就行。那么，寒暄应注意些什么呢？

态度要真诚，语言要得体。客套话要运用得妥帖、自然、真诚，言必由衷，为彼此的交谈奠定融洽的气氛。要避免粗言俗语和过头的恭维话。如"久闻大名，如雷贯耳"、"今日得见，三生有幸"，就显得不自然。

其次要看对象，对不同的人应使用不同的寒暄语。在交际场合，男女有别，长幼有序，彼此熟悉的程度不同，寒暄时的口吻、用语、话题也应有所不同。一般来说，上级和下级、长者和晚辈间交往，如前者为主人，则最好能使对方感到主人平易近人；如后者为主人，则最好能使对方感到主人对自己的尊敬和仰慕。寒暄用语还要恰如其分。如中国人过去见面，喜欢用"你又发福了"作为恭维话，现在人们都想方设法减肥，再用它作为恭维话恐怕就不合适了。西方小姐在听到人家赞美她"你真是太美了"，"看上去真迷人"，她会很兴奋，并会很礼貌地以"谢谢"作答。倘若在中国小姐面前讲这样的话就应特别谨慎，弄不好会引起误会。

除了看对象以外，当然还要注意场合是否合适，只有在合适的场合进行适当的寒暄才能给对方留下一个好的印象。拜访人家时要表现出谦和，不妨说一句"打扰您了"。接待来访时应表现出热情，不妨说一句"欢迎"。庄重场合要注

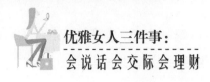
意分寸，一般场合则可以随意些。有的人不分场合，甚至在厕所见面也问别人："吃过没有？"使人啼笑皆非。当然，也有适合范围较广的问候语和答谢语，如"您好！""谢谢！"这类词，可在较大范围，也可在各色人物之间使用。

拿出温柔杀手锏，柔情暖语感化人

玫琳·凯公司是一家知名的化妆品公司。为了扩大自己公司产品的影响，玫琳·凯女士自己用的化妆品都是公司所生产。她也不建议公司职员使用其他公司的化妆品。因为她不能理解凯迪拉克轿车的推销员开着福特轿车四处游说，人寿保险公司的经理自己不参加保险。那么，她是如何同职员交流这一想法的呢？

有一次，她发现一位经理正在使用另外一家公司生产的粉盒及唇膏。她借机走到那位经理桌旁，微笑地说道："老天爷，你在干吗？你不会是在公司里使用别的公司的产品吧？"她的口气十分轻松，脸上洋溢着微笑。那位经理的脸微微地红了。几天后，玫琳·凯送给那位经理一套公司的口红和眼影膏并对她说："如果在使用过程中觉得有什么不适，欢迎你及时地告诉我。先谢谢你了。"再后来，公司所有的新老员工都有了一整套本公司生产的适合自己的化妆品和护肤品。玫琳·凯女士亲自做了详细的示范，她还告诉员工，以后员工在购买公司的化妆品时可以打折。

玫琳·凯亲和的态度，友善的表达，使她自然地与员工打成一片，成功地灌输了她正确的经营理念。

女人应该发挥温柔的秉性，经常让你的朋友你的亲人感到温暖，这样你就会很有亲和力。这种方式的优点在易于消减人与人之间的隔膜，进而使传达者有效地把自己的思想传递给被传达者。

我们可以把亲和力比作盛装佳肴的器具，而把我们所要表达给别人的思想比作佳肴。如果这器具是脏兮兮且令人讨厌的，恐怕也不会有人愿意品尝盛在其中的佳肴。

生活中处处需要我们用真心相待我们的家人和朋友，用温暖的语言来保护和爱护他们。马丽接受乳房肿瘤切除手术时，她的亲人都来给她种种支持和帮助。"母亲替我照顾孩子，妹妹替我上市场买东西，丈夫每天在医院陪我，"她说，"可是我几个最要好的朋友来了，却喋喋不休地无所不谈，就是不谈我的病，好像根本没有发生过什么似的。我觉得很不是味儿。"

我们大多数人都有过这样的经验，就是无意中说错了一句话，巴不得能把它收回。我们怎样才能在某个人处于困难时对他说些适当的话呢？作为女人，我们有很细腻的情感，同样我们要明白我们的朋友也是这样，在交往中女人往往对细节方面注意得很多，这就要求我们应该更加用心地体会对方的感受，更加温柔地使对方感觉到我们的关心。虽然这种关怀的话语没有严格的准则，但有些办法可使我们衡量情况和作出得体而真诚的反应。

在处世过程中，留意对方的感受，不要以自己为中心。当你去探访一个遭遇不幸的人时，你要记得你到那里去是为了支持他和帮助他。你要留意对方的感受，而不要只顾自己的感受。

不要以朋友的不幸际遇为借口，而把你自己的类似经历拉扯出来。

丧失了亲人的人需要哀悼，需要经过悲伤的各个阶段和说出他们的感受和回忆。这样的人谈得越多，越能产生疗效。要顺着你朋友的意愿行事，不要设法去逗他开心。只要静心倾听，接受他的感受，并表示了解他的心情。"我丈夫死后，"一位寡妇说，"儿女们老是说：'虽然你和爸爸的感情一直很好，可是现在爸爸已经过去了，你得继续活下去才好。'我不愿意别人那样对待我，好像把我视作摔跤后擦伤了膝盖而不愿起身似的。我知道我得继续活下去，而最后我的确活下去了。但是，我得依照我自己的方法去做。悲伤是不能够匆匆而过的。"

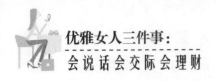

有些在悲痛中的人不愿意多说话，你也得尊重他的这种态度。一个正在接受化学治疗的人说，她最感激一个朋友的关怀。那个朋友每天给她打一次电话，每次谈话都不超过一分钟，只是让她知道他惦记着她，但是并不坚持要她报告病情。这就是用一种倾听者的温柔去关怀你的朋友，你的亲人，这个时候最真挚的语言却是无法名状的。

泰莉·福林马奥尼是麻州综合医院的护理临床医生，曾给几百个艾滋病患者提供咨询服务。据她说，许多人对得了绝症的人都不知道说什么才好。

他们说些"别担心，过一下就会好的"之类的话，明知这些话病人自己也知道并不真实。

"你到医院去探病时，说话要切合实际，但是要尽可能表示乐观，"福林马奥尼说，"例如'你觉得怎样？'和'有什么我可以帮忙的吗？'这些永远都是得体的话。要让病人知道你关心他，知道有需要时你愿意帮忙。不要害怕和他接触。拍拍他的手或是搂他一下，可能比说话更有安慰作用。"

要是一个朋友的悲伤似乎异常深切或者历时长久，那么你就应该用你的温柔来体会他现在所经历的痛苦，送去你最真诚的问候，你要让他知道你在关心他。你可以对他说："你的日子一定很难过。我认为你不应该独立应付这种困难，我愿意帮助你。"

好争辩的女人不受欢迎

有些女人在与朋友交往的过程中，总喜欢争辩，即使无理也要强辩三分。事实上，在与朋友相处时，如果你总是想推翻别人的观点，那么，即使是你赢了，最后也难免落个孤家寡人的下场。因此，我们要学会接受他人的观点，不要盲目地与人争辩。

我们每个人都渴望得到别人的认可和承认。如果你常常在与朋友相处的时

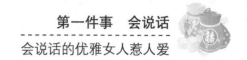

候，与其争论，时间久了就会被认为是乏味无趣的人，使人敬而远之。

好辩的女人总是认为讲道理可以说服对方，她们根本无视对方感情的变化，只是一味地发表自己的意见，结果定会让人反感。

在我们每个人的内心深处，都张着自尊的网。当一个肆无忌惮地挥动着道理"鞭子"的人，闯入这片希望自己掌握的内心领域时，就会引发强烈的抗拒反应。

小高去参加一个朋友的婚礼，席间有一位年轻人在说明新郎与新娘的关系时，用了"青梅竹马"这个成语。但是，他为了夸耀自己的博学，还念出了一句诗："郎骑竹马来，绕床弄青梅。"这句诗是没错的，但是他却把作者记错了，原本作者是李白，而他却说是宋代女词人李清照。

小高是中文系毕业，再加上年轻气盛，见此，她就毫不客气地当着众人的面，纠正了那人的错误。可是不说还好，这样一说，那人反倒更加坚持自己的意见了。

于是，两个人开始争论，各不退让。这时候，小高看到自己的大学老师坐在隔桌，高兴地说："咱们别争了，不如找个专家给评评理。"

那个年轻人也不甘示弱地说："评理就评理，谁怕谁。"

最后，他们俩一致同意让小高的大学老师评理。小高满心希望老师对那个年轻人说："你错了，这首诗的作者是李白，不是李清照。"

没想到老师却对小高说："你错了，那位先生说得才对。"

小高为此感到非常没面子，她不相信老师这么有学问的人，竟也会忘记这首诗的作者。回去的时候，她又去找老师，还未等她说话，老师就说："刚才你说对了，那首诗是李白写的《长干行》。"

小高一听有点糊涂了，纳闷地问："那刚才你怎么说是李清照呢？"

老师看了看她温和地说："你说得都对，但我们都是客人，何必在那种场合给人难堪？他并未征求你的意见，只是发表自己的看法，对错根本与你无关，你与他争辩有何益处呢？在社会上工作别忘记这点，永远不和人做无谓的争辩。"

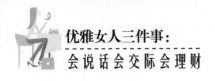
是的，永远不要与人进行无意义的争辩，那样只会引起别人的反感。如果你与人争辩的动机，是出于想要证明自己是对的，为自己辩白或赢得听众的信服，那么你永远不会受到别人的欢迎。

从上面的例子可以看出：在人际交往中，每个人都会遇到相异于自己的人。生活中我们经常可以看到为了一点小事与他人争得脸红脖子粗的人，甚至有些人还会大动干戈。有的时候，我们自己也会出现沉不住气的情况，忍不住与他人争辩。当你意识到自己的想法、意见与他人相左时，当你的言行遭人非议时，你的第一反应大概就是奋起辩驳，但结果总使得双方心生芥蒂，不欢而散。

所以，为了避免无益的争辩，不妨冷静思考一下：我到底要什么呢？一个是毫无意义的"表面胜利"，一个是对方的好感。总之，在与人交往中，我们要学会心平气和，尽量减少与人争辩的事情发生，做一个人人喜欢的女人。

批评讲方式，"软"话更有效

尽量去了解别人，而不要用责骂的方式；尽量设身处地去想——他们为什么要这样做。这比起批评责怪要有益得多。

有关心理学家早就以实验证明：在训练动物时，一个因良好行为就得到奖励的动物，要比一个因行为不良就受到处罚的动物学得快得多，而且能记住它所学的东西。进一步的研究表明，人类也有同样的情形。我们用批评责怪的方式并不能够使别人产生真正的改变，反而常常会引起反感和愤恨。所以，对别人挑剔、批评、责怪或抱怨都是愚蠢的行为。

英国思想家培根就说过："交谈时的含蓄与得体，比口若悬河更可贵。"在言谈中，有驾驭语言功力的女人，就会自如地运用多种表达方式，不断探索各种语言风格。有些话，或许非直言不讳不行。但生活中并非处处都能"直"，有时还需要含蓄、委婉些，使其表达效果更佳。批评的语言常常带给人比想象更严重的后果，而委婉的语言才能够促成事情。下面这个例子就真实地体现了这一点。

有一次居里夫人过生日，丈夫彼埃尔用一年的积蓄买了一件名贵的大衣，作为生日礼物送给爱妻。当她看到丈夫手中的大衣时，爱怨交集，既感激丈夫对自己的爱，又心疼不该买这样贵重的礼物，因为那时试验正缺款。她婉言道："亲爱的，谢谢你！谢谢你！这件大衣确实是谁见了都会喜爱的，但是我要说，幸福是内在的，比如说，你送我一束鲜花祝贺生日，对我们来说就好得多。只要我们永远一起生活、战斗，这比你送我任何贵重礼物都要珍贵。"居里夫人用一种很婉转的方式批评了丈夫，既能起到提醒的作用，又不会让丈夫的感情受到伤害，这一席话使丈夫认识到花那么多钱买礼物确欠妥当。

委婉是一种修辞手法。即在讲话时不直陈本意，而是用委婉之词加以烘托或暗示，让人思而得之，而且越揣摩，似乎含义越深越多，因而也就越有吸引力和感染力。

在社会交际中，人们往往会遇到不便直言之事，只好用隐约闪烁之词来暗示。如1972年美国总统尼克松访华，周恩来在一次酒会上说："由于大家都知道的原因，中美两国隔绝了20多年。"真是妙绝。既让人体会到造成这一实事的原因，又不伤美国客人的面子，听者皆发出会心的微笑。

使用委婉语，必须注意避免晦涩艰深。谈话的目的是要让人听懂，如一味追求奇巧，反而会使他人丈二和尚摸不着头脑，甚至造成误解，影响表达效果。

有时，人难免因一时糊涂做一些不适当的事。遇到这种情况，就需要把握指责别人的分寸：既要指出对方的错误，又要保留对方的面子。在这种情况下，如果分寸把握得不当，或者会使对方很难堪，破坏了交往的气氛和基础，并带来一系列严重的后果；或者会让对方占"便宜"的愿望得逞，给自己造成不必要的损失。为了一时嘴上之快，而影响了自己的人际关系或是前途实在是得不偿失。

一位干部到广州出差，在街头小货摊上买了几件衣服，付款时发现刚刚还在

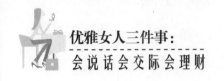
身上的100多元外汇券不见了。货摊只有他和姑娘两人，明知与姑娘有关，但他没有抓住把柄。当他向姑娘提及此事时，姑娘翻脸说他诬陷人。

在这种情况下，这位干部没有和她来"硬"的，而是压低声音，悄悄地说："姑娘，我一下子照顾了你五六十元的生意，你怎么能这样对待我呢？你在这个热闹街道摆摊，一个月收入几百上千，我想你绝对看不上那几张外汇券的。再说，你们做生意的，信誉要紧啊！"

他见姑娘似有所动，又恳求道："人家托我买东西，好不容易换来百把块外汇券，丢了我真没法交代，你就替我仔细找找吧，或许忙乱中混到衣服里去了。我知道，你们个体户还是能体谅人的。"

姑娘终于被说动了，她就坡下驴，在衣服堆里找出了外汇券，不好意思地交还给他。

上述案例中，这位干部的一番至情至理的说辞，不但使钱失而复得，而且还可能挽救了一个几乎沦为小偷的青年。

现实生活中，人们普遍存在着吃软不吃硬的心态。对于这样的人就应该讲求批评的技巧，特别是对性格刚烈、很有主见的人，你如果说"硬"话，比如以命令的口吻，对方不但会不理睬，说不定比你更硬；你如果来"软"的，对方反倒产生同情心，纵使自己为难，也会顺从你的要求。

恳求就属于"软"话的一种。很多时候，你要想说服人，说软话要比说硬话效果好得多。然而恳求并不是低三下四地哀求，而是一种"智斗"，是一种心理交锋。通过恳求的语言启发、开导、暗示对方，并使对方按你的意思行事。

优雅的女人不说"你错了"

不会说话的女人，当发现别人犯了错，就会毫无顾忌地说："你错了"。

看到别人的错误，就不留情面地批评。例如"早就给你说，你错了，你就是不听。""是你把事情搞砸的。""谁像你那么不开窍，要我几分钟就做完了。"如此种种批评别人的话，谁听了都不会痛快。

俗话说："人活一张脸，树活一张皮。"因此，我们要学会为别人保住面子，即使别人犯了错误，也要懂得给人留面子。

20世纪30年代，美国经济危机期间，约翰的家像许多家庭一样陷入了贫困之中。约翰是家中最小的孩子，他的衣服和鞋都是哥哥姐姐们穿小了的，传到他这里，已经破烂不堪。

一天早上，他的妈妈递给他一双鞋，鞋子是褐色的，脚趾部分非常尖，鞋跟比较高，很显然是一双女式鞋。他虽然感到很委屈，但是他知道家里确实没有钱给他买新的鞋子。

快走到学校的时候，他低着头，生怕遇到自己的同学，笑话自己。突然，他的胳膊被一个同学抓住了，只听对方大声喊道："哎！快来看呐！约翰穿的是女孩子的鞋！约翰穿的是女孩子的鞋！"约翰的脸刷地一下就红了，他感到既愤怒，又委屈。

就在这时，玛丽老师来了，大家才一哄而散，约翰也乘机回了教室。

当她走到约翰的座位旁边，突然，她停了下来。约翰抬起头，发现玛丽老师正在目不转睛地注视着自己的那双鞋，他一下子又感到无地自容。

"牛仔鞋！"玛丽老师惊讶地大叫道，"哎呀！约翰，这双鞋你究竟是从哪里弄到的？"

她的话音刚落，同学们立刻蜂拥了过来，他们羡慕的眼神让约翰快乐得近乎眩晕。同学们排着队，纷纷要求穿一穿他的"牛仔鞋"，包括先前嘲笑他最厉害的那位同学。玛丽老师没有直接对嘲笑约翰的那位同学说："你错了。"因为那样会让约翰更没面子，她采取了一个特殊的方式，保全了约翰的面子。

优雅的女人在说话的时候，懂得给人留面子，她们从来不会把话说死、说

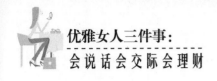
绝，使得自己毫无退路可走。

当别人犯了错误，脾气不好的女人会忍不住大发雷霆，当面指责批评对方。然而，过后却会很沮丧地发现，自己的"善意"不仅没有被对方接受，而且让对方产生了抗拒心理。

人都是有自尊心的，被批评总不是什么光彩的事情，尤其是当着众人的面，更会让被批评者"颜面扫地"，所以，会说话的女人从不说"你错了"。

张女士是一家工程公司的安全协调员，她的任务就是每天在工地上转悠，提醒那些忘记戴安全帽的工人们，开始的时候，她表现得非常负责。每次一碰到没戴安全帽的人，她就会大声批评，看到他们一脸的不高兴，她又会说："我这还不是为你好，对你负责，对你的家人负责？"工人们表面虽然接受了她的训导，但却满肚子不愉快，常常在她离开后就又将安全帽摘了下来。

公司的一位经理看到了这种情况，就偷偷建议张女士，不如换个方式去让他们接受自己的批评。于是，当张女士再发现有人不戴安全帽时，就问他们是不是帽子戴起来不舒服，或有什么不合适的地方，然后她会以令人愉快的声调提醒他们，戴安全帽的目的是为了保护自己不受伤害，建议他们工作时一定要戴安全帽。结果遵守规定戴安全帽的人愈来愈多，而且也不再像以前那样出现怨恨或不满情绪了。

我们要明白，批评是为了帮助对方认识错误，改正错误，积极把事情做好，而不是要制服别人或把别人一棍子打死，更不是为拿别人出气或显示自己的威风。只有这样，我们才能端正自己的态度，别人才乐于接受我们的批评。

有一次郁玲玲在保龄球馆和办公室的同事打球，对方是初学，球艺自然不行。出于好心，她便当教练教起对方来。打球过程中她一会儿说人家"真臭"，一会儿说"你这人看起来挺精明的，怎么学打球这么笨。脑子是不是进水了"。气得同事不客气地说："你说话可不可以含蓄点？""什么含蓄，你笨就笨嘛，还不让人说了，真是的！"就这样，同事气得转身走了。

本来一件很小的事情，却由于一个人说话太直接，而伤害了其他人。

言语可以是糖，客客气气地让人听了心里舒服；言语又能变成一把刀，刺得人心里流血。直言直语的女人会让人对她痛恨不已，甚至心生报复；而说话含蓄的女人则会使人对她心生好感。因此，在我们说话的时候，不妨在我们语言的刀子上加一把刀鞘，让我们的语言含蓄一些，不要冒犯别人，否则，这把刀子砍伤了别人后也会砍伤自己。

婉莹是一家公司的中级职员，她的工作绩效是大家公认的，可是一直升不了职，和她同年龄、同时进公司的同事不是外调独当一面，就是成了她的顶头上司。而且，别人虽然都称赞她"人好"，但她的朋友却并不多，不但下了班没有"应酬"，在公司里也常独来独往，好像不太受欢迎的样子。问题就在于她说话太直，总是直言直语，不加修饰，于是直接或间接地影响了她的人际关系。

只有愚蠢的女人才会不顾一切地去批评别人。作为女人，要懂得宽容，不要得理不饶人。可以从侧面委婉地指出错误，这样既能保住朋友的面子，也能让朋友乐意接受。何乐而不为呢？

说话时要维护他人的自尊

在日常生活中，我们有时需要拒绝别人的要求。如果直接说出口，我们总是担心会伤害对方的自尊心，而使对方觉得伤心。因此，女人在拒绝他人时，要学会婉言谢绝。

举个例子。甲说："我想请你吃饭，可以吗？"而乙早有约会，于是微笑着说："谢谢！"

甲问："你是同意了？"乙只是微笑，欲言又止。

甲问道："你有约会啦？"乙仍然微笑着点头说："是的。"

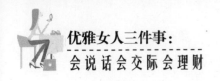

甲只好说："这样真不巧，对不起！"乙又微笑着说："没关系！我感到很抱歉！"

乙没有用生硬的语言拒绝甲的邀请，而是巧妙而自然地以微笑代言，最后让甲亲口讲出了"你有约会啦"的疑问式，这样甲就知道乙之所以拒绝自己，是因为乙已经有了约会，并不是有意拒绝自己，心情就没有那么难过。

所以委婉地拒绝别人可以减少对对方心理的伤害。相反，如果不能采取合适的方法或相应的技巧来拒绝对方，就可能会给对方造成伤害，甚至引发怨恨和不满，最终导致人际关系破裂，让自己陷入被动的麻烦境地中。就算没有闹到很严重的地步，也可能因拒绝而使对方不愉快，长时间耿耿于怀，难以忘记。不管怎么说，满怀希望地去求别人，却遭受无情的拒绝，的确会令人十分难堪；又或者自信十足地去说服别人，却遭到严厉拒绝，这简直是令人无法承受的伤害。

意大利音乐家罗西尼生于1792年2月29日。因为每四年才有一个闰年，所以等他过第十八个生日时，他已经72岁了。在他过生日的前一天，一些朋友告诉他，他们集了两万法郎，准备为他立一座纪念碑。罗西尼听完后说："浪费钱财！给我这笔钱，我自己站在那里好了！"

罗西尼本不同意朋友们的做法，但又不好直接拒绝。所以，罗西尼只能对朋友的建议不置可否，含糊其辞。于是他，含蓄地拒绝了朋友们的要求，又不伤害朋友的好意。

这样的拒绝，在达到拒绝目的的同时，还能让对方愉快地接受。

多替别人圆场和解围，而不要搬弄是非

如果现实生活中你是这样一个女人：善于为你周围的人解围、打圆场，那么，你就可以获得别人更多的赏识和信任，提升自己的人缘魅力。女人在生活中

会遇到很多这样的情况，比如：自己的上司处于尴尬局面，自己的朋友和别人争吵不休，这时候你就需要为他们解围、打圆场，使他们不致陷于尴尬之境，使事情出现转机。

在社交活动中，总有人不可避免地会陷入尴尬境地，要是我们能为这些人提供一个恰当的"台阶"，使他们避免丢面子，这不仅能使你获得对方的好感，而且也能帮助你树立良好的社交形象。我们女人要懂得为别人挽回面子。

某电器公司因为产生售后问题引起了很多人的投诉，很多记者闻讯到该公司采访。记者在公司门口遇到了经理秘书，便向她询问情况。可是经理秘书害怕自己承担责任，就对记者说："我们经理正在办公室，这个问题你们还是直接采访他比较好！"这下可好，记者们像汹涌的浪潮般闯入了经理办公室，经理躲也躲不开，只好硬着头皮一个人应付记者们的各种置疑。

事后，经理得知秘书不仅没有提前向自己汇报情况，还将责任全部推到自己身上，非常生气，不久就将这位女秘书解雇了。这件事例应该引起我们深思，记者因售后问题采访，这对于公司所有员工及领导来说本来就不是什么好事。此时，领导最需要的就是下属能挺身而出，甘当马前卒，替自己演好"双簧戏"。而对于下属来说，此时不仅要面对记者讲明问题的原因，还要极力维护领导的面子和威信，而不应该将责任推到领导身上。事情做好后，领导自然心中有数，即使不会有明显的表示，也会在适当的时候给下属一定的"好处"。若下属因怕担责任或没有眼色，将领导弄得很尴尬，领导不发火才叫怪呢！也许到最后，工作也得丢了。

当你的朋友或身边的人与别人聊天发生口舌争执时，夹在中间的滋味是比较尴尬的。作为争论的局外人，女人应该善于随机应变地打圆场，让彼此的矛盾得以化解。善于打圆场，应该是女人的一种说话本领和优势。

女人在生活中要学会顾及他人的脸面，一句或两句体谅的话，对他人的态度表示一种宽容，都可以减少对别人的伤害，保住他的面子。生活中需要智慧，也

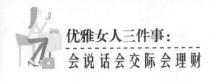
需要机智和幽默。只有这样，我们才可以避免毫无必要的"树敌"，才可以做到"化干戈为玉帛"，也只有这样，我们才可以减少许多麻烦，把更多的精力和时间投入我们感兴趣和有意义的工作中。

几年前，通用电器公司面临一项需要慎重处理的工作：免除查尔斯·史坦恩梅兹担任的某一部门的主管。史坦恩梅兹在电器方面有超过别人的天才，但担任计算部门主管却遭到彻底的失败。不过，公司却不敢冒犯他，公司绝对少不了他。于是他们给了他一个新头衔，让他担任"通用电器公司顾问工程师"，工作还是和以前一样，只是换了一项新头衔，同时让其他人担任部门主管。

对这一调动，史坦恩梅兹十分高兴。

通用公司的高级人员也很高兴。他们已温和地调动了这位最暴躁的大牌明星职员的工作，而且他们的做法并没有引起一场大风暴，因为他们让他保住了面子。

让他有面子！这是多么重要，而我们却很少有人想到这一点！

爱玛每年都会受邀参加某单位的杂志评审工作，这个工作虽然报酬不多，但却是一项荣誉，很多人想参加却找不到门路，也有人只参加一两次，就再也没有机会了！爱玛年年有此"殊荣"，让大家都羡慕不已。

她在年届退休时，有人问她其中的奥秘，她微笑着向人们揭开谜底。爱玛说，她在公开的评审会议上一定会把握一个原则：多称赞、鼓励，而少批评。但会议结束之后，她会找来杂志的编辑人员，私底下告诉他们编辑上的缺点。

因此，虽然杂志有先后名次，但每个人都保住了面子。也正是因为爱玛顾虑到别人的面子，因此承办该项业务的人员和各杂志的编辑人员，都很尊敬她、喜欢她，当然也就每年找她当评审了！

过分地挑剔别人的错误，非但不会让别人知道自己错了，反而会使他产生逆反心理；相反，让别人保住面子，对方会在心里感激你，对你增加敬意。

实际上，在各种场合，需要灵活应变地打圆场的事往往很多。有时要为自己的过失打圆场，有时要为上司的过失打圆场，有时要为他人的争吵打圆场。做好了，谁都好；做不好，不仅不能息事宁人，还可能火上浇油，扩大事态。

给对方面子，其实也就是给自己留下余地。常言道，退一步海阔天空。所以凡事都要有个度，即使是对方做错了，也不要把事情做绝了，给对方一个台阶下，也会让你前面的道路变得平坦。

所以女人在打圆场时，一定要用理解的心情，找出尴尬者陷入僵局的原因，想出好的圆场办法，最终达到"你好我好大家好"和气收场的目的。

第3章

女人会说得体话，滴水不漏有分寸

说话因人而异，避免话不得体

　　会说话的女人之所以受人欢迎，是因为她能够根据不同的情况、不同的地点、不同的人物，变换自己说话的语气和方式，通俗一点说，就是有"变色龙"的本领。看到对方喜欢什么，你就要顺着他喜欢的话去说，顺着他喜欢的事去做；看到对方厌恶什么，忌讳什么，就要避开他忌讳的不去说，避开他厌恶的事不去做。这样，对方就会觉得你是他的知心人。相反，如果你以说教的口气同你的老师说话，以傲慢的态度同长辈说话，以咄咄逼人的言辞同上级说话，那么你注定是不会受欢迎的。

　　有这样一个笑话：来自各国的实业家们正在一艘游艇上，一边观光，一边开会。突然船出事了！船身开始慢慢下沉。船长命令大副立刻通知实业家们穿上救生衣跳海。几分钟后，大副回来报告说没有一个人愿意往下跳。

　　危机之时，船长的女儿对父亲说："我有办法让他们跳海。"果然，一会儿工夫，只见实业家们一个接一个地跳下海去。大副请教这位小姐说："您是如何说服他们的呢？"她说："我告诉英国人，跳海也是一项运动；对法国人，我就说跳海是一种别出心裁的游戏；而警告德国人说——跳海可不是闹着玩的！在俄国人面前，我认真地表示：跳海是一种壮举。"

"您又是怎样说服那个美国人的呢？"

"太容易了！"船长的女儿得意地笑道："我只说已经为他办了人寿保险。"

这虽然只是个笑话，但是却说明一个道理，那就是要"看人说话"，并且应精心地选择说话的内容和方式。

《红楼梦》里的王熙凤就是典型的代表人物，她非常善于察言观色。我们来看林黛玉刚进贾府的那一幕。在林黛玉刚进贾府时，王夫人问："是不是拿料子给黛玉做衣裳呀？"凤姐答："我早都预备好了。"也许，她根本没有预备什么衣料，但是王夫人就点头相信了。

还有一次，邢夫人要讨老太太身边的鸳鸯，便先来找凤姐商量，说老爷想讨鸳鸯做妾，凤姐一听，脱口说："别去碰这个钉子。老太太离了鸳鸯，饭也吃不成了，何况说老爷放着身子不保养，官儿也不好生做。"就劝告邢夫人，"明放着不中用，反招出没意思来，太太别恼，我是不敢去的。"

凤姐觉得这件事根本就行不通，所以就劝慰了几句邢夫人。但是邢夫人却听不进去，非常不高兴，冷笑道："大家子都三房四妾的，老爷子怎么就使不得呢？"

凤姐见邢夫人心性大发，知道都是刚才那番话惹的。于是立即改口，赔笑道："太太这话说得极是，我才活了多大，知道什么轻重，想来父母跟前，别说一个丫头，就是那么大的活宝贝，不给老爷给谁。"这一番话说得邢夫人又欢喜起来，同样是讨鸳鸯这件事，一正一反的两番说辞，同出于凤姐之口，居然都通情达理，动听入耳，这种机变之速真是让人叹为观止。

全国人口普查时，一个青年普查员向一位70多岁的老太太询问"您配偶姓名？"老人愣了半天，然后反问"什么配偶？"普查员又解释："就是你丈

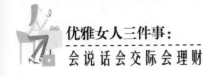
夫。"老太太这才明白。

这位普查员说话不看对象，难怪会闹笑话。所以，欲收到理想的表达效果，就应当看对象的身份说话，对什么人，说什么话。如果不看身份说话，别人听起来就会觉得别扭，甚至产生反感，那势必会影响交际效果。

格林夫人有一个对房子很不满意并且威胁要搬家的房客。这位房客的租约还有四个月才到期，每月房租是55美元；尽管租约尚未到期，他却通知格林夫人，他马上就要搬出去。但是，这个人已在格林夫人的房子内度过了整个冬天——也就是一年当中，房租最贵的一段时间。格林夫人不想让那位房客离开，因为以后的房子并不好出租。格林夫人本来也可以对房客指出，如果他搬家，他房租的余款将立刻到期，格林夫人可以把那些款项全部收回。但是，格林夫人并没有那样大闹一场，反而决定试试其他战略。

格林夫人一开始就这么说："先生，我已经听到你的话了，我仍然不相信你打算搬走。从事租赁业多年，已使我学会了观察人们的本性，一开始，我就仔细把你打量了，我认为你是一个信守诺言的人，对于这一点我深信不疑，因此，我很情愿来冒个险。现在，我有一个建议，把你搬家的事先放几天。再仔细想一想，如果你在月初房租到期之前来见我，并告诉我你仍然打算搬家，我向你保证，我一定接受你这项决定。我会给你搬家的权利，并承认我的判断错了。但是，我仍然相信你是一个遵守诺言的人，你一定会住到租期届满为止。毕竟，这项选择全在我们自己！"

格林夫人向这个房客提出了挑战，因为他认为这位房客是位守信用的人。那么房客又怎么能不接受这个挑战呢？当新月份来到时，这位房客亲自付清了房租。

在现今社会，我们交际的圈子越来越大，所面对的交际对象也是性格迥异，很多人不仅自己说话比较讲究方式方法，而且也很希望别人说话有分寸。因此，女人要学会根据别人的潜在心理说话，把话说到对方的心坎儿上，时刻注意揣摩你的交际对象心里在想什么。只有这样，你说的话才会与对方的心理相吻合，对方才乐于接受。

爱丽丝酷爱诗，所以她将大诗人罗斯迪所有的诗都读了一遍。她还写了一篇演说词，来歌颂罗斯迪在诗歌方面的艺术成就，并将它送给了罗斯迪本人，罗斯迪当然十分高兴。"对我的才华有如此高深见解的青年，"罗斯迪说，"一定是个非常优雅的人。"

于是，罗斯迪将爱丽丝请到家中来，让她担任自己的秘书。这对爱丽丝来说可是改变人生道路的难得机会——因为她凭借这一新的身份，接触了许多当代著名的文学家，从他们那里接受了有益的建议，并受到他们的鼓励和激发，开始了她自己的写作生涯，最终名闻世界。可是，又有谁知道，如果她当初没有写那篇真诚赞美罗斯迪的演讲词，她或许会一生无用武之地。

在为人处世中，我们也要学会与不同身份的人交际说话。针对不同的身份，所选话题也应有所不同，即要选择与之身份、职业相近的话题。例如：当我们遇到老人，就一定要去谈他的小孙子、小孙女，因为在老人的心目中，他的小孙子是最可爱的。因此，我们要学会看人说话。

同样一个玩笑，能对甲开，不一定能对乙开。人的身份、性格、心情不同，对玩笑的承受能力也不同。对方性格外向，能宽容忍耐，玩笑稍微过大也能得到谅解。对方性格内向，喜欢琢磨言外之意，开玩笑就应慎重。对方尽管平时性格开朗，假如恰好碰上不愉快或伤心事，就不能随便与之开玩笑。相反，对方性格内向，但正好喜事临门，此时与他开个玩笑，效果也会出乎意料的好。

得体的话语会给你带来融洽的人际关系，不得体的话语则会成为你前进路上的绊脚石，两者有着天壤之别。人类语言交流的实践证明：表达同一思想内容，在不同交际场合要求采取与之各自相应的语言形式，否则就达不到交际的目的。

作为女人，只有学会对不同的人说不同的话，我们才能把话说到对方的心坎儿上，这样才能使你"言"到功成！从称谓到措辞组句，从语气到表达方式都要不失身份，恰当得体，只有这样你才能够成为最后的大赢家。

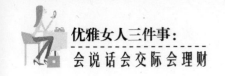

说话有理有据，避免长舌讨嫌

在人际交往中，说话的艺术是非常重要的。正所谓"话多必失"。女人要懂得有所言、有所不言的道理。但是，却偏偏总有些女人非常"热心"，喜欢捕风捉影，说些无根据的话，结果传来传去，就成了一把伤人的刀。下面就是一个这样的例子。

戈玲和张莉是好朋友，张莉属于那种大大咧咧的人，平时爱说爱笑，对什么事都不在乎，心里也装不住事。而戈玲则是属于敏感型的人，什么事嘴巴上不说，但心里却计较得很。

一次张莉看到戈玲的老公和别的女人在一起喝茶，就在和戈玲聊天的时候，开玩笑似的说："昨天，我看到你老公与那个漂亮的女客户在一起吃饭呢，你可要小心点啊。"

戈玲听到这个消息，回到家就开始观察老公，越观察越觉得老公有问题，她终于控制不住，向老公开了火，两个人大吵一通，后来，戈玲跑去向张莉哭诉，没想到张莉说："哎呀，我不过是开个玩笑，你怎么就当真了呢？那天我的确看到你老公与别的女人一起吃饭了，但是不只是他们两个啊，还有好多人呢。"

戈玲听了，心里非常不舒服，但又碍于面子，不肯向丈夫说出实情，结果使得夫妻关系越来越僵。

其实张莉原本也是无心的，但是无意中却成了戈玲夫妻两人的感情杀手。因此，我们要切忌：有些话不能说，有些话不能乱说。

英国思想家培根就说过："交谈时的含蓄与得体，比口若悬河更可贵。"在社会交际中，人们往往会遇到不便直言之事，只好用隐约闪烁之词来暗示。

美国经济大萧条时期，有位17岁的女孩很幸运地在一家高级珠宝店找到了一份销售珠宝的工作。这天，店里来了一位衣衫褴褛的青年人，只见那人满脸悲愁，双眼紧盯着柜台里的那些宝石首饰。

这时，电话铃响了，女孩去接电话，一不小心，碰翻了一个碟子，有六枚宝石戒指落到地上。她慌忙拾起其中五枚，但第六枚怎么也找不着。此时，她看到那位青年正诚惶诚恐地向门口走去。顿时，她意识到那第六枚戒指在哪儿了。当那青年走到门口时，女孩叫住他，说："对不起，先生！"

那青年转过身来，问道："什么事？"

女孩看着他抽搐的脸，一声不吭。

那青年又补问了一句："什么事？"

女孩这才神色黯然地说："先生，这是我的第一份工作，现在找工作很难，是不是？"

那位青年很紧张地看了女孩一眼，抽搐的脸上浮现出一丝笑意，回答说："是的，的确如此。"

女孩说："如果把我换成你，你在这里会干得很不错！"

终于，那位青年退了回来，把手伸给她，说："我可以祝福你吗？"

女孩也立即伸出手来，两只手紧握在一起。女孩仍以十分柔和的声音说："也祝你好运！"

那青年转身离去了。女孩走向柜台，把手中握着的第六枚戒指放回原处。

这原本是一起盗窃案，按照人们一般的处理方法，不外乎大呼大叫，大喊抓贼。而这位女孩却用一番彬彬有礼的言语暗示，达到了使小偷归还偷窃物的目的。试想一下，如果女孩按照常规同样大喊大叫，能有这样的结局吗？绝对不可能。说不定她还会为此受到伤害。

因此，女人说话必须讲究技巧，做到嘴下有卡。说话要点到为止，不要伤害别人的自尊心，要善于洞悉谈话的情景，这样才会使你的语言得心应口。

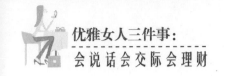

说话以诚为本，避免背后论人

《伊索寓言》里讲过这样一个故事：

有一头狮子老了，病倒在山洞里。除了狐狸外，森林里所有的动物都来探望过他们的国王。狼因为对狐狸有所不满，就利用探病的机会在狮子面前诋毁狐狸。

狼说："大王，您是百兽之王，大家都很尊敬、爱戴您！可是，您现在生病了，狐狸偏偏不来探望您，他一定是对大王心怀不满，所以才会这样怠慢您啊……"

正说着，恰好狐狸赶来了，听见了狼说的最后几句话。一看见狐狸走进来，狮子就气愤地对着他大声怒吼起来，并说要给狐狸最严厉的惩罚。

狐狸请求狮子给自己一个解释的机会。他说："到您这里来的动物，表面上看起来很关心您，可是，他们当中有谁像我这样为您不辞劳苦地四处奔走，寻找医生，问治病的方子的？"

狮子一听，便命令狐狸立刻把方子说出来。狐狸说："只要把一只狼活剥了，趁热将他的皮披到您身上，大王的病很快就会好了！"

顷刻之间，刚才还在狮子面前活灵活现地说狐狸坏话的狼，就变成了一具死尸，躺在地上了。狐狸笑着说："你不应该挑起主人的恶意，而应当引导主人发善心。"

喜欢在背后议论别人的人，通常都是爱挑拨离间的人。正因为是在背后议论别人，才为挑拨离间者提供了生存的土壤和空间。尤其是在背后说的大多是坏话而不是好话。喜欢搬弄是非、挑拨怨仇，到处说别人坏话的人，最终都会使自己受害。即使能够伤到别人，那也只是暂时的，却不可能使自己长期受益。

俗话说："纸里包不住火"，若要人不知，除非己莫为，说别人的坏话，迟早都会传到别人的耳朵里面去，结果必将引来仇恨和报复。

当你多说别人的好话时，不管是当面说的，还是背后说的，最后也都会传到别人那里去。而且，在背后多说人好话，比当面直接说的效果往往更好。这些好话也必将使你大大获益。

古人指出："见得天下皆是坏人，不如见得天下皆是好人，有一番熏陶玉成之心，使人乐于为善。"意思是与其把天下之人都看成是坏人，不如把天下之人尽看成是好人。这样做的好处是以自己的真善美之心来熏陶别人，帮助他人也形成向善的思想。

这条古老的名言在这里说了一个很简单的道理，那就是人的心境完全取决于人的思想观念，当你看天下所有人都是坏人，都对你有不良企图的时候，你的心情肯定好不了，整天疑神疑鬼，担惊受怕。但是，当你认为天下人都是好人，都会给你关心，给你帮助时，你的心情一定会开朗，感觉每一天都是阳光灿烂的日子。

在工作中的确存在这样一种人，他们说话做事，人前一个样，人后又是一个样。这样的人在别人面前时甜言蜜语，而背后却很可能说你的坏话，给你造成不利的人际关系。

生活中的有些事情，是不能用是非曲直把它说清楚的，抑或根本就没有必要去分出个是非高下。生活中，我们总希望活得轻松、自在，为什么要像法官那样费尽周折去定是非呢？所以定要分清是非曲直是争强好胜的心理在作祟，图自己一时的痛快，全然不顾他人的感受，对于那些生活上的鸡毛蒜皮之事，即使弄明白你对了他错了又能说明什么问题呢？结果并不见得是对方承认你优雅，反而倒是在彼此心上拉开了一段距离，影响了夫妻之情、手足之谊或朋友之间的和睦气氛。

我们反对当面不说背后乱讲，并不是因为"隔墙有耳"，关键是在别人背后说人家的闲话这本身就是不道德的行为。所以，有这种毛病是切记要改的。

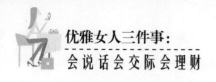
所以，不轻率地讥评别人，要紧的是在内心中戒除一个"傲"字，对待朋友、家人都不能过于苛刻，处理事物时要处处留有分寸，看待周围的人时多从好处着眼，只要大是大非不乱，小是小非就不要去深究了。这样天长日久，在你身边必定会形成和谐顺畅的氛围。

说话点到为止，避免过犹不及

人们常说："敲鼓敲在点子上"，说话亦如此。如果能够把话说到对方的心坎上，即使是再不乐意，对方的心也会在瞬间化解而愿意提供帮助。

陈倩是一个银行职员，27岁了仍然单身，她的朋友帮她介绍了一个对象辉。约会的时候，辉是充满自信的，他的条件优越：外语学院毕业，后又出国进修，目前开着一家翻译公司。辉满脸的春风得意让陈倩很不自在，辉过分的彬彬有礼更让陈倩不习惯。

晚上回到家后，陈倩便接到女友的电话，女友说，辉对她印象好极了。接着，辉的电话便打进来，言谈也是礼貌周全。陈倩说："你很优秀，而我不过是一个普通的银行职员，我觉得你应该找个比我更优秀的女孩。"

辉对自己的失败是意外的。对于这类成功男人，陈倩的拒绝方式是对的，就是先夸捧他，然后告诉他，自己害怕高处不胜寒。这样既没有伤害对方的自尊心，又达到了自己的目的。

多数女人有了不满的时候，总是容易抱怨，而抱怨并不能让对方接受，甚至会对你产生反感。那么，不如换个方式，用一种诙谐的方式把你的不满表达出来，这样对方更容易接受。我们说话要做到点到为止，温和的批评方式更容易让人接受。所以，优雅的女人会选择诙谐的方式表达自己的不满。

张莉发现丈夫对自己越来越不够重视了，白天他忙着工作，忙着应酬，晚上回来又忙着看电视、上网、聊天、看小说，跟自己说话的时间都没有了，更别提关心自己和孩子了。张莉一直想和丈夫商量着把孩子送幼儿园，却一直没有机会和丈夫谈。

一天晚饭后，张莉问丈夫："晚上准备做什么呢？"

"看电视呀，新闻时间马上就到了。"

"看完电视以后呢？做什么？"

"嗯，我想想，对了，一个老朋友今天约我上网呢，好久没见了，他刚买了电脑，想和我聊会儿。"

"然后呢？"张莉问。

"没有了。"

"那当你办完这些事之后，能不能帮我做点儿事呢？"

"好啊，什么事？"丈夫答。

"陪我聊一会儿，我想给你说说孩子的教育问题。"

丈夫一听，立刻认识到自己的错误，向她道歉说："亲爱的，对不起，最近我对你关心不够。"张莉可谓是极具讲话的技巧。她没有明确表明自己的态度，而只是委婉地表示了自己的看法，但是却达到了预期的目的。

因此，要想获得为人处世的成功，最好做到点到为止。学会在说话时巧妙地拐个弯儿，千万不要"乱放炮"。因为每个人都需要自尊，需要面子。直来直去，实际上就是"不给面子"，使对方心中不快，以致造成双方关系破裂，甚至反目成仇。

会说话的女人，说话时，总是三言两语见好就收，不忘给对方留下一定的余地；不懂得说话的人，往往总是不肯善罢甘休，非要将对方批评得体无完肤不可，结果是过犹不及，往往将事情推到了反面。所以，我们在生活中要掌握说话的技巧，要学会点到为止。

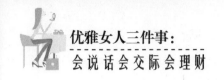

把握说话时机，避免喋喋不休

许多女人有一个共同的毛病，即在不必要的场合中，把自己所拥有的一切话题，在一次机会中全部谈完，等到需要她再开口的时候，她已无话可说了。

孔子在《论语·季氏篇》中说："言未及之而言，谓之躁；言及之而不言，谓之隐；不见颜色而言，谓之瞽。"这段话的意思是说：不该说话的时候说，叫做急躁；应该说话的时候不说，叫做隐瞒；不看对方的脸色变化，便信口开河，叫做闭着眼睛瞎说。这就说明我们在说话时，务必要把握时机。

通常，一个具有高明说话技巧的女人，应该能够很快地发现听众所感兴趣的话题，同时能够说得适时适地，恰到好处。也就是说他能把听众想要听的事情，在他们想要听的时间之内，以适当的方式说出来，这才是一种无与伦比的才能。如果不顾及说话对象的心态，不注意周边的环境气氛，或者是不该说话时却急于抢说，都极有可能引起对方的误解，甚至反感。

有一位留美的计算机博士，毕业后想在美国找一份理想的工作，由于她要求太高，结果好多家公司都不录用她，思来想去，她决定收起所有的学位证明，以一种"最低身份"求职，等到合适的时机再将学历晒出来。

不久她就被一家公司聘为程序录入员。这对她来说简直是小菜一碟，但是她仍干得一丝不苟。不久，老板发现她能看出程序中的错误，非一般的程序录入员可比。这时她对老板说："我有本科证。"于是，老板给她换了个与大学毕业生对口的工作。

过了一段时间，老板发现她时常能提出许多独到的有价值的建议，远比一般的大学生要高明，这时，她又对老板说："我有硕士证。"老板随后又提升了她。

再过了一段时间，老板觉得她还是比别人优秀，就约她详谈，此时她又对老板说："我有博士证。"由于老板对她的水平已有了全面的认识，就毫不犹豫地重用了她。

可见，我们女人说话要懂得把握说话时机。要想把握好说话时机，你得有耐性，不应急躁。否则你所有的希望都会化为泡影。但你也不该一味地等待，什么事也不再做，而是需为关键时刻的到来做一切准备。要把握好时机，你得有很强的观察力，观察别人的表情，洞察他人的意思和想法，也得观察整体的谈话气氛。

黎倩所在的公关部原定只有7人，注定有一人迟早被裁，加上部门经理位置一直空缺，如此便导致了内部斗争日益升级，进而发展到有人挖空心思抢夺别人的客户。

有一天，一家大客户来到公司参观。这是一家大型合资企业，公司一旦和这家大客户签下长期供货合同，至少半年内衣食无忧。不过，这些参观者中的决策人物，有几个日本人，不懂汉语和英语，这让公司有些措手不及。见面时，因双方语言沟通困难，场面显得有些尴尬。

就在公司老总焦头烂额之际，黎倩自告奋勇表示自己精通日语，可以同日本客人交谈。于是老总非常高兴，让黎倩陪同客人参观，介绍公司情况。她凭借熟练的日语、丰富的谈判技巧和对业务的深入了解，终于顺利地签下了大单。

黎倩随机应变的表现能力，以及熟练的日语会话能力，让老总对她大加赞赏，公司上下都对她另眼相看。一个月后，黎倩升任公关部经理。

《战国策·宋卫策》中也记载了这样一件有趣的事情。有一个卫国人迎娶媳妇，新媳妇一坐上车，就问："驾车的三匹马是谁家的？"驾车人说："借来的。"新媳妇就对仆人说："要爱护马，不要鞭打它们。"车到了夫家门口，新媳妇一边拜见家人，一边吩咐随身的老奶妈："快去把灶里的火灭掉，要失火的。"一走进屋内，见了石臼，又说："把它搬到窗台下边，放在这会妨碍别人

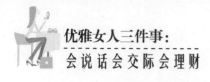

走路。"夫家的人都觉得她十分可笑。

新媳妇的三句话都是至善之言，可为什么反被人笑呢？原因就在于时机，也就是说，她没有掌握好说那三句话的时间和场合。在她刚刚过门，而且还在举行婚礼时，就居然指使这指使那，即使她的语气再温柔，别人总觉得好笑。

因此，要想取得好的说话效果，除了会说之外，还要与说话的环境相吻合、相协调。例如你想辞掉一个员工，一定要选择好对话的时机。这不仅是为对方着想，也是为自己考虑。试想，如果你想在国庆前一天请某位员工夹起皮包走人，此时办公室其他人都在准备回家过黄金周，而这位员工却在与其他员工谈得唾沫横飞时被你一脸严肃地叫到办公室，然后给他浇一盆冷水……如果是你，你会怎样？

因此，说话时适当地把握时机也是迈向成功之途不可缺少的要素。

把握交谈话题，避免话不投机

有的女人在说服别人的时候，只谈论自己，从来不考虑别人，这样的女人永远不会得到别人的认同。说服别人的诀窍就在于，迎合他的兴趣，谈论他最为喜欢的事情。

每个人都有各自不同的兴趣与爱好，一旦你能找到其兴趣所在，并以此为突破口，那你的话就不愁说不到他的心坎上。

宋小姐是一家房地产公司总裁的公关助理，奉命聘请一位特别著名的园林设计师为公司的一个大型园林项目做设计顾问。但这位设计师已退休在家多年，且此人性情清高孤傲，一般人很难请得动他。

为了博得老设计师的欢心，宋小姐事先做了一番调查，她了解到老设计师平时喜欢作画，便花了几天时间读了几本美术方面的书籍。她来到老设计师家中，刚开始，老设计师对她态度很冷淡，宋小姐就装作不经意地发现老设计师的画案上放着一幅刚画完的国画，便边欣赏边赞叹道："老先生的这幅丹青，景象新奇，意境宏深，真是好画啊！"一番话使老先生升腾起愉悦感和自豪感。

接着，宋小姐又说："老先生，您是学清代山水名家石涛的风格吧？"这样，就进一步激发了老设计师的谈话兴趣。果然，他的态度转变了，话也多了起来。接着，宋小姐对所谈话题着意挖掘，环环相扣，使两人的话题越来越近。终于，宋小姐说服了老设计师，出任其公司的设计顾问。人类本质里最深层的驱动力就是希望自己对别人具有重要性，你要别人怎么待你，就得先怎样待别人。那么，你想让别人对你感兴趣的办法只有一个，那就是先对别人感兴趣。每个人都有各自不同的兴趣与爱好，一旦你能找到其兴趣所在，并以此为突破口，正如有人说的"即使你喜欢吃香蕉、三明治，但是你不能用这些东西去钓鱼，因为鱼并不喜欢它们。你想钓到鱼，必须下鱼饵才行。"

每个人都有自己感兴趣的东西。我们在说服别人的时候，要懂得迎合别人的嗜好，能让对方感觉到受重视、受尊重。

小美大学刚刚毕业，还没有任何社会经验，却很想开一家旧书店，她的母亲很担心她一旦失败经受不住打击，就对她说，自己已到过一家最大的旧书店做过调查，书店老板作为内行人谈了许多经营之难："外行人要搞这种生意非常之难，因为外行人多半把自己感兴趣的书籍上架，这就失去了一大批顾客。此外，如买进难得的书，由于新手不懂得定价，一些卖旧书的同行就会来全数购去。当你认为畅销而暗自欣喜时，书架却渐渐空了，而同行则在转手中卖出高价。什么书是现在所需要的，什么书现已重版，这些行情也要掌握。还有一点就是丢书，特别是辞典一类的工具书，一被偷就是一笔钱……这些不过是打听回来的。当然你不一定会遇到，你也不必担忧。但你既然要做这行生意，不妨考虑一下。"

小美听了妈妈的一番话，闭着眼睛，感到了绝望，最后答应还是先找一份与

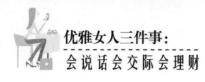
之相关的工作，了解一下行情，积累一些必要的经验，再想办法自己经营。

从上面的故事可以看出：我们每个人都有自己的喜好，会说话的女人在说服别人的过程中，总是懂得迎合别人的兴趣。

杜佛诺公司是纽约一家面包公司，杜佛诺夫人想方设法将公司的面包卖给纽约一家旅馆。4年以来，她每星期去拜访一次这家旅馆的经理，参加这位经理所举行的交际活动，甚至在这家旅馆中开了房间住在那里，以期得到自己的买卖，但是，她还是失败了。

"后来，"杜佛诺夫人说，"在研究人际关系之后，我决定改变自己的做法。我先要找出这个人最感兴趣的是什么——什么事情能引起他的热心。"

经过调查，杜佛诺夫人发现：该旅馆的经理是美国旅馆招待员协会的会员，而且他也热衷于成为该会的会长，甚至还想成为国际招待员协会的会长。不论在什么地方举行大会，他飞过山岭，越过沙漠、大海也要到会。

因此，在第二天，杜佛诺夫人再见到该经理的时候，她就开始谈论关于招待员协会的事。这次谈话收到了效果。该旅馆的经理对杜佛诺夫人讲了半小时关于招待员协会的事，他的声调充满热情。

在这次谈话中，杜佛诺夫人根本没有提到任何有关面包的事情。但几天以后，那家旅馆中的一位负责人给杜佛诺夫人来电，要她带着货样及价目单去。

试想一下，杜佛诺夫人对这位经理紧追了4年，尽力想得到他的买卖，但是一直都没有取得成功。而后来，杜佛诺夫人明白了与人交谈的技巧，最终得到了那笔生意。

只有别人对你的话语感兴趣，你才能得到自己想要的东西。一些人在推销节油汽车时，一见顾客就开门见山地说明这种汽车可为顾客省很多汽油等等，结果往往会招致反感，吃闭门羹。

刘小姐也是一位节油汽车推销员，但是她却懂得如何去迎合顾客的兴趣，她明白客户最关心的问题是什么，因此，她的推销获得了极大的成功。她常常会这样开头："先生，请教一个你所熟悉的问题，增加贵店利润的三大原则是什么？"

客户对这种话题肯定十分乐意回答。他会说："第一，降低进价；第二，提高售价；第三，减少开销。"

那么，刘小姐就会立即抓住第三条接下去说："你说的句句是真言。特别是开销，那是无形中的损失。比如汽油费，一天节约20元，你想过多少吗？如果贵店有3辆车，一天节省60元，一个月就有1 800元。发展下去，10年可省21万元。如果能够节约而不节约，岂不等于把百元钞票一张张撕掉？如果把这一笔钱放在银行，以5分利计算，1年的利息就有1万多元，不知您高见如何，觉得有没有节油的必要呢？"

听了刘小姐的话，对方就会自觉地想到不能再"浪费"下去了，而要设法用节油车以解除这种恶劣状况，最终购买她的节油汽车。

所以，要使人喜欢自己，要想让他人对你产生兴趣，就要记住这一原则：谈论别人感兴趣的话题。

把握语气分寸，避免热情过度

有时我们本来是表示对朋友的关心，但是一不小心，把话说得过热，对方反而觉得不自在，甚至还会怀疑你是不是有不良企图。所以，我们一定要掌握好说话的火候，不要过冷或过热。

赞美的语言不必多，但一定要精、要准。虽然大家都喜欢被称赞，但是如果你用一连串的赞美轰炸对方，恐怕对方只有想逃跑的愿望了。下面就是一个这样的例子。

原丽娜到一位年轻的小公司老板那里去推销保险。进了办公室后，她便赞美

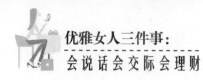

年轻老板："您如此年轻，就做上了老板，真了不起呀。能请教一下，您是多少岁开始工作的吗？"

"17岁。"

"17岁！天哪，太了不起了，这个年龄时，很多人还在父母面前撒娇呢。那您什么时候开始当老板呢？"

"两年前。"

"哇，才做了两年的老板就已经有如此气度，一般人还真培养不出来。对了，你怎么这么早就出来工作了呢？"

"因为家里只有我和妹妹，家里穷，为了能让妹妹上学，我就出来干活了。"

"你妹妹也很了不起呀，你们都很了不起呀。"

就这样一问一赞，直到赞到了那位年轻老板的七大姑八大姨，越赞越远了。最后，这位老板本来已经打算买原丽娜的保险的，结果也不买了。

后来，原丽娜才知道，原来那天自己的赞美没完没了，本来刚开始时，对方听到几句赞美后，心里很舒服，可是原丽娜说得太多了，使得他由原来的高兴变得不胜其烦了。

所以女人的赞美，要恰如其分、恰到好处，要让对方感到很舒服；赞美得多了，反而会过犹不及。

如果我们说话温度过热，对方就会产生反感，就会觉得你的话语没有诚心，甚至怀疑你之所以这样做，是因为你另有所图。倘若我们能够把握住言语的温度，就会收到很好的效果。

把握隐私分寸，避免当众揭短

没有笑声的生活和没有幽默感的女人都是无味的。在人际交往中，开个得体的玩笑，可以松弛神经，活跃气氛，营造出一个适于交际的轻松愉快的氛围。但是，我们女人在聊天的过程中，千万不能碰到别人的痛处，否则只会适得其反。

我们每个人都有自己的忌讳，也都讨厌别人提及。有时候，即使是赞美他人，也可能不小心冒犯了对方，引起对方的反感，有时可能还会招来怨恨。

公司的小刘天生秃顶。一天，几个同事在一起聊天，得知小刘的发明专利被批准了，小丽快言快语地说道："你小子，真够牛的，真是'热闹的马路不长草，优雅的脑袋不长毛'。"说得大家哄堂大笑，小刘却不好意思地红了脸。

这个故事告诉我们：我们不可以拿别人生理上的缺陷来做开玩笑的资料，如斜眼、麻面、跛足、驼背等。别人是不幸的，你应该给予同情才是。

虽然聊天中开玩笑的人动机大多都是友好的，或许小刘自己也明白这个道理。但很多时候，自己还是不能忍受别人拿自己的缺点开玩笑。

因此，开玩笑也要把握好分寸和尺度，否则就会产生不良后果。正所谓"说者无心，听者有意"。因此，在聊天中掌握一些分寸是很有必要的。

不要不分场合、场所地开玩笑，如果场合不对，玩笑则不仅无法达到效果，而且还可能受到别人的讪笑，甚至于引起别人的反感。

当你出席一位朋友父亲的葬礼时，如果你安慰朋友说："你的先生一定是个很坚强的人，因为他父亲是个有名的石匠呀！"将石匠和坚强联想在一起的幽默，固然无可厚非，可是由于使用的场合不对，结果只能是使得周围的人感到气愤：这个人怎么如此没常识？大家都这样伤心，而他一个人却嬉皮笑脸！如果换成另一种场合，效果也许就大大地不同了。

有种族歧视性以及嘲笑残疾人的笑话都不适当，因为这可能会冒犯到别人。例如，拿别人的生理缺陷开玩笑，这是在故意揭别人的"伤疤"，把自己的快乐建立在别人痛苦之上。

恶作剧可能会导致意外，而且不是每个人都能够接受。例如：捕风捉影，以假乱真，把小道消息作为茶余饭后的笑料，都是不负责任的低级趣味。

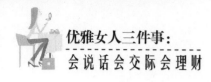

　　某学生寝室内，小方心直口快，见比自己小的小王非要排在最末位，就顺口说道："好啊，你排在最末，是咱们宿舍的宝贝疙瘩，你又姓王，以后就叫你'疙瘩王'好了！"原来小王的脸上正好长满了疙瘩，这样被说哪有不恼火的道理！

　　小方见惹来了风波，懊悔不已，但表面却不急不恼，巧借余光中的诗句揽镜自顾道："'蜷在两腮分，依在耳翼间，迷人全在一点点。'唉，这真是'一波未平，一波又起'啊！"小王一听，不禁哑然失笑，这才巧妙地结束了这次纠纷。

　　上面的这个故事告诉我们：说笑话前，要先看看对哪些人说，先想想会不会引起别人的误会。像小方那样无意伤了一个人的自尊，这是她始料不及的。

　　你拿对方的缺点开玩笑，即使你是无心的也很容易被对方认为你是在冷嘲热讽，倘若对方又是个比较敏感的人，你会因一句无心的话而触怒他，以致毁了两个人之间的友谊。而且这种玩笑话一说出去，是无法收回的，也无法郑重地解释。到那个时候，再后悔就来不及了。

　　下面也是一个这样的例子。有一天，几个同事在一起聊天，其中李小姐提起她昨天配了一副眼镜，于是拿出来让大家看看她戴眼镜好看不好看，大家不愿扫她的兴都说很不错。这时，同事小兰因此事想起一个笑话，便立刻说出来："有一个老小姐走进皮鞋店，试穿了好几双鞋子，当鞋店老板蹲下来替她量脚的尺寸时，谁知这位老小姐是个近视眼，看到店老板光秃的头，以为是她自己的膝盖露出来了，连忙用裙子将它盖住，立刻她听到了声闷叫。'浑蛋！'店老板叫道，'保险丝又断了！'"

　　接着是一片哄笑声，谁知事后，大家发现李小姐再也没有戴过眼镜，而且碰到小兰后，也再也不和她打招呼了。

　　正所谓说者无心，听者有意。在小兰看来，她只联想起一则近视眼的笑话。然而，李小姐则可能认为：别人笑我戴眼镜不要紧，还影射我是个老小姐。

大家是否还记得电影《十五贯》中的情景。这个电影讲的就是因一句玩笑引发的悲剧。尤葫芦喜欢开玩笑，而他的养女苏戌娟却爱较真。一次，尤葫芦对养女开玩笑说："我已经把你卖了。"不料，苏戌娟信以为真，竟在夜里偷偷逃走了，跑的匆忙，忘了关门，正巧娄阿鼠前来行窃，杀死了尤葫芦。而苏戌娟却被疑为谋财害命而被捕下狱。真可谓是："祸由玩笑生，家破又丢命。"可见尤葫芦不顾养女的性格特点，开了这个"严重"的玩笑，最后酿成了悲剧。

开玩笑本来是一种调解谈话气氛的良好方式，但是，如果你使对方太难堪了，就并非开玩笑之道。因此，当我们女人开玩笑时，一定要充分考虑到一些外在的因素，不要因为玩笑而伤了朋友间的感情。

利用自嘲圆场，避免针锋相对

在繁琐的生活中，每个人的境遇不可能总是一帆风顺，总有不尽如人意的时候。遇到这种情况，如不妥善处理，就会积怨斗气。优雅的女人懂得化解这些矛盾的有效方法就是自嘲。

某著名女演员嘴巴长得大，她常常自暴其丑，取笑自己的大嘴巴。一位发胖的女演员，拿自己的体形开玩笑："我不敢穿上白色游泳衣在海边游泳。我一去，飞过上空的美国空军一定会大为紧张，以为他们发现了目标。"一句自嘲，摆脱了窘境，大家反而觉得这位胖女士有可爱的性格和豁达的心胸。

上面就是典型的自嘲的例子。通过嘲笑自己的长相、缺点、遭遇等，为自己解围，因此，女人自嘲在论辩中有特殊的表达功能和使用价值。

某个女作家写作太累，在开会时就睡着了。渐渐地，她的鼾声大起，逗得与会者哈哈大笑，她醒来发觉其他人在笑自己。一位同仁说："你的'呼噜'打得太有水平了。"她立即接茬说："这可是我的祖传秘方，高水平的还没有发

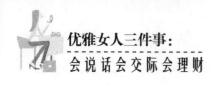
挥。"如此在大家的哄笑声中替自己解了围。

本来当众打呼噜十分不雅，但是那位女作家却利用自嘲，巧妙地解决了这一问题。以自我嘲弄的形式自贬自抑，堵住别人的嘴巴，摆脱窘境，从而争取了主动。

所以当交谈陷入窘境时，逃避嘲笑并非良方，怒不可遏地反唇相讥也会遭到更多的嘲讽，不如来个超脱，自嘲自讽，反而显得豁达和自信。这种超脱既使自己摆脱了"狭隘的自尊心理束缚"，又堵住了别人的嘴巴。

自嘲，是女人幽默的最高层次，口才好的女人善于取笑自己，从而消释误会，抹去苦恼，感动别人，并获得自尊自爱。女人自嘲，能增添情趣。在一些交际场合，运用自嘲可以增添乐趣，融洽气氛，增进彼此的了解和友谊。多来点诙谐的自嘲，心中就无怨气，就能与人和谐共处。

因此，在与朋友相处的过程中，我们女人要学会自嘲，用自嘲来缓和矛盾，用自嘲来赢得对方的好感。

如遇言语失当，及时灵活弥补

我们每个人都有说错话的时候。当我们发觉我们说错话的时候，就要及时弥补，免得与朋友同事的关系越来越僵。

任何人都有说错话的时候，关键是我们要及时发现自己的错误，并且要尽量在别人不知道或者没有发觉的情况下，悄悄去弥补。女人要懂得有错就改。

每个人都会犯错误，但我们要及时弥补，把损失降到最低。我们没有必要一直后悔，对自己所犯的错误耿耿于怀，而要学会向前看。只要及时弥补自己言语的错误，我们仍可以赢得大家的欢迎。有这样的一个例子。

刘女士是一家馄饨馆的老板。一次，一位中年妇女等了半天才占上位置，要了一份自己爱吃的馄饨。很快馄饨就端了上来，她想先尝一口汤。可是，由于太急，汤的味道刺激了她的呼吸道，随着"啊嚏"一声，她的唾沫和汤同时喷在坐在对面顾客的身上和碗里。这可惹火了这位顾客，他"呼"地一下站了起来吼道："你怎么乱打喷嚏！"

中年妇女也被自己的不雅之举惊呆了，赶紧向对方赔礼道歉。待自己缓过神来后，马上对着老板刘女士喊道："我告诉你不要放辣椒的，你干吗在里边放辣椒？你赔我的饭钱，我还要赔人家的饭钱呢！"刘女士马上问伙计，伙计也很委屈，他明明就没有放辣椒。

周围的群众都开始七嘴八舌，闹得沸沸扬扬。最后刘女士感到不能这样下去，就赶紧打圆场，对着厨房手一挥："算啦！再下两碗馄饨，钞票都免啦，只要大家和气，才能生财嘛！"

两位顾客这才平静下来表示接受。此后，他们还和刘女士成了朋友。有时候，当双方都处尴尬之时，如果你从旁边巧妙地打个圆场，那么凝滞的气氛就会变得轻松。

常常我们会因为自己口误说错了话，或因为不了解对方的性格而说错了话，引起对方的不满等等。那么这时，我们最需要做的就是，及时弥补自己言语中的错失，重新做一个受欢迎的人。

第4章

女人会说赞美话，口吐莲花受欢迎

无人拒绝你的赞美

赞美可以使人奋发向上，促使人积极进取，几句适度的赞美，可使对方产生亲和心理，消融彼此间的戒备心理，为交际沟通创造良好的氛围。喜欢被赞美，是人的天性，在交谈中，真诚的赞美和鼓励，能满足人的荣誉感，使人终生难忘。

说句简单赞美的话，不是一件难事，生活中处处有值得赞美的地方，任何人都有他的优点和长处。不十分漂亮的人，可能有着"优雅的气质""善良的心灵"；做工不甚讲究的衣服，也许质地优良；事业不很顺心的人，可能有着完美的值得称羡的家庭……总之，只要你愿意，并且以真诚之心去发现，一个人总是有值得你赞美之处的。

赞美是一门需要修炼的艺术，但只要你窥破了它的"秘诀"，你不但能赞美别人，而且能如意地得到别人的赞美。

　　真诚地赞美与阿谀奉承有着本质的区别。菲利普说："很多人都知道怎样奉承，很少有人知道怎样赞美。"赞美具有诚意，阿谀没有诚意；赞美是从心底发出，阿谀只是口头说说而已；赞美是无私的，阿谀完全是为自己打算。因而人们喜欢赞美而厌弃阿谀奉承。

　　日常生活中，我们常常犯下面这个故事中的错误：

　　李小贞在游九寨沟时，特意买回一条带有藏族风格的粗线条羊毛披肩。她喜欢披在肩上逛商店、遛大街、上公园，回头率还蛮高的呢。可有一天她披着这条披肩去参加同学会，昔日最好的朋友丁倩见了，十分惊讶地说："我的天呀！你怎么把搭沙发的东西披在肩上嘛！不伦不类的。"李小贞当时脸一下子红到耳根，窘迫得取下也不是，披着也不是。另一位老同学刘雅立即上来救场说："你们没有到过那人间仙境，见识短浅哟！人家这是藏族特色的珍品，外国人还花高价购买去珍藏呢！你怎么不帮我买一条呢？忘记了老同学啦！"她这一段救场话使双方都从困境中解脱出来，大家重叙旧情，找回昔日的温馨。

　　许多人都有自己珍藏的爱物，这些物品，只有在别人面前展示时得到众人的喝彩，才能体现出价值，而珍品的主人才觉得脸上有光，才更觉得珍藏有意义。如果珍藏的爱物遭人贬损，这对珍藏者无疑是精神打击，也会对你心生反感和厌恶。

　　恰当的赞美，是社交的灵丹妙药。在交际中，人们都喜欢听好话、赞扬话，听到这些话就像遇到"喜鹊唱枝头"，令人高兴振奋，从而对说话人会产生好感。人们最讨厌听贬损话、恶意挑错的话，听到这些话就像碰上"乌鸦头上叫"，使人扫兴恶心，产生反感甚至憎恶。

　　从心理学角度看，赞美是一种很有效的交际技巧，它有效地缩短了人与人之间的心理距离。既然渴望获得赞美是人类的一种天性，那么我们在生活中就有必要学习和掌握好这一交际智慧。

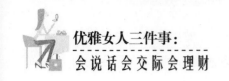

学会真诚地赞美他人

　　每个人都有自己的优点，找到并发自内心赞美他人的优点，会让我们交到很多朋友。但是，聪敏的女人，必须记住，赞美并不等于阿谀奉承，赞美是发自内心的。

　　会说话的女人往往是善于赞美别人的女人，她会抓住对方身上最闪光、最耀眼、最可爱而又最不易被大多数人重复赞美的地方，为对方戴一顶受用的"高帽"，让他有"飘飘然"的感觉。

　　有一次，业务部门接了新加坡一家公司的上亿元的大单子，张美心想如果这个单子谈成了，那么这个月就会超额完成任务。可是谈判的过程是非常艰难的，对方的负责人刘总监提出很多要求，而且还百般刁难。这让负责洽谈的人感觉非常棘手，一时想不到更好的解决方法，就这样陷入了僵局。

　　张美作为业务部的总监压力颇大，决定自己亲自出马。3天后的一个晚上，张美和公司老总一同约请刘总监一行共赴晚宴。席间大家相谈甚欢，彼此抱怨在商场打拼的不易，都没有提到那个单子的事情。晚宴结束后，饭店经理进来拿个很大的签名簿和软笔，说请大家留言题字多给饭店提些宝贵的意见。刘总监大笔一挥，留下几行潇洒飘逸的书法，让随行的人不由得鼓起掌来。张美紧接着说："没想到刘总监能写出这么漂亮的书法，真是让人钦佩啊！不知道您是拜在哪个书法大师的门下学习的？"此时，刘总监虽然表面上不动声色，但是内心里已经是如糖似蜜了。"我哪拜什么书法大师啊，就是自己喜欢书法艺术罢了，工作之余也就是喜欢写几个字，怡然自乐坚持了10多年了，张美女士过奖了！"大家在欢乐的气氛中分手了。

　　第二天，张美就接到刘总监的电话，很是客气地告诉她这个单子他们做，其他的要求就不提了。

从上面的例子可以看出：也许在其他人看来，对方负责人能写一手好书法，没什么值得大加赞美的；但张美却能抓住对方的这个"闪光点"，适时而有度地进行赞美，并因此向对方表示了特别的肯定与敬佩，从而满足了对方那么一点虚荣心，也使对方心里异常地高兴，单子的谈成自然是水到渠成的事了。

世界上没有人会对别人的赞美无动于衷，只不过有人会赞美他人，有人不会而已。大文豪萧伯纳曾说过："每次有人吹捧我，我都头痛，因为他们捧得不够。"可见，高帽子是人人爱戴的，关键是赞美的人能不能抓住对方的闪光点。

有位企业家说过："人都是活在掌声中的，当部属被上司肯定，他才会更加卖力地工作。"法国的拿破仑就非常知道赞美的力量，而且他也具有高超的统帅和领导艺术。他主张，对士兵要"不用皮鞭而用荣誉来进行管理"。

其实，每个人的性格不同，心理不同，所需要赞美的地方也是不同的。会说话的女人不会给两个人同样的赞美，而会为对方量身定做一个最合适的"高帽"。

一天，化妆品推销高手林玫去服装商店找一个卖衣服的朋友，正巧有两个女孩在那里挑选衣服。一个烫着金色卷发，一个披着黑色直发。

金发女孩试穿了几件衣服，最后选中了一件，黑发女孩说："这件款式土气，我觉得刚才你放下的那件衣服的扣子挺漂亮的。"金发女孩听了有点生气："那是什么破衣服，扣子难看死了。"

这时，林玫走了过去，面带笑容对金发女孩说："这件衣服的领子很漂亮，衬得你的脖子像高贵的公主一样有气质，要是再配上一条项链，那就简直完美极了。"金发女孩很高兴，因为她也是这么想的，黑发女孩在旁边选衣服没有吭声。

林玫拿了另一件衣服，对黑发女孩说："其实你可以试一下这件，它特别能衬托出你优美的身材。"黑发女孩也高兴起来了。

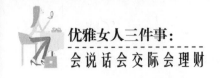

"当然，要是你们的脸上肤色再稍为护理一下，会显得气质更加优雅。"三人就开始聊起了美容化妆的话题，这是林玫最擅长和最希望的。当然，后来两人都成了她的忠实顾客。

买衣服的时候，如果别人说："哎呀，你穿着可真合适，像专门为你量身定做的一样。"那我们的心里都是高兴的，也多半会欣然买下来。量身定做说明是合体的、合适的，最重要是具有唯一性，专门为你定做的，这就显示出了对你的重要性。赞美的时候，如果你对不同的人都用同样的语言去赞美，那么效果一定好不到哪里去。而为别人量身定做一顶"高帽"，效果自然不用说。

当我们真诚地赞美别人时，对方也会由衷地感到高兴，并对我们产生一种好感。所以，在交际的过程中，女人们要学会赞美和欣赏别人。这样，别人才能感受到我们的热情，从而增进双方的关系，拉近彼此的距离。

女人必学的"戴高帽"式求人法

先来看这样一个故事：有个京城的官吏要调到外地上任，临走之前他去向自己的恩师辞别。恩师对他说："外地不比京城，在那儿做官很不容易，你应该谨慎行事。"官吏说："没关系，现在的人都喜欢听好话，我呀，准备了100顶高帽子，见人就送他1顶，不至于有什么麻烦。"恩师一听这话，很生气，以教训的口吻对他的学生说："我反复告诉过你，做人要正直，对人也该如此，你怎么能这样？"官吏说："恩师息怒，我这也是没有办法的办法，要知道，天底下像您这样不喜欢戴高帽的能有几人呢？"官吏的话一说完，恩师就得意地点头称是。

走出恩师家的门之后，官吏对他的朋友说："我准备的100顶高帽子现在只剩99顶了！"

　　上面这个故事虽然是个笑话，但却说明了一个道理，那就是谁都喜欢听赞美的话，就连那位教育学生"为人正直"的老师也未能免俗。这是因为人都有一种获得尊重的需要，即对力量、权势和信任的需要，对地位、权力、受人尊重的追求，而赞美则会使人的这一需要得到极大的满足。

　　赞美对于一个女人来说，似乎更为重要，因为女性是常以情感来体验生活的。

　　爱听赞美话是人的天性。俗话说"良言一句三冬暖"，人一旦被认定其价值时，总会喜不自胜，在此基础上，你再提出自己的请求，对方自然就会爽快地答应下来。心理学家证实：心理上的亲和，是别人接受你意见的开始，也是转变态度的开始。由此可知，求助者要想在求人办事过程中取得成功，一个行之有效的方法就是给予其真诚的赞美。

　　赞美和恭维别人是人际关系中至高无上的"润滑剂"，而且这种美丽的言词又是免费供应；如此"于人有利、于己无损而有利"的事，又何乐而不为呢？

　　赞美是一种博取对方好感和维系好感最有效的方法。要想在求人办事这条路上走得顺畅，就必须学会这一招。

　　金无足赤，人无完人。对每个人来讲，既有他的优点和强点，也有他的缺点和弱点。优点和强点很容易赢得赞美，而缺点和弱点则不然。

　　那么，赞美一个人为什么要了解他的弱点呢？了解弱点是为了对症下药，使你的赞美真正发挥得淋漓尽致，收到更好的效果。

　　首先，了解对方的弱点才能利用对方的弱点，用其弱点的对立面去赞美他，使他得到心理上的满足，从而达到你想要的结果。

　　在某城，一家文化公司欲建一座现代化的写字楼。这一天，公司张经理在工作，家具公司的工作人员小波找上门来推销办公家具。"哟，好气派！我从来没有见过这样漂亮的办公室。如果我有一间这样的办公室，我这一生的心愿就都满足了。"小波这样开始了他的谈话。他用手摸了摸办公椅扶手，说："这不是红

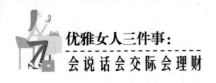

木吗？这可是难得一见的啊！""是吗？"张经理的自豪感油然而生。说完，不无炫耀地带着小波参观了整个办公室，兴致勃勃地介绍设计比例、装修材料、色彩调配，兴奋之情，溢于言表。

结果可想而知，小波顺利地拿到了张经理签字的办公室家具的订购合同。他达到了目的，同时也留给了张经理一种心理上的满足。

小波成功的诀窍，就在于他向被求助者表达了赞美之情。他从张经理办公室入手，巧妙地赞扬了张经理所取得的成绩，使张经理的自尊心得到了极大的满足，并把他视为知己。这样，办公家具的生意也就自然非小波莫属了。由于人有自我意识，所以接受任何东西，哪怕是最中肯的劝告，也要受情绪和情境的影响。人向来注意外界对自我的评价，提高这种外界评价，就有助于创造良好的情境和情绪，从而有利于事情的解决。

女人，都喜欢被赞美和奉承，自然也会了解如果对方听到赞美的话的心情，因而，如何拿捏奉承话，女人可能自己就有一套办法。赞美话是求人办事所必备的技巧，赞美话说得得体，会使你更迷人！

要记住，在激励他人时，最有效的方式就是对对方的认可。如果你想让对方成为一个什么样的人，或者做成什么事，你只要赞扬他现在就是这样的人，或一定能做成这样的事就不会有错。

需要别人帮你办事，就要发出真心的赞美，因为只有情真意切的赞美才有感染力，虚情假意不是赞美，而是讽刺挖苦或是别有他求。战国时期齐国丞相邹忌，对同是称赞他美貌的三个人，他认为最真诚的是他的妻子："吾妻之美我者，私我（偏爱）也；妾之美我者，畏我也；客之美我者，欲有求于我也。"俗话说："心诚则灵。"真诚的赞美是发自心灵深处的，是对他人的羡慕和钦佩。真诚的赞美才能收到好的效果，才能使对方受到感染，发出共鸣。

老板爱吃"糖衣食物"

在一个团队里面，老板始终位于金字塔的塔尖，他的威望是不言而喻的。但老板也会遭遇工作上的困难和生活上的困难，员工若能敏感地发现，并及时给予热情的关心，想方设法排忧解难，老板自然会乐于与之交往，在不自觉之间，也会对这样的员工在工作上加以特殊的照顾。

在职场中，如果你的老板是个非常出色的人，可是有一天，他的脸上却偶尔显露出一丝悲伤，那么很可能是他的家里发生了问题。他虽然没有说出来，一直在努力地隐藏，但是一些细微的情绪会自然而然地在脸上流露出来，作为下属要善于观察并捕捉到。比如，他会不时地用呆滞的眼神望着窗外，无心工作。平时那张极有活力的脸，已失去了朝气，如果你注意到了这种微妙的脸色和表情变化，不妨去试着找出领导真正苦恼的原因，你可以友好地对他说："老板，家里都好吗？"假装以随意问安的话来试探一下他。

"唉！我老婆突然生病了！"

"什么？嫂子生病了！现在怎么样？严重吗？"你需要表现出很关心的样子。

"只是感冒了，不需要住院，医生让她在家中静养。"

"老板，你别担心，一定会没事的，多去陪陪她，单位或您家里有什么用得上我的地方您尽管吩咐，我这些天都有空。"

"谢谢……"你对老板的关爱与细心，老板一定会有着很深的印象，也许他还可能借此一吐心中的苦恼以缓解压力，或者他真的需要你帮他一个忙，经过此番交流，相信你们的感情会大进一步，他一定会记住你对他的关爱并会对你格外关照。老板由于担心和难过，他的心灵在此时是比较脆弱的，我们应当设法淡化他的担心。老板的苦恼，在没有人知道的情况下，自己应主动设法了解，相信你的这份关心和善意，老板一定会备受感动。给老板留面子的另一种做法更简单，

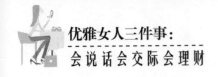
就是站在老板的角度考虑问题，多为老板想一想。

很多时候，我们可以因为一个陌路人的点滴帮助而感激不尽，但我们却总是无视朝夕相处的老板的种种恩惠。大家总是将工作关系理解为纯粹的商业交换关系，认为相互对立是理所当然的。其实，虽然雇佣与被雇佣是一种契约关系，但是并非对立。从利益关系的角度看，是合作双赢；从情感关系角度看，可以是一份情谊。不要认为老板就是剥削你的人，你可曾看到他们的责任和压力？遇到委屈的时候，试着站在他们的角度去想想。

老板尤其爱面子，很在乎下属的态度，以此作为考验下属对自己尊重不尊重、好不好领导的一个重要指标。如果随便否定领导的观念，必然会惹怒领导。在现代职场上，有很多领导都是武大郎开店，容不得下属比自己高。他们不喜欢下属对自己的想法说三道四，以为自己的下属给自己提建议或意见就是蔑视自己的权威，想取而代之。

所以，如果你不分场合和时间，有一说一，有二说二，实话实说，直截了当，甚至锋芒毕露的话，那他自然会觉得你是要扫他的威信、对他的失误落井下石，因而很自然地把你的好心当成驴肝肺。相反，如果你能多顾及老板的面子，注意自己提意见或建议的时间、地点和方式，你的上司肯定会接受你的一番好意。

任何一个成熟的职场人士都不会愚蠢到引起顶头上司的不悦，也会尽量避免让领导尴尬。所以女人们要学会将错误揽给自己，在关键时刻给领导挣面子。

信任是最好的激励

很多女人都有这样的感触：一个人的能力，会在批评下萎缩，也能在鼓励下绽放。因此，管理者要尽可能多地给下属以鼓励，即使他仅仅获得了细小的进步，也不要吝啬你的鼓励。因为每个人都需要他人诚恳的认同和慷慨的赞美。

格丽蕾丝在加州木林山开了一家印刷厂。她的印刷厂承接的东西品质都非常精细，但印刷员是个新来的，不太适应工作节奏，所以主管很不高兴，想解雇他。

格丽蕾丝知道这件事后，就亲自到了印刷厂，与这位年轻人交谈。格丽蕾丝告诉他，对他刚刚接手的工作，自己非常满意，并告诉他，她看到的产品也是公司最好的成品之一，她相信他一定会做得更好，因为自己对他充满信心。

上司的信任鼓励能不影响那位年轻人的工作态度吗？几天后，情况就大有改观。年轻人告诉他的同事，格丽蕾丝小姐非常信任他，也非常欣赏他的成品。从那天起，他就成了一个忠诚而细心的工人了。

我们每个人都渴望获得别人的赏识和信任。威廉·詹姆斯——美国有史以来最著名、最杰出的心理学家说："若与我们的潜能相比，我们只是处于半醒状态。我们只利用了我们的肉体和心智能源的极小的一部分而已。从大的方面讲，每个人离他的极限还都远得很。我们拥有各种能力，但往往习惯性地忽视它。"

激励员工的方法很多，但最重要的还是要信任他们。当员工受到老板的信赖，得到全权处理工作的认可，任何人都会无比兴奋。而且，一个受上司信任，能放手做事的人往往也会有较高的责任感。因此，当上司无论交代什么事，他都能竭尽全力地去完成。

康奈利的公司想要在某市设立营业所，这时问题出来了：谁去主持这个营业所呢？谁最合适呢？当然，胜任这个责任的高级主管很多，但那些老资格的管理人员都要留在总公司工作。因为他们当中的谁离开总公司，都会影响总公司的业务。这时，康奈利想起了一位年轻的业务员。

这位业务员当时只有20岁，康奈利决定派这个年轻的业务员担任设立某营业所的负责人。康奈利对他说："公司决定派你去某新营业所主持工作，现在你就

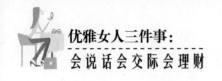

立刻过去，找个适当的地方，租下房子，设立一个营业所。我已经准备好一笔资金，让你去进行这项工作了。"

听完康奈利的话，年轻的业务员大吃一惊，不解地问："这么重要的工作让我这个新人去做不太合适吧……"

但是，康奈利对这位年轻人很信赖，她几乎用命令的口吻说："你没有做不到的事情，你一定能够做得到的。放心吧，我相信你。"

这时，年轻人脸上的神色已与刚进门时判若两人。此时，他的脸庞充满了感动。看到他这个样子，康奈利也很信任地说："好，请你认真地去做吧。"

年轻人一到新营业所就马上进入了工作状态，他几乎每天给康奈利写一封信，向她汇报自己的工作情况。很快，新营业所的筹备工作完全就绪。于是，康奈利又派了两三名员工过去，开始工作。

一位智者曾经说过："假如你我愿意以激励一个人的方式来了解他所拥有的内在宝藏，那我们所做的就不仅仅是改变他，而是彻底改造他。"高尔基也说过这样一句话："能力会在批评下萎缩，而在鼓励下绽放花朵。"

很多年以前，一个10岁的小男孩的梦想是将来做一名歌星，但是，他的第一位老师却泄了他的气。他说："你不能唱歌，你根本就五音不全，唱歌简直就像风在吹百叶窗一样。"

然而，他的妈妈，一位勤劳的农妇，却用手搂着他并称赞他。她知道他能唱，她觉得他每天都在进步，所以她节省下每一分钱，送他去上音乐课。这位母亲的激励，令这个男孩的一生都发生了改变。他的名字叫恩瑞哥·卡罗素，后来成了他所在时代最知名的歌剧演唱家之一。

当批评少而鼓励多时，人们付出的努力才会增加。我们每个人都渴望受到他人的赏识和认同。如果能获得他人的鼓励，相信我们的内心一定会充满感激。

学会用赞美奖励下属

我们每个人都有自己的优点，无论是领导还是下属，找到并发自内心赞美他人的优点，会让我们交到很多朋友。为什么赞美别人能有如此巨大的作用呢？这是因为，从心理学上讲，赞美能有效地缩短人与人之间的心理距离，渴望被人赏识是人最基本的天性。赞美是发自内心深处的对别人的欣赏，然后回馈给对方的过程；赞美是对别人关爱的表示，是人际关系中一种良好的互动过程，是人和人之间相互关爱的体现。

既然渴望赞美是人的一种天性，那我们在生活中就应学习和掌握好这一生活智慧。在现实生活中，有相当多的人不习惯赞美别人，由于不善于赞美别人或得不到他人的赞美，从而使我们的生活缺乏许多美的愉快情绪体验。

玛雅小姐的公司最近新聘了一个女秘书，这个女秘书长得年轻又漂亮，但在工作上却屡屡出现问题，不是字打错了，就是时间记错了，给玛雅小姐造成很大的困扰。

有一天，女秘书一走进办公室，玛雅小姐就夸奖她的衣服很好看，盛赞她的美丽，女秘书受宠若惊，但是玛雅小姐接着说："相信你的工作也可以像你人一样，都能做得很漂亮。"

果然，从那天起，女秘书的公文就很少出错。身旁的其他工作人员好奇地问玛雅小姐："你这个方法很巧妙，是怎么想出来的？"

玛雅小姐淡淡一笑："这很简单，你看理发师帮客人刮胡子之前，都会先涂上肥皂水，目的就是使人刮起来不会感觉痛，我不过就是用这个方法罢了！"

由此可见，正面的鼓励和赞美确实可以使人更容易改正错误，更容易接受他人的建议。

卡耐基认为，用赞美的方式开始，就好像牙科医生用麻醉剂一样，病人仍然

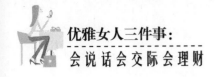

要受到钻牙之苦，但麻醉却能消除这种痛苦。

范·弗利辛根的成功秘诀是：他懂得如何给下属的油箱加满油，令他们充满干劲，动力十足，自动自发。在工作中，他非常善于授权给他人，非常懂得欣赏他人。他坚持了这样的用人观念：帮助下属造势，激发他们的巨大潜能，使他们在工作中成为真正的英雄。在他看来，给下属的油箱加满油，其实也就是在给自己的油箱加满油。上司能够授予下属一些权力，就会得到回报，给下属承担的责任很多，他们就会展翅飞翔。

每个人都希望得到赞美，当别人在赞美后，人们都会不惜一切代价地做到最好。

一名鲜花店的主人收下一个女孩当学徒时，她对徒弟说了一句这样的话："我怎样对别人，别人也会怎样对我。"后来，这个女孩通过自己的诚实、好心和勤奋获得了雇主的信任。店主对学徒说："我考虑在你学成后，送给你一件好的礼物。我不能告诉你那是什么东西，但它对你来说比100英镑更有价值。"当女孩学徒期满后，店主说："我会把你的礼物给你的父亲，"然后她又加上了一句话，"你的女儿是我所遇见过的最好的女孩。这就是我送给你的礼物——一个好名声。"听到这里，她的父亲对店主说："我宁可听到关于我女儿好名声的话，而不愿意看到你给的金钱，因为一个好名声要比巨大的财富重要得多。"

美国钢铁大王卡耐基曾以年薪100万美元，聘请查尔士·斯科尔特担任美国钢铁公司总经理。对于钢铁，斯科尔特是一位外行，然而他却把公司的每一位员工都激励得工作热情高涨，工作效率与效能都大幅度提高。那么，他是如何取得成功的呢？谜底就在他说的一句话里："我认为，能够鼓舞人们热忱的能力是我最大的资产，而激发出人们内在的能力必须靠欣赏与鼓励。"美国心理学家威廉·詹姆斯也指出：人类本性最深的需要是渴望得到别人的欣赏。所以，要想激发别人的潜能，给别人的油箱加满油，最好的办法就是欣赏和鼓励别人。

是的，苏联著名作家加里宁曾说："如果想使你的语言感动别人，你就应该先把这种感人的语言注入自己的血液里。"要感动他人，首先要感动自己；要激励他人，首先要能够激励自己。

作为世界上最大的摩托制造企业，本田公司在创始初期，只有一间破旧车间。那个时候，员工们都看不到成功的希望，尽管企业的主人本田宗一郎信心十足。他经常会站在一只破旧的箱子上对众人高喊："我们要造出世界上第一流的摩托车。"他的这份热情感染了员工，他对员工们的信任深深地感动了员工。本田充满信心，一直以这个目标去鼓舞、激励每一位员工。于是，本田公司上上下下，同心同力，共同朝着这个目标奋斗，最终使本田产品跻身到了世界一流水平的行列。

小时候，卡耐基是一个公认的坏男孩。在他9岁的时候，父亲把继母娶进家门。当时他们还是居住在乡下的贫苦人家，而继母则来自富有的家庭。

父亲一边向继母介绍卡耐基，一边说："亲爱的，希望你注意这个全郡最坏的男孩，他已经让我无可奈何。说不定明天早晨起来，他就会拿石头扔向你，或者作出你完全想不到的坏事。"

出乎卡耐基意料的是，继母微笑着走到他面前，托起他的头认真地看着他。接着她回来对丈夫说："你错了，他不是全郡最坏的男孩，而是全郡最优雅最有创造力的男孩。只不过，他还没有找到发泄热情的地方。"

继母的话说得卡耐基心里热乎乎的，眼泪几乎滚落下来。就是凭着这一句话，他和继母开始建立友谊。也就是这一句话，成为激励他一生的动力。在继母到来之前，没有一个人称赞过他优雅，他的父亲和邻居认定：他就是坏男孩。但是，继母就只说了一句话，便改变了他一生的命运。

卡耐基14岁时，继母给他买了一部二手打字机，并且对他说，相信你会成为一名作家。卡耐基接受了继母的礼物和期望，并开始向当地的一家报纸投稿。他了解继母的热忱，也很欣赏她的那股热忱，他亲眼看到她用自己的热忱，如何改变了他们的家庭。所以，他不愿意辜负她。

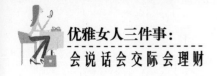

这股赞美的力量，激发了卡耐基的想象力，激励了他的创造力，使他日后创造了成功的28项黄金法则，帮助千千万万的普通人走上成功和致富的道路，并成为20世纪最有影响的人物之一。

这就是赞赏别人的力量。每当回忆起这件事，卡耐基就向身边的人建议："下一次你在饭店吃到一道好菜时，不要忘记说这道菜做得不错，并且把这句话传给大师傅。而当一位奔波劳累的推销员向你表现出礼貌的态度时，也请你给他赞扬。"

因此，在与他人交往或沟通之前，为了能给对方的油箱加满油，我们要学会鼓励，赞美和欣赏别人。这样，别人才能感受到我们的热情，才会在工作的过程中一直保持着较高的热情。

第5章
女人会说职场话，八面玲珑操胜券

不要在同事面前炫耀自己

我们接触的朋友们，无论在工作上还是待人接物过程中，通常会有两种姿态：一种是恃才傲物，另一种是认真低调。一个真正有吸引力的人，绝不会刻意炫耀自己。大多数人不愿与恃才傲物的人为伍，只有认真谦虚的人才更具有吸引力。不同的处世态度，不同的看法，不同的心态决定了他们不同的命运。我们应该学会拿起别人半满的杯子，将那半杯水倒进自己的杯子里，让自己更加充实。

小芳是一个精明能干的人，她很早就参加了工作，博览群书，学识渊博，在大家眼中是个公认的人才。可是，她常常恃才自傲，动辄与人发生纠纷，平时又极爱炫耀自己，同事们对她极为反感，认为她自以为是，过于固执。

有一次，她奉调前往某科，刚到那里时，还比较服从管理，工作也认认真真，业绩也很不错，很快就登上了主任的位置。这时，她有点目空一切了，经常嘲讽自己的领导，认为自己的科长没有什么能力，思想僵化，不懂得创新。

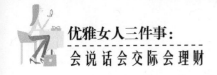
她认为一项具体的工作流程应该改进，就向科长表达了一下自己的看法，但没有受到重视，科长反而认为她多管闲事。她一气之下就私自违犯工作流程，按自己的想法做了。科长发现之后批评了她，可她对科长的批评置若罔闻，不但不改，反而认为科长有私心，就和科长吵翻了。她认为像自己这样才华横溢的人得不到重用真是冤枉，所以出言伤人，丝毫不肯退让。结果可想而知，这个科长向上级告了一状，说她恃才傲物，不服管制，不久，她就被单位解雇了。

不够谦虚、恃才傲物的女人总喜欢把自己的意志强加到别人头上，以自己的态度作为别人态度的"向导"，认为别人都应该佩服并听从她的看法或意见，稍有违背，则认为自己优雅而别人愚笨。这样的女人，只关心个人的需要，在人际交往中表现得也很自负。高兴时海阔天空，不高兴时则不分场合乱发脾气，全然不考虑别人的情绪。她们凡事只以自己为中心，总认为自己是最杰出的人物，瞧不起"我"之外的所有人。她们往往固执地坚信自己的经验和意见，从不轻易改变态度。在我们的工作和生活中，这样的人还不少。她们之所以如此，就是因为缺乏率直的心胸和谦虚谨慎的心态。可是那些真正有学识、有修养的大家，从来不会在别人面前过分表现自己过人的一面，而是非常谦虚、平和。

媛媛就是这样一个例子，她本来前途一片光明，可是后来，却被成绩冲昏了头脑，失去了自己的工作，毁掉了自己的美好前途。

媛媛大学毕业后，就去了美国一家大公司工作。刚开始，媛媛优雅而且能干，公司的大小事情都抢着干，无论谁找她帮忙，她都很热情，得到了同事和领导的认可，很快被提拔为某部门的负责人。她的事业前景一片光明。但是，自从媛媛当了部门负责人后，整个人就变了。也不爱跟人说话了，有时候跟人说话摆出一副领导的架子。办公室的人们开始议论，觉得媛媛变化太大了。媛媛以前的吃苦精神不见了，开始学会偷懒，还经常在同事面前炫耀："我看时装秀，总经理从来不说我。"但是，她没有想到，倒霉的事情要发生了。

有一天下午，时装秀节目又开始了。此时的媛媛虽然人坐在办公室里，但是心却早就飞走了。她草草处理完手头上的工作后，就想去找个有电视的房间看一会儿节目，可是她又很清楚，公司的劳动纪律是非常严格的，如果她擅自离岗被发现的话，就会被开除。但是，媛媛转念一想："总经理对我很放心，一般不会来查我的岗，我只看一会儿就回来。再说，如果被查到，总经理也会原谅我的，我一直工作很卖力。"于是她没有控制住自己看时装秀节目的欲望，擅自离岗半小时，殊不知，这半小时却足足影响了她一生的走向。就在媛媛尽情地欣赏着自己喜爱的节目时，许久不曾到下面各部门走动的总经理，很随意地走进了她的办公室，并在她的办公桌前坐了十分钟，却一直不曾见到她的影子。于是，总经理动怒了，他在媛媛的桌子上留了一张纸条："媛媛小姐，既然你那么喜欢时装秀节目，我看你还是回家尽情地欣赏好了——威廉·斯通。"因为这次失误，媛媛丢掉了自己的工作。

媛媛失业后，后来又辗转应聘了几家公司，但始终未能找到适合自己的位置，最后她长时间失业在家。

接替媛媛职务的是她的同事晓丹，无论是工作经验还是办事能力，都明显逊色于媛媛。若不是媛媛被辞退，恐怕她只会是一个默默无闻的小职员。但15年后，晓丹却成了拥有30万员工、子公司遍布50多个国家的大集团总裁，成了世界级的管理大师。

谦虚和低调是避免自大、避免自负的法宝，只有丢掉恃才傲物的臭毛病，怀有谦虚好学、低调做人的好品行的女人，才能在交往中得到更多人的支持。

谈及自己，才女也要谦逊

俗话说"木秀于林，风必摧之"。这告诉我们要时刻保持谦虚的态度。只有这样，路才能走得更远。

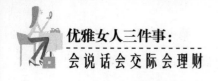

　　法国哲学家罗西法古说过："如果你要得到仇人，就要表现得比你的朋友优越；如果你要得到朋友，就要让你的朋友表现得比你优越。"当我们让朋友表现得比我们优越时，他们就会有一种得到肯定的感觉；但当我们表现得比他们优越时，他们就会产生一种自卑感，甚至对我们产生敌视情绪。

　　我们在工作中，经常会遇到这样的同事，她们虽然思路敏捷，口若悬河，但刚说几句话就让人感到狂妄自大。这类人多数都因自己太爱表现，总想让别人知道自己很有本事，处处都想显示自己的优越感，以为这样才能获得他人的敬佩和认可，殊不知这样做的结果只会在同事中失掉威信。

　　在职场上，当我们处于优越的地位时，自然是可喜可贺的事。但是，如果因为这样，自己就得意洋洋，锋芒毕露，来显示自己的能力高，胜人一筹，无形中就会引起别人的嫉妒，让自己在无意中树敌。所以，我们女人应该学会收敛，特别是在同事面前，更应谦虚一些，不要刻意吹嘘。

　　小李是刚从大学毕业的新教师，对最新的教育理论较有研究，讲课也颇受学生欢迎，以致引起一些任教多年却缺乏这方面研究的老教师的嫉妒。为了改变自己的处境，小李故意在办公室同事面前大谈自己的劣势，说自己缺乏教学经验，对学校和学生情况不甚了解等，并非常诚恳地向老教师们强调："希望老教师们多多给我指教。"

　　就这样，小李自暴劣势后，终于有效淡化了自己的优势，衬出了其他老师的优势，减轻和弱化了他们对自己的不满。

　　老子曾说："良贾深藏若虚，君子盛德貌若愚。"商人总是隐藏其宝物，君子品德高尚，而外貌却显得愚笨。在职场中，如果你真的明显比同事强时，那么你在心理上一定要多贴近他们，不能与他们拉开距离，这样同事才不会嫉妒你，也会在心中承认你的"优势"是靠自己努力换来的。同时，你还要适当突出自己的劣势，减轻嫉妒者的心理压力，从而淡化危机。

　　现在职场竞争日益激烈，如果你锋芒过露，就会遭人嫉妒。因此，女人们不要在同事之中过于出风头，要持谦虚的态度。只有这样，你才能既出色地完成工作，又能赢得他人的赞赏。

守住秘密，在职场中占据主动

现代社会，竞争越来越激烈。也许今天你跟同事分享了你的秘密，明天就成了她攻击你的"利剑"。因此，我们要学会守住自己的秘密，在职场中占据主动。

苏菲在职场拼搏的10年，最难忘记的是遭遇过的两次"滑铁卢"。

第一次"滑铁卢"发生在苏菲工作的单位，靠着自己的努力和运气，她进入了那家知名公司，并很快融入其中，因工作出色1年后被老板任命为部门经理，位于一人之下几十人之上。

不久，公司公关部招聘了一位男孩，那男孩的帅气外貌和开朗性格打动了苏菲，苏菲和他开始了频繁交往。随着交往的增多，为了表示对他的信任，苏菲将自己当年是欺骗老总才进入这家公司的内幕告诉了他。但是，谁知，第二天，他就把这件事情告诉了老总。结果不言而喻，苏菲被愤怒的老总"请"出了公司。

第二次"滑铁卢"则发生在苏菲毕业后的第七年。那年由于设计经验丰富，苏菲被聘请到一家设计公司上班，除支付给苏菲高薪外，公司还专门给苏菲租了一套住房——当然这一切是绝对保密的，老总怕其他同事知道了影响他们的工作情绪。被特聘的那段时光，待遇高不用说，苏菲还常与老总一起指点江山，平起平坐。看着其他同事羡慕的眼光，苏菲心理上有种极其优越的感觉。"如果能让他们知道我的待遇也不错，他们不是会更羡慕我吗？"苏菲的脑子里产生了这种虚荣想法后，苏菲开始控制不住自己。她先是试探性地向关系最要好的同事讲了

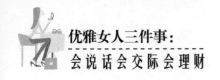

这些。看着同事那张成O形的嘴巴，苏菲感到了一种极大的满足。这种满足又促使她将这一秘密告诉了公司内几乎所有同事。后果你可能已猜出，老总是不会因苏菲一个人而得罪公司其他人的，只好请苏菲离开。

从上面的故事可以看出：只有对同事守住你的秘密，你才能在职场中占据主动，赢得生存。

因此，当你向同事倾诉衷肠时，需要先考虑一下倾诉可能带来的后果。嘴毕竟长在别人身上，以后的事情谁也无法预料。

俗话说："逢人只说三分话，未可全抛一片心。"就是提醒你，在为人处世中，千万不要动不动就把自己的老底交给对方。不论在任何情况下，都要留下七分话，不必对人说出，你也许以为大丈夫光明磊落，事无不可对人言，何必只说三分话呢？老于世故的人，的确只说三分话，你一定认为他们是狡猾，很不诚实，其实说话须看对方是什么人，对方不是可以尽言的人，你即使说三分真话，已嫌多了。

竞争是残酷的，与人分享自己的"隐私"就相当于授人以柄，说不定在哪个时候你的"隐私"就会变成别人攻击你的武器。

因此，我们要懂得守住自己的秘密，尤其是自己的情感隐私。

陈红在一家公司上班的时候，办公室里有个男同事一直对她不错。有一次那个男同事找了个机会向她表白，说很喜欢她。当时陈红已结婚，便告诉他这是不可能的，他说他不图别的，只要能经常关心她就很快乐。后来有个和陈红关系还不错的女同事发现了他对陈红的关心，就问是怎么回事，陈红也没多想就告诉了她。

但是谁也没想到，没过多久，因为工作上的事情，陈红和这位女同事闹僵了，而女同事为了达到个人的一些目的，就四处散播陈红和那位男同事的谣言。这其中受伤害最大的还是那位男同事，最终他不得不选择了离开，而陈红也为此内疚了很长一段时间。

从上面的例子可以看出：有些情感上的隐私千万不能说，说出来就可能给别人和自己造成不可弥补的伤害。

现代社会，竞争越来越激烈，你周围的每个人都可能是你潜在的竞争对手。如果你随便告诉别人你的情感、甚至隐私，很可能有一天这些就会成为对方击败或伤害你的把柄。职场上，与同事保持友好的关系是必要的，但不要把同事当作无话不谈的好朋友，不要随便透露自己的隐私。我们要学会保守自己的秘密。

只给上司提建议，不要向他提意见

我们每个人都有面子，尤其是领导者。他们更注重自己的面子，因为他还管理着其他下属。试想，如果你是老板，每天有人对你指手画脚，或者帮你拿主意，帮助你发号施令，你是什么感受？所以，细心的女人，懂得从老板的角度想问题，懂得不随便给老板提意见，而是用委婉的口气，向上司提出建议。

卡耐基认为，即使在最温和的情况下也不容易改变别人的主意，那为什么要使它变得更加困难呢？承认自己或许弄错了，就可以避免争论；而且可以使对方和你一样宽宏大度，承认他也可能会出错。

晓华在大学毕业后，应聘到了一家贸易公司。她能力很强，也很上进，工作十分努力，在公司干了几年，可还是没有提升的机会，当时与她一起进公司的人有的都做了主管，可她还是一个最底线的员工。周围的同事们都知晓其中的原因，只是她自己老是不清楚。

有一次，她的主管正和公司老板一起检查工作。当走到她的办公桌前时，她突然站起来，对自己的主管说："经理，我想提个意见，我发现咱们部门的管理比较混乱，有时连一些客户的订单都找不到。"也许她说的是事实，但此事的后果就可想而知了。

也许你会认为，她这样做是为了公司的利益，想增加公司的工作效率。但

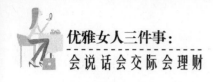

是，她却选错了时间，谁也不愿当众出丑，也许有些人能做到前仇不计，但忘不掉当众受辱的难堪的凡人更多！这样做不但不能帮助公司改进工作，还得罪了自己的领导，显然是不值得的。如果有意见，你一定要找到一种妥善的方式和上司沟通，最好出之以礼，即使内心不服，也不能当众指责，如果你羞辱他人，只说明你显得还不够成熟，缺乏理性。

上面的例子虽然简单易懂，但是它传递的道理却很深刻。遇到问题，我们可以提出自己的建议，但是却要注意自己的方式，不要总是以一种批评或者命令的口气。

凯塞琳·亚尔佛德也曾经犯过这样的错误。北卡罗来纳州王山市的凯塞琳·亚尔佛德是一家纺纱工厂的工业工程督导，她很会处理一些敏感的问题。她职责的一部分，是设计及保持各种激励员工的办法和标准，以使员工能够生产出更多的纱线，从而使她们同时能赚到更多的钱。在只生产两三种不同纱线的时候，所用的办法还很不错，但是最近公司扩大产品数量和生产规模，以便生产十二种以上不同种类的纱线，原来的办法便不能以员工的工作量而给予她们合理报酬，因此也就不能激励她们增加生产量。

于是，凯塞琳又设计出一个新的方案，能够根据每一个员工在任何一段时间里所生产出来的纱线的等级，给予她适当的报酬。设计出这套新方案之后，她参加了一个会议，决心要向厂里的高级职员证明这个办法是正确的。凯塞琳说，他们现在还使用过去的办法是错误的，并指出过去的办法不能给予员工公平待遇的地方，以及她为他们所准备的激励员工的新方案。但是，由于一开始她就公开地指出了他们的错误，使她的新方案受到大家的反对。后来，她只是忙于为新办法辩护，而没有留下余地，让他们能够不失面子地承认老办法上的错误，于是这个建议也就胎死腹中了。

相反，如果我们女人能够掌握说话的技巧，巧妙地给上司提出建议，上司肯定会乐于接受的。

善用话聊与老板沟通

在工作中，能够准确、完整地表达自己的想法才能获得别人的好感和信赖。因此，我们要学会跟老板沟通，让他知道你不仅会干活，还有不少想法，才会让他觉得你是一个值得栽培的好员工。

张华从小受到父母的良好教育，要埋头苦干不要夸夸其谈，这招儿在学校挺灵验。可到了公司，她依然不怎么跟人说话，她谨守父训：事业是干出来的，不是用口夸出来的。部门会上讨论项目，也总是躲在角落，虽然她觉得那几个口若悬河的家伙，说了许多废话，提的建议也不怎么高明，可她却也不愿出风头去与他们争辩。但部门经理特别喜欢那些发言活跃分子，对于埋头苦干的张华常常视而不见。时间长了，看到身边的同事不是涨工资，就是被提升，她觉得很郁闷。于是她尝试改变自己。

她努力试着与领导进行沟通，把自己的新想法告诉上级，并且让上级支持她提出的建议。由于她的建议给公司创造了新业绩，上级越来越重视她，她也越来越敢于和老板分享自己的想法，形成了良性循环。她现在变得非常开心。

人与人之间需要沟通，其重要程度往往超出你的想象。对于你的企业，你的工作，你可能会有各种各样的意见和建议。我们应该学会表达自己的看法，即便是与别人意见相同，也应该用自己的语言把它表述出来。如果你不能或者不愿将自己的想法表达出来，那么你就很难与老板进行友好的交流，而一个不能清晰表达自己的思想、不善于陈述自己想法的员工也很难得到老板的欣赏和信赖。老板需要的是充满活力和热情的员工。你若沉默不语，通常会被理解为漠不关心。

当然，你不应该只是发牢骚或者想想而已，你的这些意见和建议需要让老板知道。多和老板分析你的想法，会让你工作得更开心。只是，你需要注意，跟老

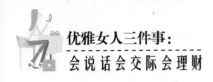

板的意见交流同样需要技巧。你需要充分考虑谈话的内容和表述方式，经过自己深思熟虑，懂得如何巧妙地提出。这关系到你是否能得到提拔，是否会被委以重任，是否能最终取得一个更好的发展际遇。

老板要办的事很多，但人的精力总是有限的。而且，智者千虑，必有一失。如果员工提出的建议，能让工作进展更好，他心里当然会感激员工。

员工小张总是受到年轻的部门经理的斥责。为了缓和这种不协调的上下级关系，一次周末，小张邀请经理吃晚餐。在吃饭的过程中，小张坦诚地对经理说："你对我经常动辄就加以指责，使我常处于羞愧与愤怒之中，心情很不愉快。老实说，你的指责有点过分了，我的过失并没有你说的那样严重，我的确有些不舒服。可是后来冷静一想，你对我的种种指责，毕竟说明了我确有不妥的地方，这种指责让我看到了自己身上的缺陷和不足。我们相处这么多年，你的确使我进步了许多。所以，现在我觉得，我不仅不应该忌恨你，还应当感谢与你相处而带来的种种好处呢。"

这番看似自我检讨的话，事实上是对上司的巧妙提醒。后来不仅上下级之间的关系得到缓和，而且两人还成为了可以信赖的朋友。

如果你是一个不善于陈述自己想法的女人，那么你从今天起就一定要去尽力地学习掌握这种能力，因为这是你获取老板信赖必不可少的条件之一。千万不要轻视这种能力。在与老板相处时，若能恰到好处地陈述自己的想法，那么老板在了解你内心想法的同时，还会更加欣赏你、信赖你。

上司指令有误，学会委婉提出

下属有错误，领导或委婉批评，或当面指出，都是天经地义的事，员工也不会有很大意见；但是当领导犯错了，员工们又该如何对待呢？员工们又该如何指

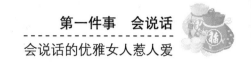

出领导的错误呢？

与上司打交道是世界上最有学问的事，做得好了，职场上一帆风顺。可是一旦得罪老板，那日后说不定会有很多小鞋穿。在老板犯错这件事上，应该具体问题具体对待，一般来说，员工为了自己的饭碗，还是少说为妙。即使要指出领导的错误，员工也要采用委婉的方式。

在社交中，谁都可能不小心弄出点小失误。懂得说话的女人，如果发现对方出现这类错误，只要无关大局，都不会大肆张扬，更不会抱着讥讽的态度，来个小题大做，拿别人的失误在众人面前取乐。因为这样不仅会让对方难堪，伤害其自尊心，更容易让对方产生反感。

其实，向领导提出问题的方式很多：对于一些比较理性的老板来说，员工可以找恰当的方法帮他指出来，比如私下聚会委婉提醒，或者以旁人的故事来隐喻，或者通过短信、邮件等方式提示，优雅的老板自会理解员工的良苦用心，并会感激她，毕竟这是帮助人的事情。

慈禧太后爱看京戏，看到高兴时常会赏赐艺人一些东西。一次，她看完杨小楼的戏后，将他招到面前，指着满桌子的糕点说："这些都赐给你了，带回去吧。"

杨小楼赶紧叩头谢恩，可是他不想要糕点，于是壮着胆子说："叩谢老佛爷，这些尊贵之物，小民受用不起，请老佛爷……另外赏赐点……"

"你想要什么？"慈禧当时心情好，并没有发怒。

杨小楼马上叩头说道："老佛爷洪福齐天，不知可否赐一个'福'字给小民？"

慈禧听了，一时高兴，马上让太监捧来笔墨纸砚，举笔一挥，就写了一个"福"字。

站在一旁的小王爷看到了慈禧写的字，悄悄说："福字是'示'字旁，不是'衣'字旁！"

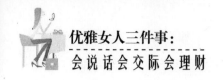

　　杨小楼一看心想：这字写错了，如果拿回去，必定会遭人非议；可是如果不要的话，也不好，慈禧一生气可能就要了自己的脑袋。要也不是，不要也不是，尴尬至极。

　　慈禧此时也觉得挺不好意思，既不想让杨小楼拿走，又不好意思说不给。

　　这个时候，旁边的大太监李莲英灵机一动，笑呵呵地说："老佛爷的福气，比世上任何人都要多出一'点'啊！"杨小楼一听，脑筋立即转过来了，连忙叩头，说："老佛爷福多，这万人之上的福，奴才怎敢领呀！"

　　慈禧太后正为下不来台尴尬呢，听两个人这么一说，马上顺水推舟，说道："好吧，改天再赐你吧。"就这样，李莲英让两人都摆脱了尴尬。

　　对于慈禧太后的错误，众人谁也不敢指出，只能采取委婉的方式，才能避免龙颜大怒。

　　总之，当我们的上司犯了错误，一般情况下，我们不要轻易地对领导提出。如果问题确实需要解决，我们也要采取委婉的方式，也只有这样做，我们才能收到预期的效果。而善于为领导解围，打圆场，不仅可以获得领导更多的赏识和信任，还能提高自己的工作能力。

想要加薪，你应当这样开口

　　很多女人都想说服老板为她加薪。但是什么时候是提加薪的最佳时机？其次，要说服老板，还需要一定的技巧。

　　总体来说，在老板最担心人才流失的时候，向他提出加薪，是最合适的时候。但是，要说服老板，不仅需要你底气十足，还要掌握一定技巧。

　　如果你觉得自己的能力、业绩都在别人之上——总之，你有把握让老板知道你值得加薪，那么你就不妨大胆地把你的要求提出来，但是一定要注意提出的方

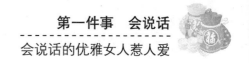

式，以成功说服老板。

周沈丽到南方一家公司打工，本来谈好了过了试用期两个月就给涨工资的。但是三个月过去了，她的工资仍然没有任何变化。于是，她趁向老板送材料的机会对老板说："老板，有件事，我一直想问您一下。"老板说："有什么话，你尽管说。"她说："我发现自己的工资与试用期期间没有变化，想问问是不是我的试用期已过而正式聘用的相关手续还没有办妥？"其实，她知道人事部门已经给她办好了手续。老板听后没有什么特别的反应，而是认真地回答说要帮她问问。

第二天，老板就找到她，对她说："真是不好意思，其实你的工资上几个月就应该加上去了，只是财务上一时没办好手续，以后有什么事如果我忘了可以提醒我一下，不要有什么顾虑，按劳分配嘛。"

在你明明该得到加薪的时候，老板没有给你加薪，这时候，不管是老板一时疏忽忘记了，还是故意忘记了，你都不妨提醒老板一下，让他既有机会，又有面子地给你加薪。

但是，在职场上，对于薪酬，大多女性都是含蓄的，即便对自己的工资不满意，也不敢直接提出来。因为提出加薪，弄不好会因此而被赶出公司，老板也会对你"另眼相看"。其实如果你善开"金口"，向老板提出加薪也远没有我们想象的那么可怕。

王颖和孙伟是一起进公司的同事，也是好朋友。但是孙伟最近向老板提交了辞呈，准备跳槽。孙伟跳槽前的那个晚上，王颖请孙伟去酒吧小坐，算是话别。因为是好朋友，又是同事，所以两人聊的话题，依然离不开公司。聊到投机处，孙伟向王颖透露了一些公司的内幕，让王颖的心情再也无法平静下来。

该公司是个有一定的规模和知名度的大公司，所以当初来应聘的人特别多，王颖和孙伟算是这拨人中的幸运儿，当然也因为她们都有令人羡慕的学历，一起去应聘就马上拍板，实习期未满，就双双被公司留下签为正式员工。老板如此赏识，让她们心里异常温暖，对老板感激不尽，只有加倍努力工作。所以她们几乎

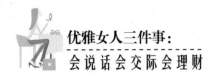
每天加班，一周工作时间在60小时以上。

实习期满，让她们翘首期盼的薪资并未落实，老板的许诺没有兑现，只是象征性地增加了一些，而且这份额外的收入还是老板在私下里给的。就这样，拿着比其他同事多几百元的薪水，心里有隐隐的优越感。但每天加班至深夜，却又觉得为这点工资不值，心里有些郁闷。

王颖原以为，孙伟之所以跳槽是因为厌烦了这种没日没夜的工作形式，薪水又不高，但孙伟却告诉王颖，她的离开主要是自己想寻求更好的发展。至于薪水，她的工资早就4 000元了，而王颖仍拿着2 500元。

孙伟很同情地看着王颖说："你也真够傻的，只会拼命干，却不知道向老板提合理要求，太不珍惜自己的劳动了。换成别人，要么不加班，要么早就提加薪了。实习期满后两个月，我就向老板提出了加薪要求，老板单独找我谈话后便把我的工资涨到2 000元。半年左右，我再次找老板，无非说些个人与集体利益应呈正比关系的话，这一次工资涨到3 000元。6个月后，公司赢利大幅增加，我们都功不可没，所以我又单独和老板谈了，他无论如何不愿再加薪，后来我拿出了全国同类型行业员工工资数据给他，我的工资就涨到了4 000元，因为每次谈话后，他都特别关照让我不得声张，否则公司大乱，对我也没什么好处。考虑到个人的利益，也就没跟你说。现在我走了，告诉你这个秘密，实在是感觉你做得太吃亏了。"

孙伟的一席话，让王颖失眠了一夜，也思考了一夜。第二天上班，深思熟虑后的王颖终于向老板提交了一份关于加薪的书面建议，同时告诉老板，她昨天和孙伟聊了一晚上。老板尴尬地"哦"了一声，拿了报告就走了。

一会儿，老板把王颖叫到了办公室，半小时后，王颖从老板的办公室里出来，结果可想而知。那时的王颖别提多高兴了。上班多年，她还是第一次勇敢地向老板提出加薪的要求并且成功了。

所以，老板在加薪问题上总是能免则免，得过且过，你提了，他才会"想"

到，若连你都不为自身利益着想，他才没空替你考虑。

总之，只要你认为加薪是合理的，你就有权提出。但提出加薪时最好是有技巧地同老板交流自己的想法，就算万一不被老板接纳，也不会给大家留下难堪，以致影响日后的工作。

充分尊重你的下属

在一个团队中，上司无疑占有绝对的权威地位，作为下属一般只有服从的份。这就使得一些拥有绝对权威的上司往往口无遮拦，对下属想说什么就说什么，甚至在大庭广众之下厉声呵斥，一点面子也不给下属留。

温丝莱特是一家卡车经销商的服务经理。她公司有一个工人，工作每况愈下。但温丝莱特没有对他怒吼或威胁，而是把他叫到办公室里来，跟他坦诚地交谈。

温丝莱特说："比尔，你是个很棒的技工。你在这条线上工作也有好几年了，你修的车子也很令顾客满意。其实，有很多人都赞美你的技术好。可是最近，你完成一件工作所需的时间却加长了，而且你的质量也比不上以前的水准。你以前真是个杰出的技工，我想你一定知道，我对这种情况不太满意。也许我们可以一起来想个办法改进这个问题。"

比尔回答说，他并不知道他没有尽好他的职责，并向他的上司保证，他所接的工作并未超出他的专长之外，他以后一定会改进它。

因此，一个人最需要的，就是他人对自己的尊重。比尔曾经是一个优秀的技工，由于温丝莱特女士给他的工作加以美誉，他一定会为尊重自己的荣誉而努力工作。

卡耐基认为，假如你要在领导方法上超越自我，希望改变其他人的态度和举止时，请记住这条规则："充分尊重你的下属，让他为此而奋斗努力。"

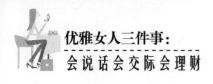

琴德太太，住在纽约，她刚雇了一个女佣，告诉她下星期一开始来工作。琴德太太打电话给那女佣以前的女主人，那位以前的太太认为这个女佣并不好。当那女佣来上班的时候，琴德太太说："妮莉，前天我打电话给你以前做事的那家太太。她说你诚实可靠，会做菜，会照顾孩子，不过她说你平时很随便，总不能将房间整理干净。我相信她说的是没有根据的。你穿得很整洁，这是谁都可以看出来的。我可以打赌，你收拾房间，一定同你的人一样整洁干净。我也相信，我们一定会相处得很好。"

是的，她们果然相处得非常好，妮莉很注意顾全她的名誉，所以琴德太太所讲的，她真的做到了。她把屋子收拾得干干净净，她宁愿自己多费些时间，辛苦些，也不愿意破坏琴德太太对她的好印象。

其实，下属和上司一样，都是有面子的人，也都爱面子。面对上司的蛮横，他们会产生强烈的逆反心理。所以作为上司，不论在任何场合，对下属说话都要留面子，不要将话说得太绝。

我们每个人都会犯错误，因此，这就需要管理者有好的管理方法。遇事要懂得充分顾及下属的面子。在此基础上，再从深层挖掘错误的原因，或者用委婉的方式晓之以理，动之以情，循循善诱，才能逐步帮助下属从内心里接受你的批评或建议。

让下属保全面子，这是很重要的。有时，我们会残酷地伤害别人的感情，又自以为是；我们在其他人面前严厉地批评一个小孩或成人，甚至不去考虑会不会伤害他们的自尊。然而，我们只要一两分钟的思考，一两句体谅的话，就可以减少对别人的伤害。当我们必须解雇员工或惩戒他人时，我们应该记住这一点。

法国作家安托·德·圣苏荷依说过："我没有权力去做或说任何事以贬抑一个人的自尊。重要的并非我觉得他怎样，而是他觉得自己如何，伤害他人的自尊是一种罪行。"

一位审定合格的会计师事务所，每年申报所得税的季节，他们就需要雇佣很多人，然而，当所得税申报热潮过后，他们不得不让许多人走。通常，例行谈话都是这样的：“史密斯先生，旺季已经过去了，我们已经没有什么工作可以给你做了。当然，你也清楚我们只是在旺季的时候才雇佣你，因此你现在可以离开了。”每年都这样，所以，大家都变得麻木不仁，只希望事情赶快过去才好。

很显然，这种谈话会让人感到很失望，可能还让人有一种伤及尊严的感觉。后来，事务所主管玛丽决定改变这种说话方式，她要求下属说话的时候，要多从对方的角度来考虑问题。于是，第二年，他们改变了以往的说话方式，而是委婉地告诉被解雇的人：“史密斯先生，你的工作做得很好。上次我们要你去纽瓦克，那里工作很麻烦，而你却处理得非常好，一点差错也没出。我想告诉你，公司以你为荣，也相信你的能力，愿意永远支持你，希望你别忘了这些。”这样一来，被解雇的人就感觉好多了，因为他们知道，如果有工作的话，公司还会继续留他们做的。

因此，优雅的女人要懂得从下属的角度来想问题，要懂得充分尊重自己的下属。常言道，退一步海阔天空。所以凡事都要有个度，即使是对方做错了，也不要把事情做绝了，给对方一个台阶下，也会让你前面的道路变得平坦。

第6章

女人会说甜蜜话，提升婚恋幸福度

主动开口，追到你的"白马王子"

相对于男孩来说，女孩总是被动的、害羞的，即便遇到自己心仪的男生，也不敢大胆地表达。如果因为女孩的羞怯而错失一生的幸福，那该是多么遗憾。因此，作为女孩，也可以放下自尊，主动出击。主动出击总比被动等待来得要好，能主动去追求自己的幸福的女孩值得肯定。

事实上，也并不是所有男人都敢于主动追求女孩，他虽然外表高大，却很可能是一个保守而又内向的人。也许，他在心里对你暗暗的喜欢，却不敢表达。所以，当你遇到了你心目中的"白马王子"，你就要大胆地表达，大胆地开口，让他知道你的心里话。

一位个性内向害羞的年轻人，暗恋一位女同事很久了，可是一直不敢表态。后来这位女同事跳槽到另外一个公司了，临走的时候，给这位年轻人留了一封信。

年轻人打开一看，信封里面只有一张用笔戳破了一个洞的白纸。年轻人一下子泄了气，想："她是叫我看破，不必太认真。"

后来，年轻人失落了很长一段时间，才让自己的心情慢慢地平复。两年之后，这位年轻人接到了那位女同事的电话，邀请他去参加自己的婚礼喜宴。

在电话中女同事说："有一件事我想问你，你看过当年我留给你的信了吗？"年轻人叹口气回答："看过了。"女同事问："那你为什么没有再和我联系？""你不是让我看破吗？所以……"没等他说完，女同事气恼地说："哪里是要你看破，我是要你突破！"

从上面的故事可以看出：爱除了要有心灵的感应外，还需要语言的表白。很多男孩在表达爱意时，比女孩更胆怯，那么女孩就应该学会鼓励那个自己心中也暗暗喜欢的男孩。

有句俗话："男追女隔重山，女追男隔层纱"。这样看来，女孩追求男孩应该容易得多。但是，由于受传统文化的影响，认为女人的美德就是温婉内敛，就应该享受被追求的快乐。因此，女追男，常被认为自贬身价。殊不知，这种态度，只会让自己错过很多机会。

夏燕大学毕业后在一家银行上班。同事华明是一个比她大3岁的男生，浓眉大眼，风度翩翩，事业心强，人品也好，还热爱体育、文学。华明和夏燕兴趣相同，很合得来，两人经常一起唱歌、跳舞，形影不离，简直是谁也少不了谁。渐渐地，夏燕发现自己爱上了华明，她也知道华明没有意中人。

但是，夏燕却一直不敢向华明表白，她期望华明能洞察她的心。一年两年过去了，可惜华明的知觉有些"迟钝"。两年后，戏剧性的事情发生了，华明在一次同学聚会上认识了一位长相酷似夏燕的女孩晓雪。与夏燕不同，晓雪的性格爽朗明快，并且疯狂地喜欢上了华明，她对华明频频发动爱情攻势。

当有一天，华明把晓雪作为自己的女朋友介绍给同事时，夏燕惊呆了，她的眼泪夺眶而出。

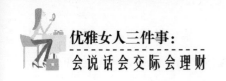

所以，如果女孩不主动把握住进攻的机会，也同样会失去机会，到那时，只能一个人悲伤，一个人后悔了。

幸福其实就把握在自己的手中，但生活中有许多女孩，虽然明知道爱情来了，却因为有这样或那样的顾虑，从而错失了许多良机。敢于用女人的智慧、温柔、善良来追求幸福的女人，更有能力来把握她的未来。

有一位姑娘爱上了同事，她既没有勇气向他表白，又不甘心目前这样的关系，更害怕别的姑娘捷足先登抢走了心中的"白马王子"。经过一番深思熟虑，她开始行动了，每当小伙子遇到什么困难的时候，她就及时而得体地问"要不要我帮你？"或者以充满温情的口吻说："你这么急不是办法，我倒可以帮帮你！"她在向他暗示她对他的关心、爱护、体贴、好感，也在为他求爱表白创造气氛和环境。结果可想而知，天长日久地沉浸于这种温馨、关怀、爱护、柔情的氛围中，能不制造出一个动人的爱情故事吗？

所以优雅的女孩子要学会该出手时就出手，不要错失大好时机。

李瑶在公关部是位才貌双全的"明星"人物，倾慕她的小伙子似一股"多国部队"。然而，她喜欢的阿文总是对她躲躲闪闪，有时她主动与他讲话，他也别别扭扭的，她的感觉告诉她：阿文也是爱自己的。在一次"派对"的"见面礼"上，李瑶不动声色地主动向阿文伸出自己的纤纤玉手。于是，有情人心照不宣地走进了爱的世界。

李瑶在向阿文这样一位腼腆的心上人表达爱意时，既主动又很有分寸。因此，当心爱的小伙子就在你面前，你羞于主动开口，可又迫不及待地希望他对你表示意思。那你总得想法子一步步引导他，把你的爱无声地在某种氛围中表达，让他明白你的意思，为他创造表白的契机。

女人只要稍用点心思，是不难找到表达爱的契机的，你如果表达得恰到好处的话，还可让对方耐不住先向你说"我爱你"。

女人初次约会时，要三思后说

女性与男友第一次约会时给对方所留下的印象将是最深刻的。因此，女性朋友在说话时切勿信口开河，给对方留下不好的印象。

晓丽和初恋男友分手后，朋友又给她介绍了一个男孩。在朋友家里，晓丽和男孩见了一面。男孩的条件很优秀，是晓丽喜欢的那种。看得出来，男孩对晓丽的感觉也很好。三天之后，男孩打电话给晓丽，约她周末出去吃饭。晓丽的心里感到很开心，又有些紧张。

可是，约会后，那个男孩就再也没和晓丽联系。后来朋友埋怨晓丽："你也真是的，干嘛非在约会的时候提起你从前的事？你可是和人家第一次约会，原来的男友是好还是不好有什么关系呀？人家对我说了，说你心还在原来的男友身上，现在的状态不合适谈恋爱。"

晓丽很委屈地说："我和原来的男友一点联系都没有了。我不是故意提起的。恰好经过一个公园，而那个公园正是我和原来男友经常去的地方，我就随口说了几句而已。"

朋友说："很多话是不能随口说的，尤其要看场合，那可是你和人家的第一次约会啊！"

其实，很多女人都存在和晓丽一样的问题，就是喜欢也擅长与人分享秘密。她们会毫不保留地把过去一些不愉快的或者愉快的经历说出来，跟现在的男友分享。其实，女人这样做的动机是好的，她们不想有事情瞒着男友。殊不知这样，却会伤害现在男友的心。现在的男友会觉得你还很怀念过去，他们非常在意。

交浅言深是女孩约会的大忌。男人更喜欢神秘的女人，一个时而性感温柔，时而如修女般冷漠的女人具有令男人无法抵抗的魔力。

因此，当女孩在遇到心仪的男孩时，在第一次约会时就想毫无保留和全方位

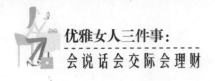

地自我介绍，甚至想要和他分享自己的成长足迹和生活经历的时候，一定要学会冷静，说话时要学会三思，因为这种直言不讳的倾诉无法引起对方的共鸣和好感。

热恋之中，保持语言温度

在两个人相处的过程中，总会有一些磕磕碰碰。当我们想要生气的时候，一定要注意冷静，不要用过分的言语来刺伤对方。因为，身体上的伤痛容易恢复，但是心灵的伤痛，却需要慢慢地修补。

插一把刀子在一个人的身体里，再拔出来，伤口就难以愈合了。无论你怎么道歉，伤口总是在那儿。即使大家是最亲密的男女朋友，也会为此而变得关系冷淡。因此，我们要尽量避免伤害别人。相反，如果我们女人能够事事包容对方的错误，对男友或者丈夫采取宽容的态度，你会发现他们更乐于承认自己的错误。

小王和小芳刚开始在一起的时候，很多人都不看好他们的关系。因为小芳是个心思细腻敏感、对生活要求很高的人；而小王，却是个性格开朗，感情粗线条、直爽的人。小芳出生在书香世家，小王来自普通职员家庭。总之，两个人无论是生活习惯，还是情趣爱好都有着很大差别。

但是，正是这种差别强烈地吸引着两个人。他们两个人最初决定在一起的那天，小王就诚恳地对小芳说："我这个人有很多毛病，也缺乏自省能力，有时候自己做错事也不知道，所以请你要多多包涵。"

小芳点点头，说："在人的一生中，有许多事情做错了是可以改正的，但是有些事错了，就永远不能回头了。所以，我列出十个我能够原谅的错误，如果你犯了这十条中的任何一项错误，我都会选择原谅你。如果你犯了其他错误，我就没有办法了。"

在恋爱的6年里，他们的生活果然出现了许多的磕磕绊绊。小王好胜，经不住别人的诱惑，就把一个月的工资押在了牌桌上，结果搞得身无分文。之后，小王也很后悔，就问小芳："我犯的是可以原谅的错误吗？"小芳点点头，原谅了他。小王有一次喝醉后发起了酒疯。酒醒后，他又问小芳："我犯的是可以原谅的错误吗？"小芳又点点头。

小芳因为工作的关系，和一位男同事接触很多。小王知道了，心里很不高兴。他总会情不自禁地担心小芳会变心。有一次，小芳和那个男同事在办公室里加班，小王突然闯了进来，这让小芳觉得很伤心。小王知道自己这一次错得很严重，他用乞求的眼神请求她的原谅。最后，小芳终于点了点头。

很多年慢慢过去了，小王提出了他心中长久的疑问："当初允诺我可以原谅的十个错误是什么呢？"小芳笑着说："说实话，这几年，我始终没有把这十个错误具体地列出来。每当你做错了事，让我伤心难过时，我马上就会提醒自己：他犯的是我可以原谅的十个错误之一。"

两个人相处，总会有点摩擦，这是生活带给我们的火花，如果我们妥善处理，会使我们的感情更加巩固。

纽约州汉普斯特市的山姆·道格拉斯，过去常常说他太太花了太多的时间在整修他们家的草地，拔除杂草，施肥和剪草上。他批评她说一个星期她只需要这样做两次，因为草地看起来并不比4年前他们搬来的时候更好看。他这种话当然使太太大为不快，因此每次他这样说的时候，那天晚上的和睦气氛就给破坏无遗了。

道格拉斯先生从来没有想到她整修草地的时候自有她的乐趣，以及她可能渴望别人为她的勤劳而夸赞她几句。后来道格拉斯先生在和同事聊天时，才发现懂得欣赏妻子是多么重要。于是，他改变了自己的看法。

一天吃完晚饭以后，妻子要去除草，并且想要道格拉斯陪她一起去。道格拉斯先拒绝了，但是稍后他又想了一下，跟她出去了，帮她除草。妻子显然极为高

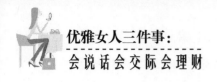
兴，两个人一同辛勤地工作了一个小时，也愉快地谈了一个小时的话。

自那以后，他常常帮她整理草地花圃，并且赞扬她，说她把草地花圃整理得很好看，把院子中的泥土弄得好像水泥地一样平坦。结果两个人都更加快乐了。

我们每个人都有自己的自尊，每个人都渴望得到别人的尊重和关心。所以，即使吵架了，也不要说伤害对方的话。

杰克是一个节目主持人，人长得帅气，又有口才，很多女人都喜欢他。

而她就是一个普通的女人，骑着自行车上下班，每天淹没在上下班的人群中，没有出众的才华，也没有奇特的思维，但她是他的女友。

他们在一起3年了，他越来越红，她还是从前的样子。

她知道他是靠嗓子吃饭的。她喜欢给他剥莲子，把莲子里小小的芯抽出来，然后煮成茶给他喝。

而他的应酬总是特别多，甚至很少和她一起吃饭。后来，他有了隐情，和一个下属好了。

她没有和他争吵，还是默默为他剥莲子芯，把细细长长的芯剥出来。

有一次晚上，他回家，看到她在屋里坐着，没有开灯。他开了灯问："你在干什么？"

她在剥莲子，黑着灯也能熟练地剥。他的心软软一动，喉咙有些哽咽，但刹那间就掩盖了过去，只是淡淡地说："你能再给我煮一杯莲子茶吗？"

她欣喜若狂，赶紧煮上。望着升起的白烟，他眼睛湿了。他什么也没有说，就走了。下楼的时候她追过来，他停住，皱着眉头，以为她要骂他。

但她只递给他一包东西，是她剥好的莲子芯，她说："不要忘了，多喝对你嗓子才好，你还指着嗓子吃饭呢。"

那天晚上，他想了很久。他拿出那包剥好的莲子芯，用滚烫的水为自己沏了一杯。

喝一口，苦而涩。

再喝一口，已然清香，但那淡淡的苦依然在唇齿之间。就在这刹那，他忽然明白了他应该选择什么样的生活。

爱情需要两个人好好经营，好好呵护，所以，我们要多从对方的角度考虑问题，千万不要说让对方伤心的话。或许，有的话一开口，就会造成无法挽回的后果，到时候后悔就来不及了。

有一对年轻人在热恋中，晚饭后，他们一起出去散步，来到了青青的河滩，看见有一头牛在默默地吃草，缓缓地移动。小伙子指着牛说："看那头牛多好呀，悠然自得，乐不思返。"

姑娘微微一笑："那头牛是好，但也有不尽如人意的地方。"

小伙子说："怎样才能尽如人意？"

姑娘道："要是这头牛吃了晚饭，把碗筷统统端进厨房洗了就尽如人意了。"

小伙子不好意思地笑了，显然是接受了姑娘这幽默的暗示，记起自己在未来的岳母家吃了饭，把碗筷一丢的毛病，这可能会使岳母不悦。

心灵上的伤口比身体上的伤口更难以恢复。你的另一半是你宝贵的财产，他让你开怀，让你更勇敢。他总是随时倾听你的忧伤，你需要他的时候，他会支持你，向你敞开心扉。因此，女人要懂得告诉自己的爱人，自己是多么爱他。

如何表达自己的结婚意愿

女人一旦遇到自己心仪的男人，不仅常常追问男人"你爱我吗？"更期盼男人尽快说出"嫁给我吧！"然而很多男人都不愿意过早地受婚姻的约束。因此，如何要男友尽快向自己求婚或者如何向男友表达自己的结婚意愿，优雅的女人需要运用一定的谈话技巧。

晓情最近有点落寞。几个闺密都步入婚姻殿堂。每场喜宴，刘晓倩都刻意拉

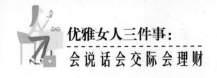

上男友郭启强。刘晓倩与郭启强交往了1年，尽管晓倩说不出自己到底有多爱启强，但在晓倩看来，启强是个条件不错的结婚对象。而启强呢，虽然常常请晓倩吃饭，有时也会接她上下班，就是不把结婚摆上议事日程。有时，晓倩觉得启强对自己深情款款，有时又觉得他若即若离。晓倩摸不透启强的心，非常渴望他能给自己吃颗定心丸。

那天喝完别人的喜酒，启强开着车，晓倩坐在副座上。一曲《香水百合》的音符在狭小的空间跳跃，借着"七彩飘逸衣裳，感动世界，大声说出情话……"这句歌词，晓倩冷不丁冒出一句话："启强，我会是你最后的选择吗？"晓倩的话令启强措手不及，差点把车开到路旁的花坛上。"我在开车呢。"启强故意岔开话题。晓倩眉头一扬，不满地说："我要你现在就回答我！"启强不回答只顾闷头开车，晓倩气得眼泪都冒了出来。

"停车！"她打开车门，幽怨地甩下一句话："别逃避了，我就知道你心里没有我。"启强呆望着晓倩，弄不明白她为何生那么大气。他不是游戏感情的人，只是他觉得，他们的恋爱还没发展到谈婚论嫁的阶段。

一段感情就这样结束了，或许我们都为他俩感到惋惜。这个故事也告诉我们一个道理：作为女人，我们要找到合适的途径，向男友表达我们对婚姻的渴望。

爱情的表达方式多种多样，表情、语言、行为、文字等，古往今来大同小异。但在表达时，含蓄还是外露，冷静还是疯狂，因人而异，效果有时也是大相径庭。

爱情是一首诗。在中国式的爱情当中，如果双方都倾吐无遗，那么很可能会导致爱情索然无味。只有让爱情朦胧含蓄，才能沁人心扉。

雯和明拍拖已久。可温吞水样的明，迟迟不见有向雯求婚的迹象。不是明不够爱雯，而是美丽智慧的雯就像一枚璀璨的水晶，明有拿在手中怕碎了的感觉。实际上，雯一直深爱着明，她根本不在意这些，只等明对她说："嫁给我吧！"明的不徐不急让雯非常失落，她没料到，原本可以欣然享受的被追求被求婚的权力，正在变成一种煎熬。

为了让他们的感情更明朗，那天约会时，雯隔着餐桌凝视明，郑重地说："小美要结婚了。"明迷惑不解地问："好事呀，可这跟我们有什么关系？"雯严肃地问："我们是不是该好好谈谈我们的事？"明被雯的神态镇住了，手心渗出了汗，小心地说："我们，我们这样不是挺好的吗？"雯本想抛砖引玉，让明主动求婚，谁知明却没将话题引到正题上。雯失落的同时，还误以为明不够爱她，否则怎么可能对她的暗示和敦促无动于衷呢？

如果女方一本正经地提出："我们必须谈一谈我俩的关系。"男人会以为你要批评他，从而不敢作出什么承诺。如果你换一种方式，对他说道："我觉得你是我认识的男人里与我最贴心的，我只想与你好好相处。"男人受到鼓励会很乐意与你谈心，从而达到你既定的目标。

事实上，无论是西方还是东方，爱情的美丽就表现在恋爱方式也是一种含蓄的美，爱情的含蓄美是贯穿于爱情生活的全过程的。

所以，女人们要懂得含蓄地向恋人表达爱意，而且要做到"细水长流"，让爱情像一条隧道，曲折而幽深，给人以永不枯竭的追求兴致，使神圣的爱情永远充满新鲜感。

女人一撒娇，男人就没招

撒娇是女人的天性，女人不一定要漂亮，但一定要会撒娇，因为撒娇是女人的武器，学会撒娇，也是一门艺术。

在恋爱中撒娇能取得恋人的愉悦，婚后撒娇同样能使你老公产生爱恋之情。娇媚的妻子在丈夫面前撒一番娇，给他一个深深的吻，顿时可激起爱之涟漪、情之浪花。撒娇是妻子对丈夫千恩百爱的释放，丈夫会在此时领略到被爱的自我价

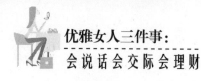

值而获得高度的心理满足。

郭大娘自从老伴去世，含辛茹苦地拉扯着两个儿子——郭钢、郭铁。眼瞅着郭氏兄弟都长成了五大三粗的小伙子，郭大娘打心眼儿里高兴。前年春，大儿子郭钢娶了媳妇，二儿子郭铁也谈上了对象，郭大娘心里别提多高兴了。苦日子终于熬到了头，这下该安度晚年啦。

谁知，儿子却没有让老人家晚年有安。

郭钢结婚时间不长。新房里便时常发生一些"战事"。郭钢打小就性如烈火，谁知他的妻子也"刚硬而刻板"，本来一件小事，丈夫不冷静，妻子也不忍让，针尖对麦芒，每次都是越吵越凶，到头终酿成一场场"恶战"。

郭钢夫妇"战事"不断，感情渐伤，双方都觉得再也难以过下去，只好办了离婚证，各奔前程了。

转眼又是1年。郭铁也热热闹闹地把新媳妇娶回了家。郭大娘却又开始担心。当娘的最了解儿子，郭铁的脾气也不比他哥哥强多少，也是动不动就吹胡子瞪眼，弄不好就抡拳头。

郭大娘密切注意着这对新婚燕尔的年轻夫妻，随时准备着去调解"战争"。

这一天终于来了。不知为什么事，郭铁扯着嗓子对妻子大喊大叫地训斥起来。郭大娘闻听"警报"，立即闯进了小俩口的房间。

郭大娘看到，郭铁黑虎着脸，拳头已高高举起。

"浑小子，你——"

郭大娘话没说完，却见二儿媳一不躲，二不闪，冲着丈夫柔情蜜意地一笑，娇滴滴地说："要打你就打得轻点呀，打吧，打是亲，骂是爱嘛。"

这下可好，郭铁不但收回了高举的拳头，连虎着的脸也被逗了个"满园桃花开"。

可能发生的一场风波顿时平息了，郭大娘被儿媳那股撒娇样儿逗得差点笑岔了气儿。

日子一天天过去，郭大娘发现二儿子发脾气举拳头的时候几乎不见了，后来，二儿子对她说："妈，我算服了她了，还是她'厉害'，有涵养。"

郭大娘也由衷佩服这个懂得"撒娇艺术"的儿媳妇了。

撒娇是一门艺术，其实就是古之兵法上"以柔克刚"的艺术。恰当运用"柔"，任何坚强的东西都会为之融化。巧妙地运用"撒娇"，就可以使得夫妻之间关系融洽。

巧用撒娇的艺术，确实能消除夫妻相处中的误会。因此，做妻子的，当你的丈夫大发脾气时，你不妨试试这招"撒娇绝技"；当你的丈夫心情闷郁时，你不妨用用这女人的"独门暗器"，这对增进你们夫妻之间的感情，肯定会大有效用。

孙倩和老公约好下班出去吃饭，已经到时间了，可孙倩由于工作没完还不能出去。心想：老公一定会生气，他很珍惜时间的。忙完工作，到了约定好的饭店一看，老公果然阴沉着脸，气呼呼地坐在那里。孙倩在老公的视线里缓慢地走了过去，说："都是这双讨厌的凉鞋，早不崴脚，晚不崴脚，偏偏赶上这时候，唉，我疼点无所谓，可是却耽误了你的时间，真让我过意不去。"说完还一脸疼痛和自责的表情，老公心疼地说："你该让我去接你嘛，快让我看看脚。"

女人要想在男人面前永葆魅力，就一定要学会用娇嗔之语，说得他心花怒放，说得他心服口服，他自然就会对你言听计从，爱恋有加。会撒娇的女人可以使春风化雨，会撒娇的女人可以化腐朽为神奇。

人行道上，慢慢地走来一对老人。他们每天都从这里走过，走过大约几百米，走到一家西餐馆，去用晚餐。

这天他为她要了一份奶油小蘑菇汤，一个煎鸡蛋，一份精致的甜点。

她发现鸡蛋煎得略微老了一些，嘴巴就撅起老高，人也在座位上扭动起来。

他立即察觉了，招呼服务生，为她重新来了一份，将那份煎老的鸡蛋，挪到自己面前。她粲然一笑，像个小女孩。

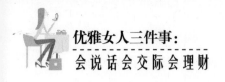

她已经82岁了，他86岁。然而他壮实，她纤弱。看见这一对老人，才知道撒娇和年龄没有关系，只要幸福，女人就会撒娇。

但是，大多数女人在婚后，就逐渐会被柴米油盐的琐碎生活磨掉爱的激情，也逐渐丧失了撒娇的心情或者能力。变成了唠叨的妇人，这样难免让男人厌倦。只有做一个称职的"娇妻"，你才会发现婚姻生活的真谛。

我们还要明白：撒娇不是做作，不是不纯装纯、不嫩装嫩，撒娇要自然，不要适得其反；撒娇不是撒野，太过就变成了撒泼撒野，如果你总是把蛮横霸道当成撒娇，哪怕你是百年不遇的绝代佳人，估计也没人会买你的账。

会撒娇的女人一定懂得打扮自己，懂得不断学习不断提升自己的素养，让自己越来越秀外慧中。会撒娇的女人才是女人中的极品。因此，女人要学会撒娇。

即使"老夫老妻"，也要甜言蜜语

热恋时，"鲜花"、"咖啡"和"电影"，几乎所有工作之余的时光都被甜美、温馨的两人世界占满了。然而，随着步入婚姻殿堂，婚后许多实际的家庭生活琐碎问题开始接踵而来，夫妻之间说甜言蜜语的机会也没有了。殊不知，甜言蜜语是生活中的催化剂，能够给生活带来温馨和愉悦。即使老夫老妻，也要甜言蜜语。

调查表明，在现在这个信息高度发达的社会中，只有16%的夫妻在婚后每天都会进行情感交流，有41%的夫妻一周能够做到3次情感交流，还有22%的夫妻一周可以做到5次交流。另外，还有21%的夫妻一周只进行一次情感交流。

很少有人能认识到在日常工作和生活中，我们是多么需要甜言蜜语，因为甜言蜜语，不仅使我们能够感受到乐趣和温馨，同时也能给人带来自信。

一个女人，如果不善于赞美恋人，就很难获得他的好感，更难得到他的爱情。在恋人心里，赞美如优美动听的音乐，悦在耳畔，醉在心中。赞美，会使他深深地感受到你的心迹：我时刻在关注你，我真心地喜欢你，你在我心中不可取代。

俗话说：良言一句三冬暖。通常人们在婚前都会说些甜言蜜语，结婚后以为是自己人了，没必要那么讲究了。其实，一家人，也需要尊重，也需要赞美，需要讲究语言艺术。在婚后，如果能恰当地称赞对方，婚姻会更幸福。

有很多女人总是习惯了听男人的甜言蜜语，却不曾对男人说过什么"肉麻"的话。其实，男人和女人一样，也爱听甜言蜜语。会说话的女人会适时地把自己的甜言蜜语送给他，博得他的欢喜和宠爱。

邻居家的老头和老太太一场大闹。原因是老头称老太太"这女人"。老太太说："我为你生了五个孩子，这么大年纪了你竟然说我是'这女人'！"不过是简单的一句话，却闹得很不愉快。

女人的要求很简单，有时只需要一句赞美，一个轻吻，一个拥抱。女人是情感动物，请多关心她的内心，女人开心了，一个家也就其乐融融了。一个男人每天辛苦挣钱，日子一天天地好。终于车房俱备，妻子却并不开心。有一天，妻子生日，丈夫问妻子，"你要什么礼物，老婆，是钻戒还是金项链？"妻子说："你可不可以抱着我飞翔！"原来女人要的不过是这个。

如此事例举不胜举。不管是男人还是女人，都喜欢听别人的甜言蜜语。

甜言蜜语还可以为你的爱情增辉添彩，充实你的生活。让我们携起手来，将甜言蜜语的种子撒向生活中的每一个角落，学会用甜言蜜语来点缀生活。

唠叨是丈夫最烦的声音

生活中有很多女人喜欢唠叨，总是把烦恼的事挂在嘴边，不但把自己搞得烦

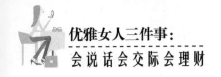

躁不安，而且也把别人弄得心烦意乱。

卡耐基在他的《人性的弱点》中说过：唠叨是爱情的坟墓。陶乐丝·狄克斯认为："一个男性的婚姻生活是否幸福和他太太的脾气性格息息相关。如果她脾气急躁又唠叨，还没完没了地挑剔，那么即便她拥有普天下的其他美德也都等于零。"

李慧从大一的时候，就和宋强谈起了恋爱。大学毕业后1年，他们喜结连理。按说，他们结束了恋爱马拉松，走进婚姻，应该是幸福的一对。可是，自打结婚以后，李慧的手中就拿起一把无形的尺子，只要见到丈夫就必须要量一量。丈夫洗衣服时，她会说："你看看，这领子，这袖口，你连衣服都洗不干净，还能干什么？"丈夫做饭，她会说："哎呀，做饭怎么不是咸就是淡，一点味都没有，让人怎么吃呀？"丈夫做家务，她会说："怎么这么笨，地也擦不干净。"丈夫办事情，她更是牢骚满腹："看你，连话都不会说，让人怎么信任你呢？"诸如此类，家庭噪音不绝于耳。

刚开始的时候，宋强常常是黑着脸不吱声，时间久了，他会说："嫌我洗衣服不干净，你自己洗。"然后把衣服往那一扔，摔门而走。他还会说："我做饭没味，以后你做，我还懒得做呢。"有时候，他也会大发雷霆，和她大吵一通，然后好几天两人谁也不理谁。

过几天，两人和好了，但是李慧仍然改不了自己的习惯，仍然会在他做事的时候唠叨不止，日子就这样在吵吵闹闹磕磕绊绊中过了几年。终于有一天，李慧又在唠叨他碗洗得不干净时，他再也无法忍受，把所有的碗都摔在了地上，大声吼道："你烦不烦，看我不顺眼，干脆离婚算了，看谁顺眼跟谁过去。"

李慧万万没有想到宋强会提到离婚两个字，她顿时泪如雨下："我说你，还不是为了你好？换了别人我还懒得说呢！要离婚，好，现在就离！"结果，宋强摔门而去。

本来生活中的这些小事就没有对错，但是，李慧一直唠叨，就会使宋强忍无可忍。一个人偶尔说错一两句话也是在所难免，而不断地唠叨，把这些常人都有的小毛病加以无限的放大，才会使丈夫无法接受。

著名的心理学家特曼博士对1 500对夫妇做过详细调查。研究表明，在丈夫眼中，唠叨、挑剔是妻子最大的缺点。

托尔斯泰是历史上最著名的小说家之一，他那两部名著《战争与和平》和《安娜·卡列尼娜》，在文学领域中，永远闪耀着光辉。托尔斯泰深受人们爱戴，他的赞赏者，甚至于终日追随在他身边，将他所说的每一句话，都快速地记录下来。

除了美好的声誉外，托尔斯泰和他的夫人，有财产、有地位、有孩子。普天下，几乎没有像他们那样美满的姻缘。他们的结合，似乎是太美满了，所以他们跪在地上，祷告上帝，希望能够继续赐给他们这样的快乐。

后来，发生了一桩惊人的事，托尔斯泰渐渐地改变了。他变成了另外一个人，他对自己过去的作品，竟感到羞愧。就从那时候开始，他把剩余的生命，贡献于写宣传和平、消灭战争和解除贫困的小册子。

托尔斯泰的一生，应该是一幕悲剧，而造成悲剧的原因，是他的婚姻。他妻子喜爱奢侈、虚荣，可是他却轻视、鄙弃这些。她渴望着显赫、名誉，和社会上的赞美。可是，托尔斯泰对这些，却不屑一顾。她希望有金钱和财产，而他却认为财富和私产是一种罪恶。

这样又经过了好多年，她吵闹、谩骂、哭叫，因为他坚持放弃了他所有作品的出版权，也不收任何的稿费、版税。可是，她却希望可以得到从那方面而来的财富。

当他反对她时，她就会像疯了似的哭闹，倒在地板上打滚，手里拿着一瓶鸦片，恐吓丈夫，要吞服自杀。

这个年老伤心的妻子，渴望着爱情，在某一天的晚上，她跪在丈夫膝前，央求他朗诵50年前，他为她所写的最美丽的爱情诗章。当他读到那些美丽、甜蜜的

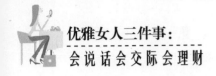

日子，现在已成了逝去的回忆时，他们俩都激动地痛哭起来。生活的现实和逝去的回忆，那是多么的不同。

最后，在82岁的时候，托尔斯泰再也忍受不住妻子折磨的痛苦。就在1910年10月，一个大雪纷飞的夜晚，他脱离他的妻子而逃出家门，逃向酷寒、黑暗，而不知去向。

经过十一天后，托尔斯泰患肺炎，倒在一个车站里，他临死前的请求是，不允许他的妻子来看他。这就是托尔斯泰夫人抱怨、吵闹和歇斯底里所付出的代价。

如果一个妻子总是强迫丈夫赞同某事，或者抱怨丈夫不温柔体贴，那丈夫的反应可能是逃避，甚至对你抱有敌意。最明智的办法是将你所期望的赏识给予丈夫，如果你的丈夫对周围的事物反应迟钝或者太自私，不明白你需要的东西，你应该温柔地让他知道你的想法。如果你总是抱怨，要么就摆出一副委屈的样子，那你只能得到他的反感情绪。

好丈夫从来就不是天生的，但是一个优雅的、有耐性的妻子运用渗透方法能够造就出一个好丈夫。也就是让丈夫在不知不觉中接受你的观点。如果你态度强硬地指责他，那他学不到任何东西，更不会成为一个好丈夫。

乔恩和姑父住在一个抵押出去的农庄上。那里土质很差，灌溉不良、收成又不好，所以他们的日子过得很紧，每分钱都要节省着用。可是，姑妈却喜欢买一些窗帘和其他小东西来装饰家里，为此她常向一家小杂货铺赊账。乔恩姑父很注重信誉，不愿意欠债，所以他悄悄地告诉杂货店老板，不要再让他妻子赊账买东西。姑妈知道后，大发脾气。

这事至今差不多过去已有50年了，她还在发脾气。乔恩曾经不止一次地听她说这件事。

乔恩最后一次见到她时，她已经70多快80岁了。可是，她依旧还在抱怨这件事情。乔恩对她说："姑妈，姑父这样做确实是不对。可是你都已经埋怨了半个世纪了，这不比他所做的事还要糟糕吗？”

过去的事情就让它们过去了，我们再想也不能给现在的生活带来任何改变，那些烦心的小事还会影响我们的生活质量。我们现在所能做的就是把握好今天，去迎接更加灿烂辉煌的明天。

可见我们不要试图去改变自己的爱人，而要学会包容，学会一起生活，学会从相通的东西中找到两者的共同点，从而找到生活的乐趣。

总之，如果我们真心地爱一个人，就让我们用一个善良的心去包容他的一切吧。

丈夫失意时要积极安慰，切莫冷嘲热讽

每个人在失意的时候，都希望得到别人的安慰。即使男人也不例外，他们更需要自己的女人去安慰他那颗受伤的心。

男人并非是天生的坚强刚毅，是社会观念迫使男人无论在何时何地都要强撑着刚毅的架子。在男人事业失利的时候，他们同样也会沮丧，同样也需要有人来安慰。

卡耐基与洛莉塔结婚后，生活得一直很不幸福。洛莉塔自视为贵族，看不起别人，时常嘲讽卡耐基的各种行为。这对卡耐基的自尊和信心是一种打击。

婚后不久，卡耐基就致力于《暴风雨》的写作。但这时他的文章似乎显得没有灵气。他经常写不下去，写一段东西得花上很多时间，因此他感到很沮丧。有时他在改写文章中某段时要反复四十次，这一情形表明这段时间卡耐基显得有些力不从心。

每当这时，洛莉塔却不知道关心卡耐基，给他安慰，相反还嘲笑他。卡耐基不理她，她就一个人去喝酒，一定会喝得酩酊大醉才回来。回来后还会撒酒疯，

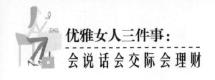

破口大骂："卡耐基，你这个混蛋，为什么不陪我喝酒，只知道写你的小说，见鬼去吧！"

卡耐基这时只好默不作声，任洛莉塔辱骂和摔打东西，或者干脆走出家门，到凡尔赛附近的公园和花园里写作，唯有写作才是他真正的心灵寄托。

这时，卡耐基的心是孤独的，他无法领略家庭的温暖。原本期望的家庭生活并没有展现在他的眼前，由此，他更加怀念他的故乡。

卡耐基面对着生活的挑战。心情恶劣，家庭的不和谐使他的作品在困境中完成。当他完成《暴风雨》时，心中长长地松了一口气。

然而，《暴风雨》是一本失败的作品，而且是彻底的失败。他试着给许多出版商推荐他的作品，但出版商往往都拒绝出版这部作品。

这给卡耐基的打击太大了。这时卡耐基的经纪人劝他放弃《暴风雨》，继续尝试去写别的作品。

卡耐基当时的心情用他自己的话来说："如果有人在那个时候用棒子打在我的头上，我都不会吃惊。我茫然若失，发觉我正面临人生道路的抉择时刻，那个时候，我的心情真是非常痛苦。我该怎么办？我该转向何方？"

此时的洛莉塔依然嘲讽卡耐基，认为卡耐基应该去从事一份更赚钱的职业，这段婚姻就在洛莉塔的埋怨声中走到了尽头。

卡耐基从自己不幸的婚姻中，总结出为人处世应学的第一课，若想婚姻成功，就要找到一个好配偶，让你感受到家庭生活的幸福快乐。

2008年8月17日，北京射击馆男子50米步枪三姿决赛，当埃蒙斯第9枪射出9.8环后，他轻轻地点了点头，对自己的成绩感到很满意。埃蒙斯对第二名还是保持有3.3环的巨大优势，下一枪他只需要射出不低于6.7环的成绩，就可以获得他在北京奥运会上的第一枚金牌。埃蒙斯最后一枪比谁射得都慢，当所有选手都完成最后一枪后，他才缓缓端起枪托，瞄准，射击，4.4环！在全场观众不知所措的惊叹声中，埃蒙斯将几乎到手的金牌让给了中国选手邱健。

意识到自己与金牌擦肩而过的埃蒙斯这时只是站在原地，一动不动，然后待在那里。

作为捷克电视台的解说员，埃蒙斯的妻子卡特琳娜在现场目睹了全部过程。卡特琳娜的眼睛里满是忧伤地说："这太令人难以置信了！整整4年，他都在等待这场比赛，没想到结局是如此不幸。"

埃蒙斯和卡特琳娜相识于2004年雅典奥运会。同样，在2004年8月22日，雅典奥运会，同样是在男子50米步枪三姿决赛中，同样是第九枪结束后，位于2号靶位的埃蒙斯领先第二名的中国选手贾占波4环，然而最后一声枪响后，子弹竟然飞到了3号靶子上。

那一年，埃蒙斯同样在最后一轮痛失金牌，当天他一个人躲在僻静的角落喝闷酒。这时一个金发姑娘走了过来，对埃蒙斯说道："喝一杯怎么样？一切都会过去，不是吗？"听到这话，埃蒙斯抬起头，认识了面前这个美丽的姑娘。2007年6月30日，在卡特琳娜的家乡，26岁的埃蒙斯和24岁的卡特琳娜结婚了。

看着丈夫重演了4年前的悲剧，卡特琳娜来到埃蒙斯身边，与他紧紧拥抱在了一起。已经27岁的埃蒙斯，这时就像一个孩子一样将脑袋深深埋在了卡特琳娜的怀里，久久不愿离开。

过了好久，埃蒙斯才终于把头抬起来，他看到的是妻子鼓励的眼神，卡特琳娜双手握住埃蒙斯的脑袋，眼睛直视着埃蒙斯，嘴里则在轻声鼓励："亲爱的，你做得很好，你前面打得很棒，你已经证明了自己。"

"我现在可以喝啤酒去了。"

或许是受了妻子的鼓励，沮丧的埃蒙斯走回了赛场，向其他运动员拥抱表示了祝贺，并向裁判表示了感谢。

这一刻，现场的观众把同情、鼓励、祝福的掌声送给了埃蒙斯。

4年前，正是卡特琳娜的安慰，才使埃蒙斯从失利的阴影中走了出来，同样这次，正是有了卡特琳娜的安慰，才使丈夫再次鼓起勇气，接受了这个现实。

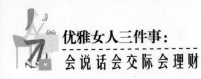
男人其实也很脆弱，在事业拼搏时会有失败和痛苦，如果能在妻子的柔情中得到安慰，他会更努力。妻子的爱对丈夫是动力和自信！愿天下女人在共同的生活中以脉脉温情去安慰男人那颗也需要安慰的心！

第二件事　会交际

会交际的优雅女人最出众

交际是一种能力，一个给人良好印象的女人会有比较高的成功几率和机会。

不会交际的女人，不是一个完美的女人，也必定不会是一个幸福的女人。会交际的女人，会有三三两两的好朋友，会有自己特定的人脉。这样的女人，在遇到困难时，会有很多人义无反顾地相助；在遇到开心的事时，会与人一同分享。

在人际交往中，女人起着关键的作用。和谐幸福的家庭往往是有一个好女人，协调有序的社会往往是有一群好女人。

现代女性的社交活动越来越频繁，一个女人拥有了端庄的举止、优美的仪态、迷人的神韵、高雅的气质再加上内在的品格力量，便拥有了打开社交之门的交际魅力。那么，怎样才能在交际中做个讨人喜欢、赢得好人缘的女性呢？本篇内容将给你答案。

第7章
拓展丰富社交圈，女人先修好心态

要想了解别人，先要了解自己

当你坦然地展现自己时，你会带给周围所有人一种昂扬奋发、热爱生活的感受。如果你看到一位女人潇洒自如地处理事务时，也会觉得那是一种享受。

有多少女人能够说对自己已经了如指掌了呢？想必没有几个人可以非常肯定地回答。可是女人对自己是否了解直接决定了她们社交的成功与否。

笛卡儿如是说："我思考，因此我活力四射！"

女人其实比男人更优雅，不过大多数女人都回避这个问题。多罗茜·帕克警告说："女人有才，男人不爱。"因此，我们在公开场合总是刻意显得傻乎乎的，不愿压倒或吓坏那些陪伴我们的男人，其实最重要的是要了解自己，了解自己的需求。

对女人而言，风情万种固然不错，才智敏锐也不可或缺。作为女人，你会细声细气地说话，你会羞涩地回避男人的眼光，你也会搔首弄姿，撅撅嘴，玩弄发

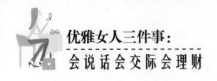
梢，甩甩长发。不过，这些都是小把戏。当女人不再压抑自己的才智，不再贬低自己，大胆展现自己的内在价值时，女人才是最有魅力的。你可以在会议上大声说出自己的想法，你可以脱口而出敏锐、真诚、打动人心的话语。了解自己，你就是这样的女人。

大多数女人都没有好好欣赏自己的优点。了解自己就是为了更好地释放自己、表达自己，发挥自己的能力，让所有人看到。

与此相比，下面这个故事中的青蛙却是由于不了解自己的缺点而造成严重的后果。

森林中，动物在举办一年一度的比"大"比赛。老牛走上台，动物们高呼："大。"大象登场表演，动物也欢呼："真大。"这时，台下角落里的一只青蛙气坏了，难道我不大吗？它一下子跳上一块巨石，拼命鼓起肚皮，同时神采飞扬地高声问道："我大吗？"

"不大。"台下传来的是一片嘲讽的笑声。

青蛙不服气，继续鼓着肚皮。随着"嘭"的一声，肚皮鼓破了。可怜的青蛙，到死也还不知道它到底有多大。

与青蛙相反，有一位登山队员，一次他有幸参加了攀登珠穆朗玛峰的活动，到了7 800米的高度，他体力支持不住，停了下来。当他讲起这段经历时，我们都替他惋惜，为什么不再坚持一下呢？再往上攀一点高度，再咬紧一下牙关，爬到巅峰呢？"不，我最清楚，7 800米的海拔是我登山生涯的最高点，我一点也不为此感到遗憾。"他说。

青蛙不了解自己，受到了命运的惩罚；登山队员了解自己，所以他安然无恙。了解自己，这是一种生存的明智。

现代人都有一种通病，那就是不了解自己，女人也不例外。我们往往在还没有衡量清楚自己的能力、兴趣、经验之前，便一头栽进一个过高的目标——这个目标是与别人比较得来的，而不是了解自己之后定出来的，所以每天要受尽辛苦

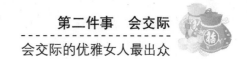

和疲惫的折磨。

做人了解自己的短处不容易，了解自己的长处也很难。虽然有不少人自恃其长，炫耀于众，但也确有不少人不知其长，只知其短，有的甚至因其短而对自己全盘否定，悲观失望。一代武侠小说大师金庸先生写的《射雕英雄传》中说，二次华山论剑，西毒欧阳锋气血逆行，武术倒练，结果二手着地，成为战无不胜的武林邪士。然而，欧阳锋武功虽强，神志却不甚清醒，根本不知己长。刚好黄蓉抓住这点，开口便问："谁说你是天下第一？有一个人你就打不过。"欧阳锋大怒，连问是谁？黄蓉道："他名叫欧阳锋。"欧阳锋不觉迟疑，不禁又问，黄蓉又说："不错，你武功虽好，却打不过欧阳锋。"欧阳锋心中愈是糊涂，只觉"欧阳锋"这名字好熟，定是自己最亲近的人，可是自己是谁呢？黄蓉冷笑道："你就是你，你自己却不知道，怎来问我？"欧阳锋心中一寒，便神魂颠倒，狼狈而去。节中描写虽近乎离奇，但也说明一个问题，即：一个不知己之所长的人，也等于不认识他自己，更不能发挥其长，甚至视"长"为"短"，只能落得个狼狈而去的结局。

做一个成功的女人，你必须主动摆脱对自己的怀疑，认识到自己内在的天赋和才能。对自己了如指掌，才能在社交的风云中立于不败之地。

女人社交，首先要有良好的心态

女人一生中随时会碰到各种困难和挫折，甚至还会遭遇致命的打击。在这种时候，积极的心态会产生重大的影响。

现代社会是一个开放而广阔的社会，人际关系也变得越来越重要。不管你是身处职场，做一个风光的职业女性，还是待在家里，做一个家庭主妇，交际都是不可避免的。

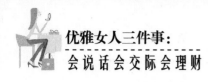

生活中，难免要和各种各样的人打交道，特别是Office Lady，社交是展示风采的重要方面。可能因为一次成功的谈判，你便会升职；可能因为与老板的一次交谈，你会受到器重；可能因为一次晚宴，你将会发现梦中的白马王子……可是，你总是不由自主地退却，以致遗憾终生。

郑女士和崔女士同样在市场上经营服装生意，她们初入市场的时候，正赶上服装生意最不景气的季节，进来的服装卖不出去，可每天还要交房租和市场管理费，眼看着天天赔钱。

这时郑女士动摇了，她以亏了3 000元钱的价格把服装精品屋兑了出去。而崔女士却不这样想。崔女士认真地分析了当时的情况，觉得赔钱是正常的，一是自己刚刚进入市场，没有经营经验，抓不住顾客的心理，当然应该交一点学费；二是当时正赶上服装淡季，每年的这个季节，服装生意人也都不赚钱，只不过是因为她们有经验，能够维持收支平衡罢了。而且，崔女士对自己很有信心，知道自己适合做服装生意。果然，转过一个季节，崔女士的服装店开始赚钱。3年以后，她已成为当地有名的服装生意人，每年可有5万元的利润。而郑女士在3年内改行几次，都未成功，仍然一筹莫展。这倒让人想起了两则有趣的寓言故事：

传说，有这样一位国王，一天他做了个奇怪的梦，梦见城外的山倒了，护城河的水枯了，满园的花也谢了，于是，他便叫王后给他解梦。王后说："大势不好。山倒了指江山要倒；水枯了指民众离心，君是舟，民是水，水枯了，舟也不能行了；花谢了指好景不长了。"国王惊出一身冷汗，从此患病，且愈来愈重。一位大臣要参见国王，国王在病榻上说出他的心事，哪知大臣一听，大笑说："太好了，山倒了指从此天下太平；水枯指真龙现身，国王，你是真龙天子；花谢了，花谢见果子呀！"之后国王全身轻松，很快痊愈。

另一个故事是这样的：有一个老太太，她有两个儿子，大儿子是染布的，二儿子是卖伞的，她整天为两个儿子发愁。天一下雨，她就会为大儿子发愁，因为不能晒布了；天一放晴，她就会为二儿子发愁，因为不下雨二儿子的伞就卖不出去。老太太总是愁眉紧锁，没有一天开心的日子，弄得疾病缠身，骨瘦如柴。一位哲学家告诉她，为什么不反过来想呢？天一下雨，你就为二儿子高兴，因为他可以卖伞了；天一放晴，你就为大儿子高兴，因为他可以晒布了。在哲学家的开导下，老太太以后天天都是乐呵呵的，身体自然健康起来了。

从上面的故事我们看到，任何事物都具有其两面性，有利必有弊，关键就在于我们应该如何去看待。上面提到的郑女士只看到赔钱的一面，而看不到将来会赚钱的发展前景，不能以积极的态度去分析事物；而崔女士的态度则是积极的，她更多地从发展的角度看待当前的不景气，所以，她能顶住压力，坚持到成功。而国王也体会了同一件事情不同的解释所收到的不同效果，老太太则因按照哲学家的指导用积极乐观的心态来看待同样的事情而受益。可见在社交生活中，积极的心态对于成功的重要意义。

中国人，尤其是女性多数内敛、羞涩、含蓄，不轻易表达自己的感情或者想法，再加上个性上的弱点，很大程度上使得她们患社交焦虑症的几率增大。而患有社交焦虑症的女性，不得不放弃生活中许多很有意义的事情，小到一次上街购物，带孩子到公园，大到一次事关职位变迁的会议谈判……她们都容易错过！许多人轻而易举就能够办到的事，她们却望而生畏，就像是一个穷人看着橱窗里的珠宝，可望而不可即。社交恐惧，成为束缚她们心灵的桎梏。

社交恐惧症是一种强迫观念较为严重，患病率较高的心理疾病。患者害怕与人交往，对社交感到恐惧。当然，谁都有可能患有某种程度的社交恐惧，但若发展成神经质的症状时，恐惧、痛苦的程度就会非常深，以至于最后拒绝与任何人接触。

成功女人对人待事，不看消极的一面，只取积极的一面。如果摔了一跤，把手摔出血了，她会想：多亏没把胳膊摔断；如果遭了车祸，撞折了一条腿，她会想：大难不死必有后福。她会把每一天都当做新生命的诞生而充满希望，尽管这一天也许有许多麻烦事等着她，她又会把每一天都当做生命的最后一天，倍

115

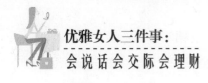

加珍惜。

美国潜能成功学大师罗宾说："面对人生逆境或困境时所持的信念，远比任何事都来得重要。"这是因为，积极的信念和消极的信念直接影响创业者的成败。

美国成功学者拿破仑·希尔关于心态的意义说过这样一段话："人与人之间只有很小的差异，但是这种很小的差异却造成了巨大的差异！很小的差异就是所具备的心态是积极的还是消极的，巨大的差异就是成功和失败。"是的，一个女人面对失败时所持的心态如何，往往决定她一生的命运好坏。

女人应该保持积极的心态，这样才能在遇到困难的时候勇于面对，充满希望和战胜困难的斗志。消极心态使人沮丧、失望，会对生活和人生充满了抱怨，自我封闭，限制和扼杀自己的潜能。积极的心态创造人生，消极的心态消耗人生。积极的心态是成功的起点，是生命的阳光和雨露，让人的心灵成为一只翱翔的雄鹰。消极的心态是失败的源泉，是生命的慢性杀手，使人受制于自我设置的某种阴影。选择了积极的心态，就等于选择了成功的希望；选择了消极的心态，就注定要走入失败的沼泽。如果你想成功，想把美梦变成现实，就必须摒弃这种扼杀你的潜能、摧毁你的希望的消极心态。

控制情绪，喜怒哀乐要深藏心中

学会控制情绪是我们成功和快乐的要诀。如果你发起脾气，对人家说出一两句不中听的话，你会有一种发泄感。但对方呢？他会分享你的痛快吗？你那火药味的口气、敌视的态度，能使对方赞同你吗？

性格的力量包含两个方面——意志的力量和自控的力量。它的存在有两个前提——强烈的情感以及对自己情感的坚定掌控。善于控制自己情绪的人，比较善于驾驭人生。让我们努力地提高这方面的能力，以及时、迅速、有力地赶走坏脾气。

弱者任由思绪控制行为，强者用行为有力地控制思绪。每天清晨醒来，假如你被悲伤、自怜、失败的情绪包围，那就如此与之对抗：沮丧时，你引吭高歌；悲伤时，你开怀大笑；病痛时，你适时娱乐；恐惧时，你勇往直前；自卑时，你换上新装；不安时，你提高嗓音；穷困潦倒时，你想象未来的财富；力不从心时，你回想过去的成功；自轻自贱时，你注视自己的目标。

人们总是说，要谦虚，不要炫耀自己，的确，水满则溢，月盈则缺。做人，一定要低调，学会了低调，也就是真正学会了把握事物的度，才能够控制自己的情绪。

美国政界的选举通常十分谨慎，因为关乎国家人民的重大利益，因而选民在投票给其中一位候选人时通常会考虑到很多方面。下面这个有趣的故事就是告诉大家学会控制情绪的重要性。

某个政党有位刚刚崭露头角的候选人，被人引荐到一位资深的政界要人那里，希望这位政界要人能告诉他一些在政治上取得成功的经验，以及如何获得选票。

为了考核候选者，这位资深的政界人士有一个好办法，他说："不论我说什么话，你都不能打断我，否则要罚款5美元。"

候选人想，这么简单的要求，当然能做到。于是，他一口答应。

"很好。第一条是，对你听到的对自己的诋毁或者污蔑，一定不要感到愤怒。随时都要注意这一点。"

"噢，我能做到。不管人们说我什么，我都不会生气。我对别人的话毫不在意。"

"很好，这是我经验的第一条。但是，坦白地说，我是不愿意你这样一个不道德的流氓当选的……"

"先生，你怎么能……"

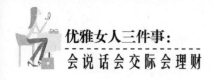

"请付5美元。"

"哦！啊！这只是一个教训，对不对？"

"哦，是的，这是一个教训。但是，实际上也是我的看法……"资深政客轻蔑地说。

"你怎么能这么说……"新人似乎要发怒了。

"请付5美元。"

"哦！啊！"他气急败坏地说，"这又是一个教训。你的10美元赚得也太容易了。"

"没错，10美元。你是否先付清钱，然后我们再继续谈？因为，谁都知道，你有不讲信用和喜欢赖账的'美名'……"

"你这个可恶的家伙！"年轻人发怒了。

"请付5美元。"

"啊！又一个教训。噢，我最好试着控制自己的脾气。"

"好，收回前面的话。当然，我的意思并不是这样，我认为你是一个值得尊敬的人物，因为考虑到你低贱的家庭出身，又有那样一个声名狼藉的父亲……"

"你才是个声名狼藉的恶棍！"

"请付5美元。"

现在，这个年轻人用高昂的学费学会了控制情绪的一课，可想而知，他一定会记忆深刻的。然后，那个政界人士说："现在，就不是5美元的问题了。你要记住，你每发一次火或者对自己所受的侮辱而生气时，至少会因此而失去一张选票。对你来说，选票可比银行的钞票值钱得多。"

一旦你控制了自己的情绪，你就主宰了自己的命运，也就能够成为成功人士。一般人们认为，快乐、愤怒、恐惧和悲哀是人类四种最基本的情绪。这些情绪与人的本能需要紧密相连，是不需刻意学习就能表现出来的，通常还具有高度的紧张性。情绪上的长期紧张和焦虑通常会降低人体抵抗细菌和其他引发疾病因素的能力，特别是气愤和懊恼的情绪更是引起很多疾病的主要原因。"笑一笑，十年少；愁一愁，白了头"，就形象生动地说明了情绪与健康的利害关系。

读懂社交心理学，女人也能成为社交天才

有很多女性不能够坦然地应对正常的人际交往活动，她们不善于与陌生人交谈，不知道怎么来表达自己的思想观点，更有甚者她们会因为过分担心自己表现不好而患有社交恐惧症，所以对于这些不良的女性社交心理，我们不能够再忽视！

人们在相互联系、相互作用的活动中，自然会产生某种行为——交际，以及直接承受交际行为作用的心理——交际心理。交际与交际心理存在着相互促进、互相制约的因果关系。一切交际行为既会促进交际意识的发展，又会调节交际心理，同样交际心理既是交际行为作用的结果，又可以影响交际行为的效果。因而，明确交际心理，有助于指导我们的交际行为。

美国宾州大学的塞利格曼教授曾对人类的消极心态做过深入的研究，他指出了三种特别模式的心态会造成人们的无力感，最终毁其一生。"永远长存"，即把短暂的困难看作永远挥之不去的怪物，这是在时间上把困难无限延长，从而使自己束缚于消极的心态不能自拔。"无所不在"，即因为某方面的失败，从而相信自己在其他方面也会失败。这是在空间方面把困难无限扩大，从而使自己笼罩在失败的阴影里看不到光明。"问题在我"，即认为自己能力不足，一味地打击自己，使自己无法振作。这里的"问题在我"，不是勇于承担责任的代名词，而是在能力方面一味地贬损自己，削弱自己的斗志。女性朋友，你有过这样的情形吗？如果有，请尽快从消极心态的阴影里解脱出来。记住德国人常说的一句话："即使世界明天毁灭，我也要在今天种下我的葡萄树。"下文中的恩英是一个很

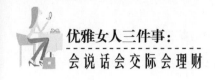
好的例子。

大学毕业，恩英通过努力进了一家展览公司，也算是一个小小的白领了。在这家公司里，恩英做得很辛苦，很投入，经常不计报酬地加班。她终于脱颖而出，工作刚满1年，就荣升为项目主管。就在此时，恩英远在日本的男友决定回国发展并与恩英结婚，众人都为恩英而高兴：婚姻美满，事业顺达。婚后不久恩英就怀孕了，而且是双胞胎，医生嘱咐她最好静养保胎，但这在工作超繁、压力超强的展览公司里是很难做到的。恩英的先生犹豫了："你还很年轻，事业刚刚起步，孩子我们以后还是可以有的。"恩英却一脸的坚毅："不，这是最好的礼物，我能拥有它，就是最大的幸福。"恩英义无反顾地辞了工作，得到了一对可爱的双胞胎儿子。

现在，恩英在一家公司里做协调员的工作，毕竟停了两年的工作，恩英还将从头做起。但是，她以前所在的那个展览公司已经发展成为一家大公司，公司职员的薪金也已经很令人羡慕。比起以前同事的高工资，恩英不仅没有不高兴，反而依旧快快乐乐地工作着，生活着。在新的公司里，她的工作态度和工作业绩同样博得了上司的青睐，家庭也相当和睦。朋友们都羡慕她的生活，认为恩英将生活节奏掌握得很好。其实，原因就在于恩英无论在哪种生活情形下，都保持着一种很好的心态，不患得患失，以自己现在手上拥有的就是最好的角度出发，努力生活，努力工作，结果生活、工作都很称心、完美。

那么，什么是好的人际关系呢？美国社会心理学家爱舒尔茨认为，一般来讲，人际关系有三种类型。其一是谦让型，其特征是"朝向他人"，无论遇见何人，总是想到"他喜欢我吗"。其二是进取型，其特征是"对抗他人"，无论遇到何人，总是想知道该人力量的大小，或该人对自己有无用处。其三是分离型，其特征是"疏离他人"，无论遇到何人，总是想保持一定的距离，以避免他人对自己的干扰。

女人如果懂得了社交心理，并且在不同的场合针对不同人群的心理采用适合

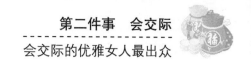
的社交技巧，一定能在各种社交场合中游刃有余，成为瞩目的焦点。成就女性社交，必须读懂社交心理学。

社交有方，交心为上

如果单纯地认为交往的朋友多就是有人脉，那么做公关工作或营销工作的人都应该是最有人脉的人。但是，现实中的情况并非如此，证明一个人有没有人脉是有诀窍的。大致上来说，这些人唯一的共同点是真心待人。凭借出色的交际手腕和三寸不烂之舌，可以让很多人成为"认识的人"，但并不一定能找到很多"贵人"。

如果你想赢得人心，首先要让对方相信你是最真诚的朋友。

比尔·肯尼斯在《不会落空的希望》一书中写道："我们当初以为可以信赖军方，但是后来却爆发了越战；我们以为可以信赖政客，但是后来却有了水门事件。"

"我们以为自己可以相信股票经纪人，但是结果却有黑色星期一的报到；我们以为可以信任牧师，但是却有不肖神职人员史华格。如此说来，这天底下到底有谁值得信任？"

毫无疑问的是，这个名单可以一直列举下去，这个世界有太多问题，使得人与人之间的信赖逐渐瓦解。其实，获得别人的信任并不难，你应记住的一条原则就是：真诚地对待他人。

懂得交心是社交的上上策。有个喜欢交际的女孩名叫爱礼，她总是能以幽默的口才逗得朋友开心，对不太熟悉的人也能够亲切热情，因此人们往往对她有很好的印象。但是，仔细观察后，会发现一个奇怪之处。爱礼的身边总是围着很多人，但是真正和她深交的却一个也没有。

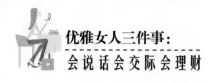
所以，每到关键时刻，她总是显得很孤独。后来才知道，爱礼有表里不一的坏习惯。爱礼的熟人中有一个人说，爱礼曾经与她的男友偷偷约会，让她很生气。还有一个人说，爱礼在人前说有事尽管找她帮忙，后来却因为一点点个人利益而毁谤她，两个人最后还是决裂了。当初想要接近爱礼的人，都是在背后被她捅了一刀，因此朋友们都离她远去，只有那些和她不远不近的人，现在还围绕在她的周围。

市面上教导你做好人际关系的书籍多得数不胜数。但是，这多如牛毛的秘诀的根本就是要真心对待朋友。不要认为对方仅因为你请的一顿饭，就会对你产生好感。不如记下对方喜欢的东西，有机会送一个小礼物会更有效果。没有谁会讨厌这样的朋友。

当多年的老朋友出现在我们面前的时候，清晰而响亮地叫出他的名字，将是最好的欢迎。相反，两个感情诚笃的老友多年未见而邂逅，如果有一个叫不出对方的姓名，则很有可能引起不快，甚而在对方心头蒙上一层阴影。几乎没有一个人不希望自己的名字被人记住。

记住别人姓名，是最直接、最容易获得别人好感的办法，是人际关系的推进器。

拿破仑以前经常遗忘别人的姓名，这使他的部下和朋友十分反感。后来他把每一个相识的人的名字写在纸上，全神贯注地闭门默记。如此一来，尽管再繁忙的公务缠身，他都能随口说出别人的姓名，得到了众人的敬佩和爱戴。多数人不记得别人的名字，只因为不肯花必要的时间和精力去专心地、无声地把这些名字耕植在他们的心中，他们为自己找借口：太忙了。

一个母亲给她的孩子讲过这样一件事：一次她去商店，走在她前面的一位妇女推开沉重的大门，一直等到她进去后才松手。当她道谢的时候，那位妇女说："我妈妈也和您的年纪差不多，我只希望她遇到这种情况，也有人为她开门。"

不要忘了，用努力、用真心去理解别人，比一顿饭、一个小礼物更为重要。首先，要让别人对你产生好感，再努力传达这种心意，这样就算方法再笨，对方也可以领会到你的真诚。如果这种好感里没有半点真诚的话，那么阅读几百本书籍也不过是看了一堆没用的文字而已。不要试图用诀窍来寻找真正的朋友。即使是再迟钝的人，也有感受真心的能力，不会有人会因为你的雕虫小技而留在你的身边。

关心他人与其他人际关系的原则一样，必须出于真诚。不仅付出关心的人应该这样，接受关心的人也理应如此。它是一条双向道，当事人双方都会受益。

古人云："劝君不用镌顽石，路上行人口似碑。"金杯银杯不如好口碑，口碑是雕刻于心灵的记忆，让我们怀着敬畏的心去审视自己，以至诚的心去赢得人们的尊重和喜爱。做个高尚的女人，就要学会用心做事、真诚待人。

选择朋友就是选择坦途和快乐

交友不可不慎。古人云："近朱者赤，近墨者黑。"这个道理古今贯通。人的一生如果交上好的朋友，不仅可以得到情感的慰藉，而且朋友之间可以互相砥砺，相互激发，成为事业的基石。朋友之间，无论志趣上，还是品德上、事业上，总是互相影响的。一个人一生的道德与事业，都不可避免地受到身边人的影响。从这个意义上，可以说选择朋友就是选择命运。

王充在《论衡·程材篇》中说："蓬生麻间，不抉自直；白纱入缁，不染自黑。"

如今，许多人都有一个共同的感叹：工作中再大的困难咱不怕，就怕人际关系太难处，真正的朋友太难觅。

真朋友总想和你交流，假朋友总想和你交易。越是真朋友，越不愿麻烦对

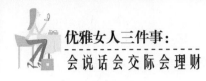
方，怕影响对方。假朋友则相反，总是想方设法要对方为自己办事。真朋友是一笔精神财富，假朋友则是一颗炸弹。

故，慎交友，先要讲"友道"。友道之义在于真情实意，志同道合。当然，人是社会的人，越是走向高位，人际关系也越复杂。因为社会关系不仅仅是"友道"，而且要打上很多互相帮助、互相利用的印迹。

假朋友犹如身边隐藏着的一颗定时炸弹，随时会爆炸。清末名人曾国藩说过："一生之成败，皆关乎朋友之贤否，不可不慎也。"今日吟读，仍觉得余音绕梁，受益匪浅。朋友之贤愚，只是外因，一生之成败，关键还在自身。

在人的生命中，财富不是一生的朋友，而真正的朋友是一生的财富。人生漫漫长路上交朋友不在多，贵在交净友。交友的原则是：善交益友、乐交净友、不交损友。

所谓"净友"就是勇于当面指出缺点错误，敢于为"头脑发热"的朋友"泼冷水"的人。

净友之所以可贵，就在于他们能以高度负责的态度，坦诚相见，对朋友的缺点、错误绝不粉饰，敢于力陈其弊，促其改之。如果能结识几个净友，那么在前进的道路上，就会少走弯路。

人非圣贤，孰能无过？谁都不可能是"足金完人"。失误总是难免的，但由于是"当局者"的原因，犯错误还往往不能自知。这时如果没有"旁观"的净友直言相告，及时提出批评，就可能迷失方向，误入歧途，后果不堪设想。如果身旁有了净友，就能在净友的帮助下，迅速地从错误和混沌中解脱出来。翻开我国历史，因交净友而成大业者不乏其例。"以人为镜"的唐太宗，用净臣，交净友，开言路，明得失，从而成就了"贞观之治"的辉煌业绩。因而，凡是想成就一番事业的人，都十分重视交结净友。

女人在社交中，要想交结净友，则必须要有宽广的胸襟，如果凡事都斤斤计较，则不可能结交到真正的净友，因为所谓净友都是不用拐弯抹角的相处，可以一针见血地批评。倘若没有唐太宗"从谏如流"的气度，就会把他们的"逆耳之言"看作是找茬儿、刁难人，不但不会与之结成诤友，反而会给"小鞋"穿，甚至排挤、打击他们。

结交诤友，必须要有正视自己缺点和改正错误的勇气。一个"讳疾忌医"者，是不可能让诤友"刮骨疗毒"的。这种人文过饰非，喜顺恶逆，对于诤友之言不以为然，我行我素，即使知错也不肯改。诤友只好离他而去。西楚霸王项羽，不听诤言，不容诤友，直到众叛亲离，独身脱逃至乌江边还仰天长叹："此天之亡我，非战之罪也。"这位"盖世之才"是死不认错的。试想，这样的人怎么能留住诤友呢！

结交诤友，是以共同理想和事业为前提的。如此才能肝胆相照，以诚相待。为了共同的理想和正义的事业，可以慷慨解囊，可以物我两抛。诤友之间，知无不言，闻过即改；只有信任，没有欺诈；只有激励，没有姑息；友情为重，不失原则；患难与共，绝不苟且。这样的友谊，才是真正的友谊。

有一句名言：如果你把快乐告诉一个朋友，你将得到两个快乐，而你如果把忧愁向一个朋友倾诉，你将被分掉一半忧愁。无论成功还是失败，真朋友都会站在你的身边。假朋友则不然。你成功时，他或许会和你在一起。而一旦你失败了，他便掉头离去，甚至千方百计地陷害你。所以，选择朋友就是选择坦途！

第8章

打造社交气场力，内外兼修人气旺

装扮自己，恰当穿着

在社会交往的过程中，外在形象给人留下的印象是深刻、鲜明的。一个人的服饰，不仅反映了他的审美情趣和修养，同时也反映了其对他人的态度。另外，一个人的服饰还可以掩盖个人的某些缺陷。一个形象邋遢、说话语无伦次的人不可能拥有好的人脉，一个说话没有涵养、不修边幅的人也不可能拥有好的人脉。皮卡托说："美若失去魅力，就是无钩的诱饵。"如果想拥有好的人脉，你就需要了解相应的社交礼仪，培养自己儒雅的风度，修炼自己的演讲能力。

然而，装扮自己并不只是对于外在的装扮。年轻的女子追求时尚、追求名牌服装，而中年女子则在生活的历练中逐渐意识到气质对于女人的重要性绝不亚于外貌。外貌大多受到先天的影响，但是气质确是通过修养获得的。装扮自己，努力从提升气质，提升素质开始吧！

服饰这种静止的无声语言，也是一种重要的体态信号，它无时无地不在向世

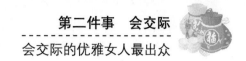

人展示主人的形象和风度。

另外，不可否认的是，我们必须注意发挥服饰在社交和口才中的作用。一般地说，服装、发型、饰物、化妆等，都要以美观、大方、入时、合群为准则，既不可不修边幅，也不必浓妆艳抹，过分打扮，更不能奇装异服，不伦不类。

在对外场合中女士的着装应当体现出女士的职业特点、个人风格和魅力，并且要与出现的场合、环境相协调。

在衣着方面，女士的选择范围是极为广阔的。即使是职业女性也是如此，既可穿最能展现女性魅力的裙装、西装套裙，又可自由自在地选择西装、夹克衫、牛仔装、衬衫、长裤等等。

上班时间，职业女性一般要穿灰色或蓝色的西装套裙，这样有助于提高自己的形象。女士也可以选择色彩柔和一点的衣裙，这样则显得平易近人一些。如果女士在社交、工作中穿着显得过于散漫的运动服、牛仔装或野味十足的服装，是不合时宜的。

除此之外，在任何场合女士的着装都要注意干净、整洁并且合身，而且要十分小心地针对不同场合选择不同的服装面料和颜色搭配等。参加宴会，女士要注意自己的衣着同宴会场所的色彩相和谐，而且要考虑同自己男伴的衣着相得益彰。参加婚礼时，女士不要穿与新娘的礼服同色的服装，否则会因为穿着不当引起别人的非议。而参加丧礼时，宜穿黑色或其他颜色庄重的衣裙。

合理得体的穿着不仅可以反映出一个人内在的高雅审美追求，而且还可以充分树立一个人的良好形象。因此，必要而恰当的穿着是人们在社交活动中不可或缺的。开启一个全新的社交天地，从装扮自己开始！

女人，恭谦礼让是你的社交工具

气质是与生俱来的，也是每个人都独有的潜在特质。要划分气质的种类，大

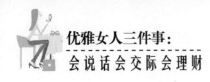

体可以说成冷和热两种。有的人奔放豪迈，个性随和；而有的人温婉冷俊，个性低调。

女人，谦卑礼让是你的社交工具。现代社会中，这些光鲜亮丽的女明星能做到这一点，日常生活中的我们也要时刻将谦卑记心中。

一个人要想孤立自己并不难，只要自视高人一等就足以奏效。而谦卑礼让，低调做人，意味着你必须丢掉一些东西，比如身份感、优越感、尊贵感、荣耀感等。

电视剧《宰相刘罗锅》中有一段写实很值得人们玩味和思考。

彼时，官道上缓缓驰来两头毛驴，驴后还跟着一个人。众人正收拾东西，谁也没在意。那两头驴竟下了官道，向接官亭驰来。捕快朱文一见，提着水火棍怒喝道："呔，骑驴的瞎眼了，这是接官亭！再往前走，小心把驴腿打折了。"

不料，前面的骑驴人哈哈一笑，说道："我就是奔接官亭而来的！"

朱文一怔，仔细打量来人，前边这位，四五十岁模样，瘦巴巴的，虽然穿着长衫，却是一身的寒酸相，至多是个小行商。后边的那位，倒是年轻，却是一身仆人打扮，低眉顺眼，一看就知道是做奴仆的。最后那位步行者显然是个赶脚的，脸上布满灰尘，被汗水一冲，横一道，竖一道，像个唱花脸的。

朱文大怒："大胆刁民，竟敢来接官亭胡闹，不怕吃板子吗！"

他话音未落，后面骑驴的年轻人赶到面前问道："你们在此接迎的是哪位官人？"

"是从安徽调来的新任江宁知府刘大人。"

"前面这位正是你们要等的刘大人。"年轻人喊道。

"胡说！"朱文举起水火棍要打人，骂道："刘大人乃是朝廷命官，一定是八面威风，哪有骑驴上任的？你们敢冒充朝廷官员，不是找打吗？"

这时，赵武等人也围了上来。毕竟是捕头，赵武比朱文稳重一点儿，听对方出语不凡，便仔仔细细地围着两人看了一遍，见那位四十多岁的主子后背隆起，正是刘罗锅。

刘墉下驴的第一句话是："张成，可别忘了给人赶驴的脚钱。"

接官亭的人在此恭候的目的一是接刘墉，二就是要按惯例吃一顿，经过寒暄，这些人就请刘墉进了饭馆。

刘墉深知众意，轻松地一笑说："列位放心，贱内深知本府的肠胃，早就准备着呢，张成，把咱们的干粮拿来。"

张成在外厅与众差役一席，正要享用美食，听到老爷叫他，赶紧将行囊里的干粮拿了出来，往刘墉跟前一放，说："老爷，给您搁在这儿呢！"

刘墉说："张成，你也喜欢吃咱们山东的煎饼卷臭豆腐是不？去，叫伙计上两碗热粥，咱父儿俩陪诸位大人开宴。"

张成一听，老爷要琢磨什么，放着山珍海味不吃，偏要吃这掉渣的煎饼卷豆腐，不馋人嘛，可是他不能不听命，转身又出去了。

不多会儿，店伙计送上两碗热粥。刘墉向众人抱歉地一笑，说："我就是这个德性！"

这样的德性是什么呢？显然就是低调做人。

拥有此等品行，对这位高高在上的刘大人来说十分难能可贵。在众人面前主动放下自己的架子，平息自己的威风，这样一来也就很自然地把自己的身价与大家扯平了。人们无不感受到他的平易与随和，从而为他后来顺利打开陌生环境中的交际之门创造了很好的条件。

这样的事例告诉女人们，谦卑的处世态度、低调的做事方式终究会使你受益匪浅的。

微微一笑很倾城

微笑的女人能巧妙打开社交圈。"一笑倾人城，再笑倾人国"女人的笑容往

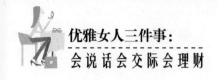
往具有强大的力量。一个真正懂得微笑的女人，总能轻松穿过人生的风雨，迎来绚丽的彩虹。

在人生的旅途上，最好的通行证就是微笑，因为，当你笑时，整个世界都在笑。微笑是一种富有感染力的表情，你的快乐情绪可以马上影响你周围的人，为深入沟通与交往创造温馨和谐的气氛，所以人们把微笑比作人际交往的润滑剂。

微笑可以在瞬间缩短人与人之间的心理距离，它是人际交往中最好的润滑剂。如果你是个不善言辞的女人，那么请亮出你的微笑，这就是最动听的语言。拿破仑·希尔这样总结微笑的力量："真诚的微笑，其效用如同神奇的按钮，能立即接通他人友善的感情，因为它在告诉对方：我喜欢你，我愿意做你的朋友。同时也在说：我认为你也会喜欢我的。"

世界上没有什么东西能比一个灿烂的微笑更能打动人的了。微笑具有神奇的魔力，它能够融化人与人之间的隔膜和芥蒂；微笑也是你积极向上和乐观热情的标志。所以，女人在跟人交往时，如果脸上总是带着微笑，那么她一定亲切可人。

汤姆先生非常赞成帮助社会贫苦无助的人，但因募金流向不明的诈欺事件亦时有所闻，所以对"街头募款"的劝诱通常都不加理睬。一天，他在车站遇到一个做募金活动的女性，正打算视若无睹侧身而过时，冷不防她却把募金箱挪到他面前："谢谢！"虽然他猛摇手"不！"她也不移开。他以不快的强硬语气："我不会捐的！"她一点也没有厌恶的神色。"这样子吗？那，还是谢谢你了！"说着，露出洁白的牙齿亲切地微微一笑，那笑容不仅爽朗而且深具魅力。他追上转身离去的她，掏出百圆大钞投入募金箱里。这不就充分地说明了魅力笑容较之能言善道的推销话术更具有说服力吗？

汤姆先生诊所的患者中有一位推销保险的女业务员。年纪30多岁，算得上是个活泼又富行动力的美女。她说："由于自知齿形外观不雅，所以无法有足够的自信咧嘴而笑，希望能带给初见面的准客户更好的印象。"在齿形治疗的一个月中，汤姆指导她做"微笑训练操"，同时告诉她笑的威力。三个月后，她以明朗快活的语调打电话到诊所来，她的营业额竟然增了一倍。对于自己的笑容有了自信，就能带给客户好的印象，而自己也会因此变得更积极更有活力，这绝对不是偶然和侥幸。

"笑招好运来"。想要赚更多的钱，亲切的笑容是无上的至宝。世界名模辛迪·克劳馥曾说过这样一句话："女人出门时若忘了化妆，最好的补救方法便是亮出你的微笑。"真诚的微笑透出的是宽容、是善意、是温柔、是爱意，更是自信和力量。微笑是一个了不起的表情，无论是你的客户，还是你的朋友，抑或是陌生人，只要看到你的微笑，都不会拒绝你。微笑给这个生硬的世界带来了妩媚和温柔，也给人的心灵带来了阳光和感动。

不管你是美的、丑的，只要你在工作中笑的时机好，笑的程度佳，那你的笑就会给你带来好的评价，会显露出你的风度与气质，人们会说你是一个有修养、随和而可亲的人。当你得到了周围的人对你这个评价后，你的前程也会跟着灿烂。

一位业绩卓著的女推销员，她推销的成功率高得让人不敢想象。她的秘诀其实很简单：在她每次敲开陌生人的门之前都对着随身携带的镜子微笑，当她觉得自己的笑容足够真诚时，才带着这样的微笑去敲门，客户就是因她这样永远不变的笑容而情不自禁地购买她推销的产品。

一个严肃刻薄、脾气暴戾的女人，人们避之唯恐不及。后来，她请教了一位心理学家，学会了微笑，一改旧习，从此无论在电梯里还是在走廊上，无论是在门口还是在商场，逢人三分笑，真诚地与人握手。结果，不仅夫妻和睦相处，相亲相爱，而且大家也越来越改变了对她的看法，逐渐地开始喜欢和欢迎她。从这个意义上说，微笑是一笔财富。

在现代社会，竞争愈是炽烈，胜负的关键与其说取决于能力，倒不如说取决于能让自己显得更出色、更如虎添翼的魅力，这就是微笑。因此，女人要学会微笑，让微笑为自己的魅力加分。一个谈笑风生的女人，一定会给众人带来更多的快乐和亲和力。

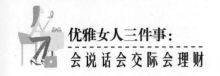

笑对于女性尤其重要，适当场合的笑，能够展示自身的最佳气质。笑容是一种能令人感觉愉快的面部表情，可以缩短人与人之间的心理距离。

面露平和欢愉的微笑，说明心情愉快，充实满足，乐观向上，善待人生，这样的人才会产生吸引别人的魅力。生活不能缺少笑声。如果我们能够永远保持达观的笑容，不仅会有益健康，而且也会成为我们事业成功的巨大动力。

微笑反映出自己的心底坦荡，善良友好，待人真心实意，而非虚情假意，使人在与其交往中自然放松，不知不觉地缩短了心理距离。面带微笑，表明对自己的能力有充分的信心，以不卑不亢的态度与人交往，使人产生信任感，容易被别人真正地接受。

笑能够带来催人奋进的情绪，增强人们的自信心。事实上，无论是人们内心深处的达观情绪，还是荡漾在自己脸上的层层笑容，都十分清楚地展示了对自我能力的充分认识与无比的信赖。

在生活中，常常可以看到有些女人成天开开心心的，别人看了也心情舒畅，而那些整天板着脸的女人，不管有多漂亮或者穿得多光鲜，在相处中总会让人们感到不舒服。从简单的微笑与否，就可以看出一个女人是否热爱生活，懂得人生的真谛。

女性的微笑是交际中的美妙"语言"，是双方情感交流的导体。一颦一笑，传递了多少情绪和信息。对素不相识的人微笑，表示你的随和；对冒犯你的人微笑，表示你的宽容；对钟情于你的人微笑，表示你的倾心；对追求你的人微笑，表示你的接纳……微笑使女性蕴含深邃的内涵。所以，恰到好处的微笑是女性交际的王牌。

乐善好施，广结人缘

女人的社交中一个最基本的目的就是结人情，交人缘。俗话说："在家靠父母，出门靠朋友"，多一个朋友多一条路，人情就是财富。求人帮忙是被动的，可如果别人欠了你的人情，求别人办事自然会容易很多，有时甚至不用自己开口。做人做得如此风光，大多与善于结交朋友、乐善好施有关。

对于一个身陷困境的人来说，一碗热面、一杯热茶，可能就会使他度过人生中最艰难的时刻，重新树立进取的勇气和信心，成就一番事业。对于一个执迷不悟的浪子，一次交心的促膝之谈，可能就会使他重新树立人生的正确方向，积极努力，实现自己的理想。

人在"旅"途，情义无价，人人都需要别人的帮助。你对别人随意的一次帮助，可能就会使他领悟到善良的难得和真情的可贵。

人们既需要别人的帮助，也需要帮助别人。从这个意义上说，帮人就是积善积德。也许没有比帮助这一善举更能体现一个人宽广的胸怀和慷慨的气度的了。不要小看对一个失意的人说一句暖心的话，对一个将要跌倒的人轻轻扶一把，对一个无望的人赋予一次真挚的信任。也许你自己什么都没失去，而对一个需要帮助的人来说，也许就是醒悟，就是支持，就是宽慰。相反，不肯帮助人，总是太看重自己丝丝缕缕的得失，这样的人目光中难免闪烁着麻木的神色，心中也会不时地泛起阴暗的沉渣。别人的困难，他可当作自己得意的资本；别人的失败，他可化作安慰自己的笑料；别人伸出求援的手，他会冷冷地推开；别人痛苦地呻吟，他却无动于衷。至于路遇不平，更不会拔刀相助；就是见死不救，也许他都会有十足的理由。自私，使这种人吝啬到了连微弱的同情和丝毫的给予都拿不出来。

生活中经常还有这样的人，帮了别人的忙，就觉得有恩于人，于是心怀优越感，高高在上，不可一世。这种态度是很危险的，常常会引发反面的后果：帮了别人的忙，却没有增加自己人情账户的收入，正是因为这种骄傲的态度，把这笔账抵消了。

也总有一部分人抱着"有事有人，无事无人"的态度，把朋友当作受伤后的拐杖，自己伤势复原后就扔掉拐杖。此类人大多会被抛弃，没人愿意再给他帮

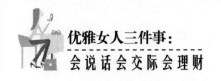

忙；他去施恩，大概也没人愿意领受他的情了。人们在一起共事时，同舟共济，共同的命运把彼此联系在一起，只要采取合作态度，互相支持、互相帮助、互相关照，是最容易引起感情认同的。特别是在困难环境中的彼此相依为命、共渡难关。如此情谊深厚，可能终生难忘，友情也将更为牢固。比如，当年不少知识青年从城里到乡下插队，大家一个锅里吃、一个炕上睡，哪一个人受了欺负，大家一起为他鸣不平，如此心心相印的共同言行，必然转化为深厚的感情，铭刻在各自的记忆中，不管日后分散天南海北，做什么工作，任谁也不会忘记这段友情。

对身处困境中的人仅仅有同情之心是不够的，应给予具体的帮助，使其渡过难关，这种雪中送炭、分忧解难的行为最易引起对方的感激之情，进而形成友情。比如，一个人做生意赔了本，他向几位朋友借钱，都遭回绝。后来他向一位平时交往不多的同乡伸出求援之手，在他说明情况之后，对方毫不犹豫地借钱给他，使他东山再起，他从内心里感激。后来，他在事业上发达了，依然不忘同乡借钱的恩情，常常给对方以特别的关照。

朋友沟通还应该注意互相帮助。当对方有困难时，主动地伸出援助之手，会使对方倍感温暖。而有时候恰如其分地请求对方帮助，还会加深朋友之间的友情。

女人在社交中常常会碰到这样的情况，有的女人平时朋友多得没法数，一起逛街、一起打牌、一起聊天，似乎人缘好得不得了，可到了有事需要朋友帮助的时候，却抓不住一个，全都跑得无影无踪。有的女人平时朋友并不多，可在需要时个个都鼎力相助。

多为他人雪中送炭，做天使一样的女人

人生在世，没有一帆风顺的，总会有许许多多的艰难与困苦。当你遇到断崖

险阻时，你需要的是帮助你架桥搭梯、雪中送炭的人。在这时帮助你的人，才是你真正的朋友。

雪中送炭、锦上添花都可落得人情，但两者之价值却有天壤之别。雪中送炭可以把人拉出火坑，走出困境。犹如你即将渴死在沙漠中，别人给你一口救命甘泉一样。就内心感受来说，给濒临饿死的人送一个馒头和给富贵的人送一座金山，是完全不一样的。

有这样一个故事：

玛吉是个受到大家普遍赞扬的女人，朋友们都说她像阳光一样和煦而温暖。有人问她："你是怎样让大家喜欢你的？"玛吉是这样说的：多年前的一天，我接到了一个不幸的消息，我哥哥、嫂子和他们的孩子都在一次车祸中丧生了。"快来吧！"母亲在电话中悲哀地请求道。我被这一打击弄懵了，神志恍惚地在屋里来回走着，不知做些什么。实际上要做的事情很多，买机票，整理全家动身要带的衣服，托人照管房子等等。得知消息的许多朋友给我打来电话，几乎每个人都说："如果要我帮忙的话，请告诉一声。"然而我心里乱得很，静不下来做任何一件事。就在这时，门铃响了，我朋友小唐站在走廊上，"我是来帮你们刷鞋子的。"我感到很困惑，他解释说："记得我父亲去世时，我花了不少时间来刷洗孩子们要去参加葬礼的鞋。"于是，他把孩子们的脏鞋一双双拿到手边，连我和丈夫的也拿去了。他默默地刷着鞋子，看着他的背影，我禁不住流下眼泪，身上顿时有了力量，我开始一件一件做那些很急迫的事情。这件事给了我很深刻的教育，从此当朋友们需要我时，我从不打一个含混的电话说："如果有什么事要我帮忙……"而是尽力去做一点对他们有用的事。

人们对雪中送炭之人总是怀有特殊的好感。有位女士如此说："我有一位朋友，我每次需要帮助的时候，他一定出现。例如：我有急事需要用车，只要我打个电话，他一定到，可以说每求必应。事情一过去，我们又各忙各的。到过年过节的时候，我总是忘不了给他寄一张贺卡，打电话给他拜个年。"

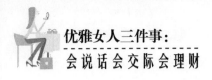
人与人之间的交往是一种平等互惠的关系，也就是说，你对别人怎么样，别人就会怎样对你。你帮助我，我就会帮助你。正所谓"投之以桃，报之以李"，一个人只有大方而热情地帮助和关怀他人，他人才会给你以帮助。所以你要想得到别人的帮助，自己首先必须帮助别人。

坚持双赢思想，不做自私女人

作家刘墉曾写过一个故事：某天他到友人家做客，聊天时女主人突然跳起来："糟了，我忘记今天清洁工要来。"于是她开始扫地，把脏东西倒进垃圾桶。"不能让她觉得我一周没打扫，把工作全留给她。"话才说完，清洁工就到了，她请清洁工先清扫卧室，且立刻开启了卧室的冷气。作家夸朋友体贴，女主人点点头："我为她开冷气，她会感谢我；因为有冷气，她会仔细整理，汗水也不会到处滴，受惠的还是我。"用心体贴，坚持双赢，是女主人的智慧投资。

某个叛逆高中生顶撞母亲，父亲见他恶形恶状，便斥责："你妈是我捧在手心的宝，我呵护、照顾她，对她轻声细语，你凭什么对她大声？"孩子从此改过。这位父亲对儿子语带威胁，却又包含对妻子的疼惜，"怒目"、"幽默"实是父亲双赢的智慧教育。

生活中多用心，让事情化险为夷、反败为胜，便是双赢的智慧。

在人类历史上，人们相互之间的交往与合作，一直受到零和游戏原理的影响。所谓零和游戏，是指一项游戏中，游戏者有输有赢，一方所赢，正是另一方所输，游戏的总成绩永远为零。零和游戏的原理使游戏的利益完全向一方倾斜，而不顾及另一方的利益，胜利者的光荣往往伴随着失败者的屈辱和辛酸。因此在零和游戏的原理中，双方是不可能维持长久的交往关系的。因为谁也不愿意长久地以损害自己的利益为代价来保持双方的关系。人类在经历了两次世界大战、经济的高速增长、科技进步、全球一体化以及日益严重的环境污染之后，"零和游戏"观念正逐渐被"双赢"观念所取代。

无可否认，竞争和利己心是人类最古老的法则。以获得利益与损失利益为标准，人们相互之间的交往与合作，可以获得以下几种结局：利己—利人；利己—不损人；利己—损人；不利己—利人；不利己—不损人；损己—不利人。

社会学家告诉我们：利己不一定要建立在损人的基础上。即便在必须有输有赢的体育竞赛中，人们也认识到，通过比赛可以提高参与意识，增进相互了解，促进人类体质与精神层面的共同进步。而在各种经济合作中，只有一方获利的局面是不可能维持长久的。所以，要通过有效合作，达到双赢的局面。

双赢，是以退为进曲臂远跳的战略；双赢，是海纳百川有容乃大的气概；双赢，是人情练达皆学问的智慧。

双赢根植于人的内心，如果带着追求双赢的思想待人处世，很多看似对立的状况都可以达到双赢的效果。木匠与石匠，本非同行，属于见面点头微笑一下的关系，恰遇某次竞标活动，两行有了合作的机会。此时，老木匠与无知任性的小徒弟起了不应有的内讧，结果两人均身陷被惩处的危境。小木匠也后悔了，但错误已成事实，不可更改。关键时刻，作为竞争对手的石匠却作出了大义之举——他利用自己的长处及时挽救了木匠面临的危难。纯朴而智慧的石匠没有"落井下石"，而是不计前嫌地朝木匠伸出了援助之手，把一场灾难及时地消除在了萌芽状态。于是，木匠与石匠从此和解，他们在日后继续合作，取长补短，带来了事业的良性发展，实现了真正意义上的双赢局面。

还有这么一则寓言故事。

一只狮子和一只狼同时发现一只小鹿，于是商量好共同追捕那只小鹿。它们合作良好，当野狼把小鹿扑倒，狮子便上前一口把小鹿咬死。但这时狮子起了贪心，不想和野狼平分这只小鹿，于是想把野狼也咬死，可是野狼拼命抵抗，后来狼虽然被狮子咬死，但狮子也深受重伤，无法享受美味。

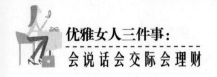

试想一下，如果狮子不如此贪心，而与野狼共享那只小鹿，岂不就皆大欢喜了吗？

这个故事讲述的道理就是人们常说的"你死我活"或"你活我死"的游戏规则。

我们说，人生犹如战场，但毕竟不是战场。战场上，敌对双方不消灭对方就会被对方消灭。而人生赛场不一定如此，为什么非得争个鱼死网破，两败俱伤呢？

大自然中弱肉强食的现象较为普遍，这是出于他们生存的需要。但人类社会与动物界不同，个人和个人之间，团体和个体之间的依存关系相当紧密，除了竞赛之外，任何"你死我活"或"你活我死"的游戏对自己都是不利的。

我们在为人处世的时候，应把"双赢"作为一个核心，牢记在心，探求一种对大家都有利的方案，而不是一味地想要多赚别人一点儿。

每个人都有自己的世界，有自己的生活圈子，包括自己的亲朋好友、同学同事等等，保持一种双赢的心态，将会建立自己的和谐世界，将会使自己的社会整体效益最大化。

在人类社会里，你不可能将对方绝对毁灭，因此你的"单赢"策略将引起对方的愤恨，成为你潜在的危机，从此陷入冤冤相报的循环里。

所以无论从什么角度来看，那种"你死我活"的争斗从实质利益、长远利益上来看都是不利的，因此你应该活用"双赢"的策略，彼此相依相存。

在人际关系上，注重彼此和谐与互助合作，面对利益时与其独吞，不如共享。

在商业利益上，讲求"有钱大家赚"，这次你赚，下次他赚，这回他多赚，下回你多赚。何必一次贪够？

总而言之，"双赢"是一种良性的竞争，更适合于现代社会的相互竞争。女人在社交中，如果能够懂得"双赢"的道理，必定能够在处理人际关系和各种棘手问题时做到与他人互惠互利，最终达到自己的目的。

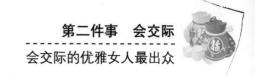

用宽容豁达开拓人脉之路

一个女人的魅力并不是建立在美貌和装饰的基础之上，更不是建立在财产、幸运和社会地位的基础之上。这些资本和女人内心的善良豁达比起来，不值一提。

虽然说，豁达的胸怀是靠看不见的内涵作为基础的。但俗话说，境由心造。一个人若能以博大、高尚的心境来容纳一切的话，那么他的世界就会变得像水晶般可爱、美丽。对于女人来说，豁达不仅意味着一种超然，它更是一种智慧。

豁达可以让世界海阔天空，豁达可以让争吵的朋友重归于好，豁达可以让多年的仇人化干戈为玉帛，豁达可以让兵戎相待的两国和平友好。俗话说，多一个朋友总比多一个敌人强，那么，豁达就是这样的一种大智慧。

在生活当中，人人都能以不同的角度理解豁达的涵义，人人都在用心追求豁达大度的意境。然而，却很少有人能真正地成为一个豁达的人。有人说，一个豁达的男人，是最有魅力的男人；一个豁达的女人，是最智慧的女人。因此可以说，女人的智慧脱胎于豁达，是豁达让女人有一种大气的美。

生活中，"勺子碰锅沿儿"的事是不可避免的。有时候不被理解，以致受委屈，甚至遭到诬陷。有人认为容忍吃亏、受气、丢面子，是懦弱的表现。其实宽容忍让是一种美德与修养。宽容也是豁达大度的表现，人的一生中，不愉快的事情十有八九，有的事情还会让你怒火中烧，此时此刻最能体现一个人的涵养、气质和风度。为人处世，只能得不能失，吃不得半点亏，受不得半点气是不切合实际的，也是不利的。情绪乐观的女人也有烦恼。但她们善于排遣解脱，大凡乐观的人往往是憨厚的女人，不太计较个人得失。而愁容满面的女人，又总是那些不够宽容的人。她们看不惯社会的一切，不是觉得自己生不逢时，怀才不遇，就是同事、朋友让她上火，反正是处处不顺心，生活被怨恨情绪占领，整天哀叹不

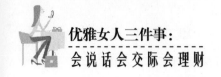

已，灰心丧气，牢骚满腹，怨天尤人。这样的女人总是活得很累。

一个豁达的女人，不会与人斤斤计较自己的得失；一个豁达的女人，无视命运带给自己的苦难；一个豁达的女人，有自己的主见；一个豁达的女人，充满着淳朴的爱心；一个豁达的女人，她的美是从内而外散发出来的，是最动人的，也是最持久的。

女人的豁达在于修炼，人性的修炼，心性的修炼，学识的修炼，境界的修炼，豁达是女人智慧中不可缺少的一部分。豁达的女人是最完整的女人。生活中，她是一个娴雅优美的女人，彬彬有礼、温婉可人；在工作中，她张弛有度，是一个豁达大度的人。

豁达的女人没有华丽的装饰，但在她的身上，有另一种美丽在闪烁，这种美丽，朴实无华。

美国玫琳凯化妆公司的创始人兼董事长玫琳凯，这位化妆业的巨头，以她的智慧，缔造了世界化妆界的神话。她的公司，从38年前的9个人发展到今天的75万名员工，到20世纪90年代初，公司销售额达2亿美元。作为一个女人，能取得如此巨大的成功，显然是值得别人学习的。

我们只是看到了玫琳凯的辉煌的现在，而不知其成功的背后是与她豁达善良的性格分不开的。玫琳凯是一位命运多劫的女子，在她30岁以前，生活中的灾难一个接一个地降到她身边。很小的时候，父亲因病住院，母亲为了照顾全家人的生活，从早到晚在外打工赚钱。玫琳凯7岁时，便担当起重病中的爸爸的厨师与护士工作。当时，个子矮小的她站在椅子上给爸爸做饭，做饭时，她要打20多个电话给妈妈。在电话里，妈妈一直用话激励着她："宝贝，妈妈知道你能做好，一定能！"正是妈妈这句话，让小小的玫琳凯有了自信，即使饭做得不好，她也不沮丧，而是充满信心地迎接下一次的工作。

俗话说得好："穷人的孩子早当家。"玫琳凯的童年证实了这句话。她没有像其他孩子那样享受父母的宠爱，而是在很小的时候就挑起了家里的重担，照顾

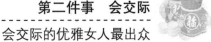

病人、做饭洗衣，这一切的结果是让这个年仅7岁的孩子养成了豁达的心胸。

中国古人说过这么一句话："天将降大任于斯人也，必先苦其心志，劳其筋骨，饿其体肤。"命运好像有意栽培这个美丽的女孩，27岁那年，她的第一任丈夫与另一个女人私奔离家出走，把三个没成年的孩子留给了她。这时的玫琳凯，可以说是"山重水复疑无路"。她没有工作，没有一分钱的积蓄，更没有经济来源，丈夫的突然离家，等于是把她逼上了绝路……面临着重重困难，玫琳凯痛定思痛，望着家徒四壁的房屋和眼巴巴地等她准备饭的孩子们，母爱激发了她的决心，她把孩子们抱在怀中，心中有个声音对她说：谁说我一无所有，我是一位有爱心的妈妈，我要用爱、用双手改变自己和孩子的命运。第二天，这个平凡而又坚强的女性强装笑脸，走上社会，去谋生路。

几经奔波，她终于找到一份既能照顾家又能干事业的直销工作。在工作当中，她以豁达的心胸对待竞争对手，以坦诚的笑与顾客交心。常言说："精诚所至，金石为开。"不久，她成为经验丰富的年薪2.5万美元的销售强人，并开始一步步地走上公司的领导职位。同时也出现了一个很棘手的问题，就是在当时，很少有女性可以任职于销售部，玫琳凯不仅要比其他的男性同事更加地努力工作，而且还要面对上级对她的性别歧视，但玫琳凯始终以豁达的胸怀面对这些。与此同时，在她心里，开始勾勒创办自己公司的蓝图。49岁时，她看到孩子们已经有了一份好工作后，就从销售部门退休回家。

退休后的玫琳凯，筹划起她"梦想中的公司"，这就是后来享誉全球的"玫琳凯化妆公司"。因为公司是由她来管理的，所以，一开始，她就把"男女一视同仁，提供妇女无限的机会"作为管理原则。公司只有500平方英尺的店面，工作人员只有她的两个儿子和9位热心的女性，他们同心协力，不需要分配工作，大家主动做该做的事情。

这就是豁达带给女性的智慧，就是这种豁达的心胸，让她们在面临困顿时，身陷人生低潮之时，不惧怕，更不奢望逃避，而是微笑着站起来，寻找理想的方

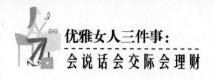

向。这不由让人想起普希金说的，阴郁的日子里需要镇定。那么，同样的话也可以这么说，人生狭隘之处要豁达。与其抱怨世事繁杂，还不如尝试着用豁达去拨开云雾，眺望晴空，那么天底下的美景还有什么你看不到的呢?

第9章

完美推销个性秀，脱颖而出赢关注

绽放个人魅力，让伯乐主动敲门

人们常说：处事要讲人格，处世要有魅力。由此可见，在当今社会中，为人处世的基本点就是要具备人格魅力。那么何谓人格魅力呢？人格是指人的性格、气质、能力等特征的总和，也指个人的道德品质和人的能力作为权利、义务的主体的资格。而人格魅力则指一个人在性格、气质、能力、道德品质等方面具有的能吸引人的力量。人格魅力是一种说不出的感觉，但可以很明显地从某个人身上散发出来，令人产生好感，甚至仰慕之情；它同时又是一种神秘的不可抗拒的力量，是美的隐形部分。很多人都有这样的感觉：一个女人十分漂亮，但由于她身上缺乏某些东西而显得不那么可爱；而一个未必漂亮的女人，却因身上具有某种难以用语言描绘的东西而显得十分可爱，这种"只能意会，不能言传"的东西就是魅力。在今天的社会里，一个人能受到别人的欢迎、容纳，实际上就是因为他具备了一定的人格魅力。

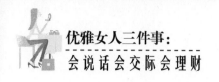
　　一个人的青春会随着岁月的流逝而逐渐失去光彩，而他的人格魅力却不会因此而消失，人格魅力是可以永恒长驻的，并随着时间的推移而显得弥足可贵。

　　女人的人格魅力不在于她的容貌，也不在于她的地位，而在于她的内心，在于她为人处世的态度。这是一个女人品质、作风、知识、才干、业绩以及行为榜样对他人所产生的影响力。它不是孤立存在的，而是在与他人达成一种关系即人际关系时才发生的。

　　人际关系，是一种最基本的关系，也是一种最复杂的关系。在主观上，虽然我们总是想尽善尽美地处理好各种人际关系，但有时其结果并不让我们感到满意。谁都渴望自己与周围人的关系是和谐融洽的，获得他人的信任、理解和友谊。然而良好的人际关系的产生取决于交往双方，即一个人不但能接受他人，同时还能被他人所接受，相互间的关系才会不断发展。那么，怎样才能讨人喜欢，受人信赖呢？关键是看这个人是否具有人格魅力。

　　你自身的魅力或许是你的微笑，或许是你的亲切，或许是你广博的知识，或许是你诙谐的情趣，或许是你稳重的态度等。

　　从容、笃定、优雅、智慧、自信，对周遭人及环境的关心和爱是一个女人魅力的所在。创造魅力，让自己做一个自信十足的女人。

　　美丽是与生俱来的，魅力是靠自己营造的！魅力非天生，努力可改善。所以如果你还年轻，希望你能拥有美丽并加上魅力，如果岁月已在你脸上留下痕迹，就让我们来改变内心世界，做个有魅力的女人。

　　联邦纽约市银行行长范登里普在挑选手下重要的行政助理时的首要条件就是人格高尚，没有高尚的人格，技能再优秀的人才也不能被录用。

　　杰弗德是从一个地位卑微的会计，通过勤奋学习和努力工作，后来成为美国电报电话公司总经理。每当有人问及他成功的秘密时，他都会说"人格"是事业成功的最重要的因素之一。他说："没有人能准确地说出'人格'是什么，但如果一个人没有健全的特性，便是没有人格。人格在一切事业中都极其重要，这是

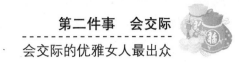

毋庸讳言的。"

范登里普、杰弗德等优秀人物眼里"人格"都是最重要的财富，是一个人存在于世，发展事业的根本。

所以说人格魅力是无往不利的法宝，它不仅可以调整人际关系的和谐，更是促使事业成功的关键因素。没有可靠的人格，就不会赢得他人的信赖和尊敬。

由此可见，一个人的人格魅力才是最能影响周围人的因素。女人要在职场中赢得一席之地，最有效的办法就是用自己的人格魅力去拓展自己的影响。除此以外的任何方法都不会比人格更能持久地打动人和使人信服。

优雅自然的化妆，风趣的谈吐，进退得宜的礼仪，稳重成熟的行为仪态，还有着装风格都能体现一个女人的内在素质。风格也是一种具有高度说服力的自我表达方法。为自己设计风格的关键是：决定你想表达什么，你想在别人的心中留有何种印象。如果你在一家公司任职，你就不能让自己看起来像一只性感的小猫，也不能打扮得像网球俱乐部的成员。

人格魅力同样不是与生俱来的，这是一个日积月累的长期的过程，是一个漫长的从量变到质变的飞跃，必须经过艰苦卓绝的努力才能拥有真实而持久的魅力。

一个企图以人格魅力来达到成功目标的女人是不会拒绝用勤奋的锻炼而使自己的魅力升值的，她还更清楚地知道"腹有诗书气自华"的道理，努力用知识充实自己，陶冶自己的性情，把自己塑造成一个魅力十足的高尚且高贵的女人。

主动"套近乎"，让你的亲和力难以抗拒

在美国纽约的时代广场上，有一位银发老妇整日踱来踱去。有人认为她是在活动筋骨，有人认为她是位无家可归的老人。直到有一天，报纸上登出了这位

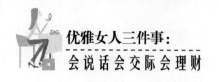
老人的事情，人们才知道，原来她是在来来往往的人群中搜寻面带焦虑、心事重重、需要帮助的无助者。

见到独自乱跑的小朋友，她就上前问一句："小东西，是不是找不到家了？需要我帮忙吗？"见到满眼忧郁的女孩，她就上前问一句："孩子，有什么不开心的事吗？说出来吧，或许我能帮助你。"见到心事重重、满脸沮丧的老年人，她也会主动上前打个招呼："遇到为难的事了吧？用不用我给你出出主意？"她救助过因长期失业感到前途迷茫而企图自杀的青年男女，送过离家出走的学生和迷途的智障老人，救助过被拐骗的异地少女，还曾成功地劝说走投无路的犯罪分子投案自首。

在这位老人的影响下，纽约成立了一个自发性的银发老人救助组织，他们的口号是"多和陌生人说话"。现在，越来越多的退休老人加入了这个行列，像那位老妇人一样，走上街头用他们那双见多识广的眼睛，去搜寻来来往往的人群，一旦发现可能需要帮助者，他们就会主动上前，去和陌生人说话。

现代社会到处都充斥着骗局和不信任，人与人之间的距离已经远到不能再远。面对一般的熟人还勉强可以交往、共事，但面对素昧平生的陌生人，人们往往会敬而远之。没人愿意与陌生人说话，已经成了现在社会的一种常见现象。

"多和陌生人说话"，让我们用一次主动的倾心交谈去挽回一些遗憾，创造一份美丽，改变一种结局。人与人之间多一些交流，这个世界就多了一份温暖——温暖了才有阳光。

生活大多数时候是平淡的，正因为如此，如果你能在平淡的生活中给人一个惊喜，别人会十分感激你，也正因为生活平淡，所以只要你用心，惊喜还是很容易找到的。

惊喜能使生活变得丰富多彩，富有情趣。给朋友一个惊喜能使朋友深刻地感受到你的情义，给爱人一个惊喜会让她感受似已疏远的爱情，当然给别人一个惊喜也能让自己感到自豪和兴奋。

当一个和你只见了一面的朋友，三个月以后站在你面前，你却微笑着清楚地喊出了他的名字，这份惊喜定能让他真切地感受到你对他的重视。这么一个良好的印象可能会影响你们以后的所有交往。当你不经意地说你儿子特别喜欢收集橡皮，儿童节那天，你朋友捧了一包多姿多彩的橡皮来到你家，不光你儿子会高兴得很，相信你也能感受到朋友的这份特殊的关心。其实每个人都渴望得到别人的特殊关照，而给人惊喜是让人感受特殊的最好办法。

女人，请不要轻易地否定自己的能力，每个女人都是有魅力的，都可以带给陌生人一个帮助、一份惊喜。首先，我们可以在电视电影中学点招数。节日给女朋友送朵花，朋友生日了，给他点首歌。只要你不认为生活本该如此平淡，只要你想让生活丰富多彩，你就会有无数灵感。

客观地想想，陌生人也是普通人。也许，他们正是我们生活中的贵人，而就因为你的疏忽或者是疑虑而失去了这样一个贵人，或者日后会成为你贴心朋友的人。女人，请不要放弃生活的激情，永远保留着冒险和惊喜。社会的风气只是被一部分人影响得不被大家欢迎，但是，如果我们不努力改变，世界又怎么能恢复到我们理想的模样呢！

及时捕捉机会，该出手时就出手

"天下没有免费的午餐"，一切成功都要靠自己的努力去争取。机会需要把握，也需要创造。

一定要充分利用生活中的闲暇时光，不要让任何一个发展自我的机会溜走。及时捕捉机会，而不是整日守株待兔，坐等机会的来临。有一天，尼尔去拜访毕业多年未见的老师。老师见了尼尔很高兴，就询问他的近况。这一问，引发了尼尔一肚子的委屈。尼尔说："我对现在做的工作一点都不喜欢，与我学的专业也

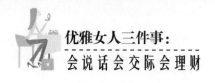

不相符，整天无所事事，工资也很低，只能维持基本的生活。"

老师吃惊地问："你的工资如此低，怎么还无所事事呢？""我没有什么事情可做，又找不到更好的发展机会。"尼尔无可奈何地说。

"并没有人束缚你，你不过是被自己的思想抑制住了，明明知道自己不适合现在的位置，为什么不去再多学习其他的知识，找机会自己跳出去呢？"老师劝告尼尔。

尼尔沉默了一会说："我运气不好，什么样的好运都不会降临到我头上的。"

"你天天在梦想好运，而你却不知道机遇都被那些勤奋和跑在最前面的人抢走了，你永远躲在阴影里走不出来，哪里还会有什么好运。"老师郑重其事地说，"一个没有进取心的人，永远不会得到成功的机会。"

机会对于每个人都是均等的，没有任何的偏向，不同的是需要抓住机会的人的行动和思想。有一位名叫西尔维亚的美国女孩，她的父亲是波士顿有名的整形外科医生，母亲在一家声誉很高的大学担任教授。她的家庭对她有很大的帮助和支持，她完全有机会实现自己的理想。她从念中学的时候起，就一直梦寐以求地想当电视节目的主持人。她觉得自己具有这方面的才干，因为每当她和别人相处时，即使是生人也都愿意亲近她并和她长谈。她知道怎样从人家嘴里"掏出心里话"。她的朋友们称她是他们的"亲密的随身精神医生"。她自己常说："只要有人愿给我一次上电视的机会，我相信一定能成功。"

但是，她为达到这个理想而做了些什么呢？其实什么也没有！她在等待奇迹出现，希望一下子就当上电视节目的主持人。

西尔维亚不切实际地期待着，结果什么奇迹也没有出现。这样的情况或许司空见惯，因为这样的人到处都是，所以只有少数人才获得了成功。

另一个名叫辛迪的女孩却实现了西尔维亚的理想，成了著名的电视节目主持人。辛迪之所以会成功，就是因为她知道："天下没有免费的午餐"，一切成功都要靠自己的努力去争取。她不像西尔维亚那样有可靠的经济来源，所以没有白白地等待机会出现。她白天去做工，晚上在大学的舞台艺术系上夜校。毕业之后，她开始谋职，跑遍了洛杉矶每一个广播电台和电视台。但是，每个地方的经理对她的答复都差不多："不是已经有几年经验的人，我们不会雇佣的。"

但是，她不愿意退缩，也没有等待机会，而是走出去寻找机会。她一连几个月仔细阅读广播电视方面的杂志，最后终于看到一则招聘广告：北达科他州有一家很小的电视台招聘一名预报天气的女孩子。

辛迪是加州人，不喜欢北方。但是，有没有阳光，是不是下雨都没有关系，她希望找到一份和电视有关的职业，干什么都行！她抓住这个工作机会，动身到北达科他州。

辛迪在那里工作了两年，最后在洛杉矶的电视台找到了一个工作。又过了5年，她终于得到提升，成为她梦想已久的节目主持人。

如果一个人把时间都用在了闲聊和发牢骚上，就根本不会想用行动改变现实的境况。对于他们来说，不是没有机会，而是抓不住机会。当别人都在为事业和前途奔波时，自己只是茫然地虚度光阴，根本没有想到跳出误区，结果只会在失落中徘徊。

机会，不但有天机所遇，还需要人去意会才能有完成机会的过程。而今人对机会的庸俗性表达，使选择机会更加艰难。今人由于对机会的急功近利的追求，太专注于发现机会的技术化而忽略了人的意会能力。

哲人把机会当成一个人的救星让人期盼，所以很多人学了一身本事要等到一有机会马上实施，却大多到死也没有等到，甚至连机会的光芒都没有看见就抱憾而终。殊不知，机会不是等来的，是要靠自己的努力才能获得的，而且，机会转瞬即逝，不容许犹豫不决和停顿，机会来了，该出手时就出手！

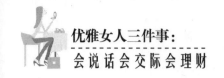
带着自信社交，你一定会满载而归

为什么有些人不断成功，而另一些人却总是失败？为什么有些人总是那么幸运？而有些人似乎看不到未来？

这样的问题，在罗萨贝斯·摩斯·坎特的新书《信心》中作出了回答："这不是幸运，而是信心。别小看信心的力量。"

坎特是哈佛商学院第一位被聘为终身教授的女性，被多家跨国公司和政府机构聘为顾问。在2003年的"50名最著名商界人士"中，她位列第九，紧随通用电气前任CEO（首席执行官）韦尔奇之后。《信心》是坎特参与编写的第十五本书，她说："这本书的观点凝结了我近年来管理实践的心得。成功和失败都是一种自我期望的实现过程，你播种什么样的种子，就会结出什么样的果实。信心是一种神奇的催化剂，有信心的人会克服所有困难，通过不懈地努力和艰苦工作求得成功。

自信不是孤芳自赏，也不是夜郎自大，自信更不是得意忘形，毫无根据地自以为是和盲目乐观；自信是激励自己积极进取的一种心态，是以高昂的斗志、充沛的精神，迎接生活挑战的一种乐观情绪，是战胜自己、告别自卑、摆脱烦恼的一剂灵丹妙药。女人可以没有美貌，可以衣着朴陋，她身上掩藏不住的那种闪亮的自信足以让她折服所有的人。

自信的女人会正确地评价自己，发现自己的长处，肯定自己的能力。她理解"人贵有自知之明"，这个"明"，是如实看到自己的短处，也是如实分析自己的长处。如果只看到自己的短处，似乎是谦虚，实际上是妄自菲薄。所以要客观地估价自己，在认识缺点和短处的基础上，找出自己的长处和优势。自信的女人会欣赏自己，表扬自己，把自己的优点、长处、成绩、满意的事情，统统找出来，自己给自己鼓掌，自己给自己喝彩，反复刺激和暗示自己"我可以"、"我能行"、"我真行"，让自己感到生命有活力，生活有盼头，从而保持奋发向上的劲头。

在人生的道路上，自信是加速器，在你成功的路上如虎添翼，它可以引领你更快地实现自己的梦想，往往给你带来意想不到的成就。有了自信，求下则居中，求中则居上。

自信的例子比比皆是，我们可以从下面这个女老板的身上看到些许自信的力量。她是一家品牌服装专卖店的老板。红红火火的生意与她脸上洋溢着的自信而亲切的微笑，让谁能想到她辛酸的过去？

1996年，由于单位效益不好，她下岗了。那时她20多岁，年轻的她对工作怀着一腔热情，希望自己能干出一个好前程，可美好的憧憬仅是一张"宣告"，就变成了一个噩梦。工作说没就没了，为此，她整天无精打采的。但她一直是一个性格外向的人，后来她想："人要面对现实，我相信自己能行！"刚开始，她加工过豆浆，卖过小百货。这些看似不起眼的经历，不仅实现了要靠自己的努力自立于世的初衷，更使她有了经济上的原始积累。后来，她的思想观念发生了变化，"要做就做好的，要干就要干好。"她开始寻找机会选择项目，决心干"大"。一次，她从报纸上看到了有关经营台湾"叫天子"等品牌服饰的信息，经过调研和多方筹集资金，2001年5月，她的服装专卖店正式开业了。做服装生意真是不容易啊，衣服卖不出去，资金就周转不过来。不过她从不认输，不断给自己鼓劲，现在她的店已是门庭若市了。是自信给了她勇气，是不服输的精神赋予了她无穷的魅力。

自信的女人不会过多地自我否定而自惭形秽，对自己的能力、学识、品质等自身因素能够客观评价；自信的女人心理承受能力不会太脆弱，不会多愁善感，行为畏缩、猜疑妒忌，瞻前顾后；自信的女人没有看破红尘的感叹和流水落花春去也的无奈；自信的女人深谙这种心理是压抑自我的沉重精神枷锁，它消磨人的意志，软化人的信念，淡化人的追求，使人锐气钝化，畏缩不前。

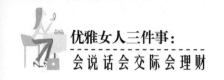

说出自身缺点，大家照样喜欢你

许多女人都苦于不知怎样和陌生人交往，不知道该如何去跨越第一道障碍，破除彼此之间的隔阂，使双方熟悉起来，尤其是不知道如何表达她们的观念和思想，使对方了解她们的心意，让他们同情她们、了解她们，进而支持她们，并最终成为她们的知心好友。

还有一些人，面对比自己地位高或者是权力大的人，总觉得对方有优越感，带着怀疑的态度来交往，从社交的一开始就被套上了虚伪的光环，这样下去，不可能真诚相待，也就失去了社交的本质意义。

有这样一个著名的故事，这个故事可以告诉大家如何处理这样的情况：

威尔逊（美国前总统）刚刚就任马萨诸塞州州长之时，曾经参加过一次纽约南社的午宴，宴会的主席对大家介绍说："威尔逊将成为未来的美国大总统。"当然啦，主席先生是不可能有这样的预测力的，这不过是他的溢美之词而已。

威尔逊在称颂之下登上了讲台，简短的开场白之后，他对众人说："我希望自己不要像从前别人给我讲的故事中的人物一样。在加拿大，一群游客正在溪边垂钓，其中有一名叫做强森的人，大着胆子饮用了某种具有危险性的酒。他喝了不少这种酒，然后就和同伴们准备搭火车回去，可是他并没有搭北上的火车，反而是坐上了南下的火车。于是，同伴们急着找他回来，就给南下的那趟火车的列车长发去电报：'请将一位名叫强森的矮个子送往北上的火车，他已经喝醉了。'很快，他们就收到了列车长的回电：'请将其特征描述得再详细些。本列车上有13名醉酒的乘客，他们既不知道自己的姓名，也不知道自己的目的地。'而我威尔逊，虽然知道自己的姓名，却不能像你们的主席先生一样，确知我将来的目的地在哪里。"在座的客人一听都哄然大笑起来，宴会的气氛亦一下子变得愉快和活跃。

通过对自己的打趣获得大家的爱戴，这未尝不是一个好主意！

难道威尔逊的用意仅仅是为了博人一笑吗？当然不是，事实上他是运用了一种最有力的方式获取他人对他表示善意和支持的态度，而且也把在这之前的隔阂消除了。威尔逊的这个策略就是牺牲个人的"自我"，以提升他人的"自我"。

要知道，所有非凡的人才，都会在和民众接近之时，故意拿自己开玩笑或是不惜批评自己，以便让民众感到轻松和愉快。至少在他说话的当时，民众会感到自己比他优越，因而民众就会普遍地激起同情、爱护和支持的感情。

社交中，女人可以首先用曾经发生在自己身上的趣闻来开场，这样的话，一来可以使气氛融洽，二来也向对方提供了一个平等的信号。使得对方可以对你放下戒心，从而自由平等地来交谈。

说出自己的"缺点"，并不是真的一定让你说出自己这个缺点那个不足，而是象征性的，但也不失真诚地说出自己身上发生的某某不够优雅的事，最重要的是你的态度，既然我们的出发点是想要拉近彼此的距离，那就不能带着傲慢、讽刺这些态度来对待。亲和的态度，友善的口语表达，容易消减人与人之间的隔膜。真诚地向对方表露自己，也是体现自己诚信的方式。让对方放心大胆地与自己交往，不是更好吗？

如何让面试官一眼相中你

女人，在职场上是优势和劣势并存的。面试时你只有一个目的：极力推销自己。从某种意义上来说这也是最可能取悦面试官的过程。在面试一份新工作的时候，如果能够最大限度地发挥自己的优势，让面试者喜欢自己、接受自己，就是成功。那么，各位女士应该注意哪些问题呢？

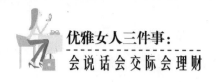

不管面试的类型设计得如何科学，让人喜欢的气质在对方决定谁能获得职位时总是起着很大的作用。接受欣赏我们的人或者是与我们的兴趣、观点相同的人，这是人之常情。

你们也许并不完全相同，但你应该找出你们兴趣相同的方面：比如共同喜欢的电影、工作方式、产品等等。如果你成功地使有权决定录用员工的面试者看到了你们的共同之处，例如世界观、价值观以及工作方法等，那么你便赢得了他的好感并因此获得工作机会。

人们喜欢别人听自己说话胜于自己听别人说话。你应该通过总结、复述、回应面试者说的话，使对方喜欢你，而不是仅仅注意你要说什么。

当看到办公室好看的东西时，你可以趁机赞美几句以打破见面时的尴尬，但不要说个没完。须注意的是这时的恭维一定要得体，针对不同身份的人用不同的方式进行恭维。多数面试者讨厌赤裸裸的巴结奉承。相反，你应该及时切入正题——工作。

面试官也是普通人，也会多多少少地根据自己的感性认识来做判断，如果你能做到上面这些，其实，已经成功了一半了。当然，如果你仅仅具有这些还是不够的，面试需要体现的另一个重要方面就是你的能力和专业素质。

察看应聘者的能力是用人单位面试时的一项重要内容。而察看能力也只能从较为简短的回答中进行，因此，在回答主考官提出一些问题——可能就是考察你的能力如何的问题时，一定要充分表现出你的才智、学识来。

精炼优雅的语言能增添言语的魅力，面试官对这种语言特色有特殊的偏爱。话语的简洁往往体现了一个人分析问题的深刻性和判断力，它常常体现了一种干脆果断的性格，这种性格尤其适于快节奏的现代经济生活。

在回答某些专业的问题上，适当地用上一些专业术语，使主考官感觉你对这领域有一定的认识。当你面对一个令你一时难以作答的问题时，你可以先说一句："这个问题实在有新意。"以缓和思考时空气的凝滞。面试官听了你的话之后，脸上也许仍旧是原来的表情，但他心里还是有点得意："我出的问题怎会通俗？"

又如考官在问到你的专业知识时，你由于缺乏经验而使回答出现漏洞，他也许会为你指出并给以正确解答，这时你就该抓住时机说："谢谢您，我又学到了一种好方法，太好了！"此时说这种话颇为适宜，没有一点阿谀奉承的味道。

对一些问题，即使已圆满回答，也不妨略加发挥，使你回答的"深度"超出主考官的预期，但这种发挥应点到为止，不宜倾其所有，要让考官意识到你其实还有很多"话"要说即可，不然会让人产生"爱卖弄"的感觉，甚至会认为你是在班门弄斧。

在许多情况下，个人的个性品质可以弥补技能方面的欠缺，进而使你挤上有望被录取的边缘，甚至击败那些技能优于你、但个人品质不如你的应征者。比如，如果你是一个勤奋好学的人，一定要在面试中表现出来，让考官发现你虽技能差一些，但很有潜力，因而或许决定录用你。

一般情况下，面试官将他们准备的问题都问完的时候，就会向你提出是否还有什么疑问或者需要他们解答的其他问题，这其实也是一项考验。如果你没有问题，就有可能说明你对这份工作的了解还不多，或者对这份工作没有兴趣。如果你提出了问题，根据提问的情况也可以使面试官对你有不同的印象。根据调查显示，90%的主管在面试求职者时，希望求职者能提出问题，这是再次展示能力的好机会。不过，千万别问待遇、红利等有关自身利益的问题，而是应问及一些有关用人单位存在的某些问题，面试前你有过充分准备并预设有答案的问题，比如：可以问公司的某件产品质量好、价钱适宜却又未能打开市场的问题，一旦你如此发问，考官可能会立即来了兴趣，说明你对该公司作过详细了解，他或许会问："你认为是什么原因？"当你作出正确分析时，会给他留下深刻印象，即使前面对你否定了，这时或许也要重新考虑。

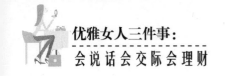

发挥光环效应，扬长避短

光环效应（Halo Effect）又称"晕轮效应"、"成见效应"、"光圈效应"、"日晕效应"、"以点概面效应"，它是一种影响人际知觉的因素。指在人际知觉中所形成的以点概面或以偏概全的主观印象。光环效应不但常表现在以貌取人上，而且还常表现在以服装定地位、性格，以初次言谈定人的才能与品德等方面。在对不太熟悉的人进行评价时，这种效应体现得尤其明显。

若一个人的某种品质，或一个物品的某种特性给人以非常好的印象，在这种印象的影响下，人们对这个人的其他品质，或这个物品的其他特性往往也会给予较好的评价。

这种爱屋及乌的强烈知觉的品质或特点，就像月晕的光环一样，向周围弥漫、扩散，所以人们就形象地称这一心理效应为光环效应。和光环效应相反的是恶魔效应。即对人的某一品质，或对物品的某一特性有坏的印象，会使人们对这个人的其他品质，或这一物品的其他特性的评价偏低。

既然女性相对男性，在这些方面具有自己的优势，那么，就应该扬长避短，充分体现女性在社交中的作用和魅力。

通过培养气质来使自己变美的女子，比用服装和打扮来美化自己的女子，要具备更高一层的精神境界。前者使人活得充实，后者把人变得空虚。而最完美的恰恰是两者的结合。

"女人不是因为生为女人才为女人，是因为做女人才为女人"，做女人自然就要讲究味道，讲究那么点自然的风韵和魅力。浓淡冷暖的女人四味是从形象上划分而来的，她们或意味悠长，或清纯透明，或有些涩，或有些甜，但都精致不做作，值得细细品会。

发挥各类女子的光环效应，在适当的社交环境下以长荫短，从而彰显各自的独特魅力。

带浓香的女子，多情，俏丽，优雅迷人。她用馨香把自己填满，同时也把爱深藏。

青春女子，淡香并且自然脱俗，宁静舒缓。带淡香的女子，素雅，细腻，含蓄却不失激情。她也是浪漫的，让人沉湎于遐想，悄然贴心。

成熟女子，冷香并且有一种高贵与浪漫的气质。像镜子里的花，美丽优柔却不能亲近。带冷香的女子，清高得有些神秘，她喜欢诗一样的情事，喜欢有创意的生活。

如果说容貌、服饰、身体是魅力之形，悟性、阅历、修养则是魅力之本。执著、专注、自信、创意、灵气、多情、善良、有情趣、有教养、懂得情绪管理等内在素养的培养，才能让魅力女人的心灵不断丰满。发挥光环效应，扬长避短的社交方式才能不断提高女人的社交能力并让女人从中享受到社交的乐趣。

第10章

人情练达巧应变，睿智交际有尺度

坚持刺猬法则，保持合适距离

歌德有一句名言："距离是一种美，不善于把握适当的距离是很难产生真正的爱情的。"

柴可夫斯基和梅克夫人是一对相互爱慕而又从来未见过面的恋人。梅克夫人是一位酷爱音乐、有一群儿女的富孀，她在柴可夫斯基最孤独、最失落的时候，不仅给了他经济上的援助，而且在心灵上给了他极大的鼓励和安慰，使柴可夫斯基在音乐殿堂里一步步走向巅峰。柴可夫斯基最著名的《第四交响曲》和《悲怆交响曲》都是为这位夫人而作。

他们从未见过面的原因并非他们两人相距遥远，相反他们的居住地仅一片草地之隔。他们之所以永不见面，是因为他们怕心中的那份朦胧的美和爱，在一见面后被某些现实、物质化的东西所代替。

森林中有十几只刺猬冻得直发抖。为了取暖，它们只好紧紧地靠在一起，但却因为忍受不了彼此的长刺，很快就各自跑开了。

　　可是天气实在太冷了，它们又想要靠在一起取暖，然而靠在一起时的刺痛使它们又不得不再度分开。就这样反反复复分了又聚，聚了又分，不断在受冻与受刺两种痛苦之间挣扎。

　　最后刺猬们终于找出了一个适中的距离，既可以相互取暖又不至于被彼此刺伤。

　　在人际交往中，距离是一种美，也是一种保护。因此，交朋友要有一种弹性，要保持一定的距离。

　　有人认为，好朋友应该常聚会呀，保持距离不就疏远了吗？问题就在于常聚会，好朋友最初在一起，都能够融洽相处，但因为彼此来自不同的环境，受不同的教育，因此价值观再怎么接近，也不可能完全相同，便不可避免地要碰触彼此的差异。于是他们会从尊重对方，慢慢变成容忍对方，到最后成为要求对方。当要求不能如愿，便开始背后挑剔、批评，然后结束友谊。

　　两个人若能认识到刺猬法则，彼此保持合适的距离，就能避免这样的情况发生。有位女青年，与一个才貌双全的男青年由结识发展到相爱。他们酷爱诗文，常常在狄金森、拜伦、马雅可夫斯基的诗行中一起行走，很快进入热恋阶段。但随着接触的日渐增多，她开始发觉他"心胸狭隘，不会关心人，体谅人"，心渐渐地"冷"了下来，想到同他分手。当爱情风波渐起时，想不到他和她暂时离别了，他要进藏支援文教建设。

　　1年后他们见面，都发现对方更具有魅力，变得更完善、更完美了，他们重归于好，而且彼此爱得更炽热、更深沉。

　　正像莫洛亚说的："朋友间保持适当的距离，能给双方美化升华的机会。"合适的社交关系需要的是含蓄、沉着，切不可过于袒露。

　　同事间交往的分寸是社会上各种关系中最不好把握的。与同事相处，太远了显然不好，人家会误认为你不合群、孤僻、性格高傲；太近了也不好，因为这样

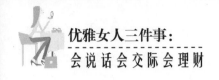
容易让别人说闲话，而且也容易使上司误解，以为你是在拉帮结派。

最理想的做法是，用适当的距离平衡同事间的关系，不即不离、不远不近的同事关系，才是最合适和最理想的。所以，与同事相处，切记有些话能说，有些话绝不能说。如果口不择言，毫无忌讳，那就很可能伤害同事，或者为同事所厌恶。

现实中，说话直爽常被人们视作一种优点。但也同时存在这样一种现象，同样是直来直去的人，有的人处处受到欢迎，而有的人却处处得罪人。

之所以会有这种现象，根本原因就在于说话分寸的把握。

事实上，直爽绝不等于言语毫无顾忌，只图说个痛快，不讲方式方法。那些因说话直接而得罪同事的人，问题就出在方式上。有的人讲话不分场合，如批评同事，虽然对方心里明白自己毫无恶意，但因为没考虑到场合，使被批评的同事下不了台，面子上过不去。同事的自尊心由此被伤害，当然会有意见。又或者平时说话没有注意，触动了别人的短处或隐私，无意之中得罪了同事。

交友时，必须把握好交往过程中主客体间的空间距离，要考虑到双方彼此间的关系、客观环境的因素等，过近不好，过远的做法同样也不可取。

所以，为了友谊，为了人生，不要怕孤单寂寞，要在人际交往中和朋友保持一定距离，避免因过分地亲密，而失去朋友。

淡化别人评论，坚守自己原则

我们常常被别人的评论所左右，因别人的言语而苦恼，其实，大可不必。每个人都有自己的生活方式，我们不必为没有得到理解而遗憾叹惜。

有这么一个故事：白云守端禅师有一次和他的师父杨岐方会禅师对坐，杨岐问："听说你从前的师父茶陵郁和尚大悟时说了一首偈，你还记得吗？"

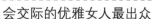

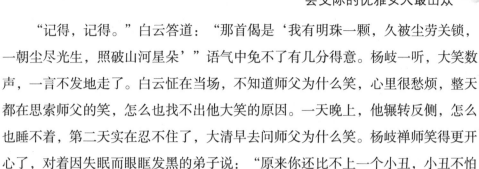

　　"记得，记得。"白云答道："那首偈是'我有明珠一颗，久被尘劳关锁，一朝尘尽光生，照破山河星朵'"语气中免不了有几分得意。杨岐一听，大笑数声，一言不发地走了。白云怔在当场，不知道师父为什么笑，心里很愁烦，整天都在思索师父的笑，怎么也找不出他大笑的原因。一天晚上，他辗转反侧，怎么也睡不着，第二天实在忍不住了，大清早去问师父为什么笑。杨岐禅师笑得更开心了，对着因失眠而眼眶发黑的弟子说："原来你还比不上一个小丑，小丑不怕人笑，你却怕人笑。"白云听了，豁然开朗。是啊，只要自己没有错误，笑又何妨呢？

　　很多时候我们就是陷于别人给我们的评论之中。别人的语气、眼神、手势……都可能打扰我们的心，削弱我们往前迈进的勇气，白白损失了做个自由快乐的人的权利。

　　还有这样一个故事，有一个小和尚非常苦恼沮丧，禅师问他何故，他回答："东街的大伯称我为大师；西巷的大婶骂我是秃驴；张家的阿哥赞我清心寡欲，四大皆空；李家的小姐却指责我色胆包天，凡心未了。究竟我算什么呢？"禅师笑而不语，指指身边的一块石头，又拿起面前的一盆花。小和尚恍然大悟。

　　其实，禅师的笑而不语，正是一语道破了生命的本义。石块就是石块，花朵就是花朵，自己就是自己，根本不必因为别人的说三道四而烦恼，别人说的，由得别人去说，那只是别人的看法而已。

　　女人，不要过于在意他人对自己的评论，认识自己、了解自己，坚持自己的原则和低调的生活态度即可。

　　要知道，嘴长在别人身上，你若想要别人在你背后闭嘴不谈论你，除非你是隐形人，或者你和大家都没有利害关系和冲突。事实上这是不可能实现的。那么，你唯一能做的，就是不要理会这些"酸风醋雨"。如果你在意它们，它们就会渗入你的身体，折磨你的神经，腐蚀你的信心，将你改造成一只畏头畏尾的惊

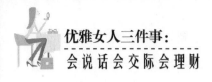

弓之鸟。

可见，当别人对你的所作所为飞短流长时，最好的方法，就是抱着"有则改之，无则加勉"的心态。如果你没有做错事，那么就挺起胸膛，勇敢地面对众人挑剔的目光吧。相信一句老话："时间能证明一切。"你的所作所为终究会代替不实的传言，从而在别人心中塑造出你真正的形象。

察言观色，随机应变

察言观色是女人社交生活中需操纵自如的基本技术。不会察言观色，等于不知风向便去转动舵柄，弄不好还会在小风浪中翻了船。

女人自认为直觉敏感，但也更容易受人蒙蔽，懂得如何推理和判断才是察言观色所追求的顶级技艺。

言辞能透露一个人的品格，表情眼神能让我们窥测他人内心，衣着、坐姿、手势也会在不知不觉之中出卖它们的主人。

言谈能告诉你一个人的地位、性格、品质及至流露内心情绪，因此善听弦外之音是"察言"的关键所在。

如果说观色犹如察看天气，那么看一个人的脸色也如"看云识天气"般，有很深的学问，因为不是所有人所有时间和场合都能喜怒形于色，相反可能是"笑在脸上，哭在心里"。

"眼色"是"脸色"中最应关注的重点。它最能不由自主地告诉我们真相，人的坐姿和服装同样有助于我们察人于微，进而识别他人整体，对其内心意图洞若观火。

我们如能真的在交际中察言观色，随机应变，也是一种本领。例如在访问中我们常常会遇见一些意想不到的情况，访问者应全神贯注地与主人交谈，与此同时，也应对一些意料之外的信息敏锐地感知，恰当地处理。

在与主人交谈时，若他总是略微向另一个地方看，或者这时还有人在小声讲话，就说明，在你来访之前主人正进行或者将要进行一件比较重要的事，但由于你的来访不得不临时暂停一下，但是主人仍有点耿耿于怀的感觉。在这个时候，如果你能看出他的心理，并很明智地说："您一定很忙。我就不打扰了，过一两天我再来听回音吧！"主人心里定对你既有感激，也有内疚："因为自己的事，没好好接待人家。"这样，他会努力完成你的托付，以此来补报。

在交谈过程中突然响起门铃、电话铃，这时你应该主动中止交谈，请主人接待来人，接听电话，不能听而不闻滔滔不绝地说下去，使主人左右为难。

当你再次访问希望听到所托之事已经办妥的好消息时，却发现主人受托之后尽管费心不少但并没圆满完成甚至进度很慢。这时你难免发急，可是你应该将到了嘴边的催促化为感谢，充分肯定主人为你作的努力，然后再告之以目前的处境，以求得理解和同情。这时，主人就会意识到虽然费时费心却还没真正解决问题，产生了好人做到底的决心，进一步为你奔走。

人际交往中，对他人的言语、表情、手势、动作以及看似不经意的行为有较为敏锐细致的观察，是掌握对方意图的先决条件，测得风向才能使好舵。要做好社交中的"天气预报"，需要更为详尽的"气象"知识，在接下来的小节中，我们将分门别类介绍给读者。

观色是指观察人的脸色，获悉对方的情绪。这与老猎人靠看云彩的变化推断阴晴雨雪，是一个道理。

人类的心理活动非常微妙，但这种微妙常会从表情里流露出来。倘若遇到高兴的事情，脸颊的肌肉会松弛，一旦遇到悲哀的状况，也自然会泪流满面。不过，也有些人不愿意将这些内心活动让别人看出来，单从表面上看，也会让人判断失误。

比如，在一次洽谈会上，对方笑嘻嘻地完全是一副满意的表情，使人很安心

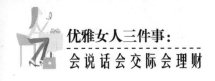
地觉得交涉成功了，"我明白了，你说得很有道理，这次我一定考虑考虑。"可是最后的结果却是以失败而告终。

由此看来，我们不能只简单地从表情上判断对方的真实情感。在以表情突破对方心理时要注意以下两方面：

一是没表情不等于没感情。

例如，有些职员不满主管的言行，敢怒不敢言，只好故意装出一副无表情的样子，显得毫不在乎。但是，其实内心的不满很强烈，如果你这时仔细地观察他的面孔，会发现他的脸色不对劲。碰到这种人，最好不要直接指责他，或者当场让他难堪。可以这样说："如果你有什么不满，不妨说出来听听！"这样可以安抚下属正在竭力压抑着的感情。

但如果直接指出，或者反复地要求其表达自己的不满，反而会产生不好的效果，正确的做法应该是另外选择合适的时间对该事件进行沟通交流，这样就可以圆满解决与下属的这种低潮关系，主管的好形象就树立起来了。

毫无表情有两种情形：一种是极端的不关心，另一种是根本不看在眼内。

二是愤怒悲哀或憎恨至极点时也会微笑。

通常人们说脸上在笑，心里在哭的正是这种类型。纵然满怀敌意，但表面上却要装出谈笑风生，行动也落落大方。

人们之所以要这样做，是觉得如果将自己内心的欲望或想法毫无保留地表现出来，无异于违反社会的规则，甚至会引起众叛亲离的状况，或者成为大众指责的罪首，因为害怕受到社会的制裁，不得已而为之。

由此可见，观色常会产生误差。满天乌云不见得就会下雨，笑着的人未必就是高兴。很多时候，人们虽有苦水往肚里咽着，脸上却是一副高兴的样子；反之，脸拉沉下来时，说不定心里在笑呢。总之，女人在面对社交的各种场合时都应该学会察言观色，从而很好地处理各种突发事件。

女人，柔弱就是你的制胜法宝

太阳慢慢地躲到了山后面，微风出来了，天气变得凉爽起来。小区的林荫道上，慢慢地走过来一对老人。他们每天都牵着一条白色的"贵妇"小狗出来散步。

那天，老太太牵着小狗走在前面，老先生拿着一件衣服跟在后面。一会儿，老先生走到老太太跟前，跟她说了句什么，老太太把头扭了过去，好像很生气的样子，继续往前走。

过了一会儿，老先生又走到老太太身边，又说了句什么。老太太把嘴巴撅得老高，开始跺起脚来，老先生把衣服披在她身上，也被她甩开了。

老太太撒起娇来，像个孩子，很可爱。一会儿，老太太把脸侧向一边，微微一笑，但笑得很谨慎，生怕被身边的老先生发现。然后，当她把脸转过去的时候，她又回复了紧绷的神情。

那偷偷地一笑，证明了她是幸福的。

温柔的撒娇是一种情趣，更是一种智慧，是女人与爱人对话的一门艺术。即使有少许耍赖的成分在里面，男人们也会心甘情愿地听从差遣。

温柔是一种无形的力量。温柔的力量在于不知不觉之间，有着"润物细无声"的效果。看一篇有趣的小故事。

有一天，英国女王伊丽莎白与丈夫闹别扭。丈夫很生气，关门不出。很久后，女王怕丈夫在里面闷坏，心疼地叫他开门，说："快开门，我是女王。"对方硬是不开门。

于是，女王很礼貌地说："我是伊丽莎白，请开门。"丈夫还是没有理睬他。

女王灵机一动，温存地说："亲爱的，开门，我是你的妻子！"整天生活在

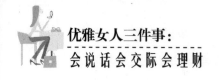

女王影子下的丈夫，受压抑很久，听到如此温柔的话，如浴春风，叫他如何不开门。"进来吧！夫人！"于是，他眉开眼笑地开门迎妻。

一个女人无论在外面表现得多么的精明能干，在家庭中，她便要充当一个温柔妻子的身份。

温柔，首先是一种善良。一个温柔的女人，会为路边的流浪小狗暗自流泪，她的善举能感染身边的每一个人。她待人彬彬有礼，从不骄傲自大。

当温柔变成女人对男人感情的释放，男人会在此时领略到被爱的自我价值而获得高度的心理满足，从而使夫妻间的亲密升华到一个更深的层次。

女孩处世交友妙方多样，刚柔相济之法是其中重要的一种。当你受"爱情攻击"而又不想过早涉入"爱河"时，请灵活运用你的"刚"与"柔"，用你"柔"的心灵、"柔"的微笑、"柔"的语言，和你"刚"的自主意识、适时的"刚"的态度，使你的举止"柔"中有"刚"，"刚"中融"柔"，这样，既能使友谊长驻，更会使你魅力无穷。

自以为是的人，常会被盲目自信所困，所以以刚克刚是他们小优雅的表现。而真正的强者常善于以柔克刚，此可谓真智慧！

有句俗语叫"四两拨千斤"，讲的正是以柔克刚的道理。俗话说："百人百心，百人百性。"有的人性格内向，有的人性格外向，有的人性格柔和，有的人则性格刚烈，各有特点，又各有利弊。然而，我们不难发现，刚烈之人往往容易被柔和之人征服利用。正如一块巨石如果落在一堆棉花上，则会被棉花轻轻地包在里面。以刚克刚，两败俱伤；以柔克刚，则马到成功。

大凡刚烈之人，其情绪颇好激动，情绪激动则很容易使人缺乏理智，仅凭一股冲动去做或不做某些事情，这便是刚烈人的特点，恰恰也是其致命的弱点。

俗话说："牵牛要牵牛鼻子，打蛇要打七寸处。"应以己之长，克其之短，对待刚烈之人如果以硬碰硬，势必会使双方都失去理智，头脑发热，最终，各有损伤。过犹不及，悔之晚矣。

倘若以柔和之姿去面对刚烈火暴之人，则会是另一番局面，恰似细雨之于烈火，烈火熊熊，细雨丝丝，虽说不能当即将火扑灭，却有效控制住了火势，并一点点地将火灭去。但若暴雨一阵，火灭去，又添洪水泛滥之灾，一浪刚平又起一浪，得不偿失。女人，请谨记，柔弱是你的制胜法宝！

好马要吃回头草，智女要吃眼前亏

常言道：识时务者为俊杰。所谓俊杰，并非专指那些纵横驰骋如入无人之境，冲锋陷阵无坚不摧的英雄，而也应当包括那些看准时局，能屈能伸的处世者。

传统观念认为，好汉不吃眼前亏。这其实是一种误解。好汉的眼光宛如鹰眼一样锐利，它关注的是长远的根本利益所在，而不会执著于眼前的祸福吉凶。鼠目寸光的人，才吃不得眼前亏，因为他们心胸狭窄，容不得一丁点儿的损失；高瞻远瞩的人，却吃得眼前亏，因为他们视野辽阔，纳天地于心中。韩信是一个好汉，肯吃眼前亏，堪受胯下之辱，因此后来功高盖世，列土封疆。

小女子要吃眼前亏，越是优雅的女人越懂得吃眼前亏。

吃眼前亏的目的是为了以后更好地发展，这与为五斗米折腰一样。在文学作品中，描述一个人不慕富贵穷得有志气，就会用"不为五斗米折腰"来表达。其实不然，在现实生活中，残酷的生存环境不容许我们这样做。人无论怎么立志高远，胸怀大志，也得屈服于生活的压迫。生活是一个无比深广的海洋，浅滩暗礁星罗棋布，让你无处躲藏逃匿。而人不过是一艘小船，行进在颠簸的大海上，它首先要考虑的不是航向遥远的彼岸，而是如何能在波涛汹涌的海面上存活下来。

生存权是我们人类最根本、最主要的权利。一个人如果连生存权都无法保证，别的一切更无从谈起。人只有先糊口，先填饱自己的肚子，才有力量去追求

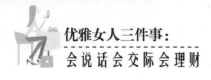

发展。

为五斗米折腰也好，吃眼前亏也好，归结起来就是，一个成功的人必须学会忍耐。一时的容忍并不是对命运的屈服，也不是卑躬屈膝，而是对未来做好铺垫和积累。

"智女要吃眼前亏"，也是为了以吃"眼前亏"来换取其他的利益，是为了"生存"和更高远的目标，如果因为不吃眼前亏而蒙受巨大的损失或灾难，甚至把命都弄丢了，那又何来未来和理想？

困苦、伤痛、艰难、挫折、孤独、寂寞……几乎每一个人在其人生的旅程中都经历过这样的磨难，当你不甘心命运的安排但又不能扼住命运的咽喉之时，你必须也只有学会忍耐。忍耐是人生的一堂必修课。无论何时，无论何地，我们都会遭遇它。心字头上一把刀——忍，忍耐的过程是漫长的，忍耐的感受是痛苦的，所以忍耐本身也是一件艰难的事情，但是如果经不住忍耐的考验，我们的人生将会是一片苍白。

一个人在一系列不可抗拒的因素下，要想走有利于自己发展的道路，就要有长远的战略规划和发展目标。既然重在长远，就不能在意眼前，该退让的时候就退让。

有一则寓言故事，一匹精良的马从草原上经过，眼前全是绿油油的青草，它一边随便地吃几口，一边向前走。

它越走越远，而草越来越少，几天后，它已经接近沙漠的边缘了。它只要回头走就可以重新吃到美味的青草，但它想："我是一匹精良的马，好马不吃回头草。"后来，在饥饿的折磨下，它倒在了沙漠中。

有时候，你并不能把"骨气"与"意气"划分得清楚。绝大多数人在面临该不该退让时，都把"意气"当成"骨气"，或用"骨气"来包装"意气"，明知"回头草"又鲜又嫩，却怎么也不肯回头去吃。

如果你不吃回头草就会饿死，吃"回头草"时又会碰到周围人对你的非议。

因此你吃你的草，全然不要顾忌那么多，填饱肚子就可以了！何况时间一久，别人也会忘记你是一匹吃回头草的马，甚至当你回头草吃得有成就时，别人还会佩服你：果然是一匹"好马"！

面对残酷的现实，饿死的"好马"也终究只是"死马"，不是一匹"好马"了。

所以说："好马要吃回头草，智女要吃眼前亏"，因为眼前亏不吃，可能要吃更大的亏，回头草不吃，可能永远都没草吃了！

凡事留余地，绝处得逢生

《周易》曰：物极必反，否极泰来。意思是说，行不可至极处，至极则无路可续行；言不可称绝对，称绝则无理可续言。做任何事，进一步，也应让三分。古人云："处事须留余地，责善切戒尽言。"

人生一世，万不可使某一事物沿着某一固定的方向发展到极端，而应在发展过程中充分认识其各种可能性，以便有足够的条件和回旋余地来采取随机的应付措施。留余地，就是不把事情做绝，不把事情做到极点，于情不偏激，于理不过头。这样，才会使自己最完美无损地得以保全。人生大舞台，风云变幻，何处没有矛盾？何时没有纷争？社会上的人，有坦荡君子，也有戚戚小人，如果你没有宽容的心怀，就无法与他人和睦相处。与他人发生矛盾，你若能够理解包容，留几分余地，矛盾也许就会迎刃而解，你还会得到更多人的信任和尊敬。

据说李世民当了皇帝后，长孙氏被册封为皇后。当了皇后，地位变了，她的考虑更多了。她深知作为"国母"，其行为举止对皇帝的影响有多大。因此，她处处注意约束自己，处处做嫔妃们的典范，从不把事情做过头。她不尚奢侈，吃穿用度，除了宫中按例发放的，不再有什么要求。她的儿子承乾被立为太子，有好几次，太子的乳母向她反映，东宫供应的东西太少，不够用，希望能增加一

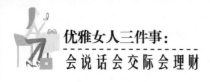

些。但她从不把资财任情挥霍,从不搞特殊化,对东宫的要求坚决没有答应。她说:"做太子最发愁的是德不立,名不扬,哪能光想着宫中缺什么东西呢?"她不干预朝中政事,尤其害怕她的亲戚以她的名义结成团伙,威胁李唐王朝的安全。李世民很敬重她,朝中赏罚大臣的事常跟她商量,但她从不表态,从不把自己看得特别重要。皇上要委她哥哥以重任,她坚决不同意。李世民不听,让长孙皇后的哥哥长孙无忌做了吏部尚书,皇后派人做哥哥工作,让他辞职。李世民不得已,便答应授长孙无忌为开府仪同三司,皇后这才放了心。长孙无忌也成为一代忠良。

长孙皇后从来不忘记为自己留余地,不论什么时候都不把所有好处都占有,得到了周围人的爱戴和尊敬,在复杂的皇室家族中站得最稳。集处世经验之大成的《菜根谭》说:"滋味浓时,减三分让人食;路径窄处,留一步与人行。"留人宽绰,于己宽绰;与人方便,于己方便。这是古人总结出来的处世秘诀。

让三分,留余地,字面上包含两方面意思,一是给自己留余地,使自己行不至于绝处,言不至于极端,有进有退,措置裕如,以便日后更能机动灵活地处理事务,解决复杂多变的问题。二是给别人留余地,无论在什么情况下,也不要把别人推向绝路,万不可逼人于死地,迫使对方作出极端的反抗,这样一来,事情的结果对彼此都没有好处。

人能生时定要求生,有百条生存之路可行,斗争中给他断去99条,留一条与他行,他也不会提着自家脑袋来拼命。倘若连他最后一条路也断了去,那么,他一定会揭竿而起,拼命反抗。想一想,世界之大,人事之繁,何必逼人无奈,激人至此呢?

完美女人的进化,首先体现在礼仪的层次。给别人留余地,实质上也是给自己留余地;断尽别人的路径,自己路径亦危;敲碎别人的饭碗,自己饭碗也易脆。不让别人为难,不于自己为难,让别人活得轻松,让自己活得阔绰,这就是让三分,留余地的妙处,是处世交往的良方。

留有余地，就是不把事情做绝，于情不偏激，于理不过头，这样才会处变不惊，从容不迫，游刃有余。

俗话说："利不可赚尽，福不可享尽，势不可用尽。"说的是做事的时候给自己留点余地，以备不时之需。21世纪是一个充满风险、充满挑战的时代，我们的生活、职业、娱乐、思维方式都将发生很大的变化，要在这样的环境里好好生存，就要学会深思远虑，防患于未然。

孔子曾说过这样的一句话："己所不欲，勿施于人"。意思就是说不要把自己不喜欢的事情再强加给别人，而要设身处地为别人着想，也就是从别人的角度想事情。这句话不仅我们国人自己喜欢，也是西方哲学家推崇的一句名言。

在日常生活中，时时都会出现如何要求别人以及怎么对待自己的问题。待人和律己的态度，可以充分反映一个人的修养，也是决定能否与人和善相处的一个重要的因素。

留有余地是人生智慧，也是生活经验。雕刻人像时，鼻尖先留高一点，不像的话再慢慢削减，这是留有余地；做菜时，先少放一点盐，不够再添，这是留有余地；新买的裤子，因为太长穿不了，去裁的时候叮嘱裁缝少剪点，以免剪短了不合穿，这也是留有余地。

每个人都是一样的，平等的，你自己都不喜欢的事情，别人也肯定不会喜欢，如果你非要强加到别人身上，对于对方来说也是无法接受和容忍的。按照孔子的理论，只有一视同仁，才能做到与人很好地相处，不会招致怨言。要以宽容的态度待人，以理解对方为基础，给人以客观的态度评价，这是对别人的基本尊重，既能从对方身上看到自己所没有的优点，还能对别人的缺点或错误善意地给予谅解，体现自身的修养和知识。

多为别人着想，为对方设身处地的考虑问题，会让你赢得更多的朋友。肯尼斯·吉德在他一本叫《如何使人变得高贵》的书里有这样的话：暂停一分钟，冷静地想一想，为什么你对有些事情兴趣盎然，对另外的事情却漠不关心？你将会

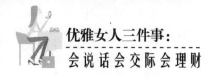

知道，世界上任何人都有使他感兴趣的事情，也有他漠不关心的事情。感兴趣和漠不关心都是有原因的。如果你能站在别人的立场多想想，就不难找到妥善处理问题的方法，因为你和别人的思想沟通了，彼此就有了理解。

不让别人为难，也不为难自己，让别人活得轻松，让自己活得愉快，这就是让人三分，留有余地的妙处，是女人处世交往的良方。

社交达人，一切以中和为尺度

你是怎样的一个女人呢？开朗的，还是内向的？古板的，还是不羁的？果敢的，还是犹豫的？每个女人的性格不同就决定了其所擅长的领域不同。

"取相于钱，外圆内方"，是近代职业教育家、中国民主同盟领袖黄炎培为自己书写的处世立身的座右铭。

中庸性格，能够把圆和方的智慧结合起来，做到该方就方，该圆就圆，方到什么程度、圆到什么程度，都恰到好处，左右逢源，就是古人说的中和、中庸。

在女人的社交生活中，时常会有这样"中庸"的人出现。宋代程颐这样解释，不偏之谓中，不倚之为庸。中者，天下之正道；庸者，天下之定理。中庸里的中，就是不偏不倚，过犹不及；庸，就是平常、平庸。

孔子是一个处世大师，他不如颜回仁德，但可以教他通权达变；他不及子贡有辩才，但可以教他收敛锋芒；他不如子路勇敢，但可以教他畏惧；他不及子张矜庄，但可以教他随和。孔子吸收了他们各人的长处又避免了他们的短处，他之胜于人，就在中庸之道。

荀子也深知中庸之道，他认为，对血气方刚的人，就使他平心静气；对勇敢凶暴的人，就使他循规蹈矩；对心胸狭隘的人，就扩大他的胸襟；对思想卑下的人，就激发他高昂的意志。他左之，则右之；他上之，则下之。总之，一切以中和为尺度。

如果你不急不躁、不偏不倚、不左不右、不上不下、可进可退、可方可圆，则不论在何时何地，你都能拥有一个和谐的状态。

我们通常把违心说话、违心做事，看成是一种世故、一种懦弱、一种人格破损和刁钻处世。其实，这也未必。许多时候，它可以是智慧，也可以是一种善良、一种献身。

如果说世界是一个矛盾复合体，那么处在这个复合体中的人，必然会领受许多外部世界与内部世界、物质客体与精神自我的不协调和不统一。矛盾的错综决定了人们在解决它时出现"二律背反"。为了外部世界的那些需求，人们不得不作出一些牺牲自我的抉择，于是，便产生了说违心话和做违心事的现象。

许多时候，我们在做着自己并不想做的事，说着自己并不想说的话，甚至还很认真。因为慑于压力、屈于礼仪、拘于制度、限于条件，我们进了不想进的门，陪了不想陪的客，送了不想送的礼。

人都想自由自在，都想随心所欲，但是，世界从来不是因你的意愿而改变的，我们每个人都在被动地做一些自己不想做的事。因为，我们不仅有自身还有环境，不仅有现在还有未来，不仅追求实现自我还在追求安全、友爱和形象。奉献出自己的一部分心愿换取平静、换取尊严、换取良好的环境还是十分必要的，尽管你对这种自我背弃并不很乐意。

在社交中，女人不仅要做到让自己开心，也要让自己身边的人因为自己的存在也开心起来。如果世界因为你的服从和委曲而有了风光，那这风光也不会少了你的那一份。当然，这风光也不会无限存在。如果你处处由别人支配，事事处于无自我状态，把自己规范成一钵盆景，只要别人喜欢、别人满意，自己扭曲成怎样都可以，那就怎么也风光不起来了。

我们生活在社会中，社会的环境、制度、礼仪、习俗无不作用并制约着你。台湾地区著名作家罗兰早有所告："我们几乎很难找到一个人能够整天只做自己

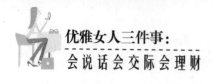
喜欢做的事，过他自己所想过的生活。"随着社会文明的提高，人际间的纵向联络会日趋淡漠，但横向间的联系却会加强。如果你在交际中没有妥协、忍让和迁就的准备，那只能处于四面楚歌之中，纵使有三头六臂，也将牵制得你疲惫不堪而无法前进。所以，虽然妥协、迁就都有那种"不得不"的心态，但仍不失为人际间的"润滑剂"。

其实，为了群体和未来我们都有过献身和忍受；为了增强实现目标的合作我们都不应以自己为中心；为了避开更大损失都有过委曲求全；为了争取人心我们甚至都有过"这样想却去那样做"的经历，都曾扮演过"两面派"。所以为了融洽和顺利，违心也未尝不可。

小女人也要有大局观

"若争小可，便失大道"。这句贤文是说一个人如果一味地争夺个人小利，就会损害全局利益，有违道德标准，旨在教育人们，做人要顾全大局，要有全局意识。

当然，现代社会的女性也要有大局观，顾大局识大体。

大局是指整个的局面和整体的形势。一般来说，人的认识是有局限性的，对于与自身相关的局部事物看得重一些，而对全局的把握总是有一定难度的，因此，要通过不断地学习，培养自己的大局观念。要善于学习我国古人的智慧，汲取古人的教训，做一个顾全大局的人。

三国时期的汉寿亭侯关羽，曾过五关，斩六将，单刀赴会，水淹七军，是何等英雄气概。他与刘备、张飞桃园结义，成为不求同年同月生、但愿同年同月死的异姓兄弟，是何等的仁义。然而，就是这个万众信奉的偶像，却有一个致命的弱点——不顾大局、刚愎自用，结果不仅命丧他人，还使得蜀汉丧失了进一步发展的机会。

当关羽受刘备重托留守荆州时，诸葛亮再三叮嘱他要"北拒曹操，南和孙权。"可是，当孙权想与关羽成为儿女亲家，派人来向关羽提亲时，关羽一听大怒，喝道："吾虎女安肯嫁犬子乎？"把好事变成了坏事，由此得罪了盟友孙权，最终导致了吴蜀联盟破裂，双方刀兵相见，关羽也落个败走麦城，被俘身亡的下场。

关羽不但看不起对手，也不把同僚放在眼里。名将马超来降，刘备封其为平西将军，远在荆州的关羽大为不满，特地给诸葛亮去信，责问说："马超能比得上谁？"老将黄忠被封为后将军，关羽又当众宣称："大丈夫终不与老兵同列！"其目空一切，盛气凌人，以致当他陷入绝境时，众叛亲离，无人救援。

为人要学大，莫学小，志气一卑污了，品格难乎其高；持家要学小，莫学大，门面一弄阔了，后来难乎其继。

为人要有大局观，不可因小失大、后悔莫及！下面这个故事就是告诉大家因小失大的后果。从前，有个人非常讨厌老鼠，他花许多钱买了几十只猫，准备用来捉老鼠。他每天给猫吃鲜鱼肥肉，并让它们睡在珍贵的毛毯上。猫儿们吃得饱饱的，又安逸又舒服，当然用不着去捉老鼠充饥了，甚至还有个别猫竟然同老鼠打成一片，在一起玩耍游戏，老鼠因此越发猖獗。

这个人十分恼火，于是不再养猫了，他认为天下没有一只好猫。他又设下捕老鼠的夹子，可是没有一只老鼠去踩夹子。那个人气极了，又在饵料里下毒，老鼠就是不来吃。这个人恨老鼠恨得咬牙切齿，把所有的灭鼠方法都用上了，结果还是没有把老鼠灭掉。

一天，他家的房子着火了，火烧到了米仓，并延伸到寝室里。这个人不但不救火，却跑到大门外，哈哈大笑起来。邻居们看见他家着火，都来帮助灭火，这个人却大发脾气地说："那些老鼠正要被这场大火烧死，你们却去救它们，谁要你们多管闲事？"众人一听，都十分生气，于是便扔掉手中的救火工具走开了。

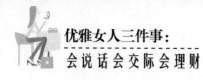

火越烧越大，这个人的米仓和寝室都被大火化为了灰烬。至于那些老鼠呢，却早已通过地下通道跑得无影无踪了。

听了这样一个故事，我们不禁要考虑一下顾全大局的重要性所在了。如果顾此失彼，只考虑局部的细小的问题，而忽视了全局利益，则损失巨大！女人在社交中，如果只注意到细小的、局部的利益，而忽视了大局利益，很有可能对自己、对集体造成巨大的损失。因此，时刻提醒自己，顾全大局才是正确的社交准则。

第三件事　会理财

会理财的优雅女人最幸福

女人学理财，先从思想观念上开始，督促自己，相信自己，并从学习基础的经济学知识开始，只要坚持下来，你就一定能够成为一个懂得理财的女人。

女人需要明白自己赚钱的目的，学会给自己制定好理财计划。越早开始计划，你就越早懂得享受幸福的生活。从存钱开始积累，从理财计划开始了解自己的财富，从主妇优势开始入手，让自己一步步变成一个按计划理财的有梦想的女人。

如何让自己学会自主地掌控金钱？如何培养自己的理财智慧？本篇内容将给你答案。

第11章

幸福来自财富观，女人就是要有钱

告别经济依赖，女人要活得有尊严

钱的好处，已经不用多说了。尤其是对于女人来说，钱的魅力更是大，有钱的女人与没钱的女人相比，其间的差别就更加扩大化。很多女人在婚后就开始围着老公孩子转，不知道钱对自己的意义在哪里，于是，慢慢地，这些女人就麻木了，从一个主动使用金钱的女人，变成一个苦苦地哀求金钱的怨妇。在这个过程中，贫穷女人与富裕女人之间的差别让人不得不感叹。

当然，我们并不是说有钱就一定万能，尊严是一种由内而发的情愫，而这种由内而发的情愫，如果没有足够的地基，就肯定难以显现在我们脸上了。如果没有钱，可能很多女人在看见富人或者名贵的金银珠宝时，都会不自觉地低下头；如果没有钱，可能很多女人在长期伸手向丈夫要钱时，都会有一些不好意思；如果没有钱，可能女人一旦遭遇婚姻变异，便会一无所有，只剩清泪……也许，钱并不一定能给我们带来尊严，但是，钱一定可以让我们藏在心底的尊严敢于爬上

179

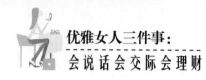

脸庞，骄傲地展现给世人看，钱一定能够让我们活得更有尊严。

"我富有过，我穷过，因此我知道，有钱比较好过！"

这是美国一家投资银行及证券管理公司董事长朱蒂·瑞斯尼克用她的一生证明的一句话。这位女董事长的命运有着我们无法想象的坎坷：从富有的千金到落魄的离婚女人；从亲情围绕到所有亲人一个个残酷地离去；从健康美丽到两次身患癌症，人老珠黄；从生活阳光到整日酗酒嗑药。人生的大起大落、大喜大悲，就这样残酷地发生在这个有两个女儿的母亲身上。在她40岁的时候，她已经没有了青春，更痛苦的是，命运在这个时候，让她失去了丈夫。没有了家庭，也没有了退路，"再找个长期饭票"和"自己站起来"这两个声音中，她选择了后者，从证券公司的临时业务员开始她新的生活。在这个清一色都是男业务员的证券行业，她以独到的眼光与重视小客户的热诚，为自己开创了一条生路。从此，她的事业越做越大，10年时间，她成为了一家著名投资银行的董事长。在种种经历过后，她深深明白了一个道理：钱虽不能买来一切，但却可以买来尊严和自由。

我们不能用钱来定义这个女人的一生，但是，我们可以从她的经历中看到钱的意义。钱让她有了面对困难时生活下去的动力，让她的人生达到了一个新的高度，让她在失去所有之后又追回了一切。这是一个好命的女人？不，我们只能说她是一个用自己的经历鉴定了钱的意义的女人。在她用金钱为自己买来尊严和自由的时候，我们很多人却因为钱而被人鄙视，心底总是被戳出一块块难言的伤疤。

有这样一部小说：一位法学院毕业的女大学生在某小镇检察院实习的时候，与其中的一位有家室的检察官产生了一段婚外情。实习期结束之后，女大学生来到上海，在一家律师事务所工作。一段时间以后，她已是小有成就的律师，有车有房，生活无忧。

她一直没有成家，因为她忘不了那个让自己刻骨铭心的情人，于是电话联系那位检察官。恰巧那位检察官就在上海开会，女律师迫不及待地想去检察官下榻的宾馆。赴约之前，女律师为了保持当初穷学生的模样，刻意穿着从路边小摊买来的廉价衣服，把自己打扮得像个下岗女工。

女律师怀着激动而兴奋的心情来到宾馆。那位检察官已经两鬓斑白。见到她的那身打扮，检察官判断她的经济条件不会太好，就问她现在在做什么工作。女律师说没有工作，有时给朋友们打打杂，她还告诉他，自己还没有结婚。

检察官害怕了，他以为她是来找他要钱的。他意味深长地看了她一眼，然后对她说："这次出差我也没有带多余的钱，恐怕要让你失望了。"女律师开始还不理解他说的话，等到明白之后，很是气愤和失望，原来他把她看做靠出卖肉体谋生的女人了。

在她心目中，他一直与其他男人不同，她把他视为知己。没想到，多年之后，他竟然如此看她。女律师很生气，起身就走，愤怒的她忘记了伪装，出门直奔自己的小轿车。从后面追来的检察官看着她的车绝尘而去，不由暗骂自己"有眼无珠，得罪了贵人"。

虽然是小说，却折射出残酷的社会现实：一个女人穷困潦倒，即便是曾经的亲密恋人也未必会尊重你。

可见，钱对一个女人来说，意味着很多。告别依赖，创造财富吧，钱可以让你更体面、更有尊严地生活。

从现在起，发现女人的理财优势

有人说，男人决定一个家庭的生活水准，女人则决定这个家庭的生活品质。我们平时经常可以看到，两个收入水平和负担都差不多的家庭，生活品质有时却相差很大，这在很大程度上就跟女主人的投资理财能力有关系。

在理财工具多样化的今天，一位称职的母亲和妻子，其善于持家的基本内涵已不是节衣缩食，而是懂得支出有序、积累有度，在不断提高生活品质的基础上

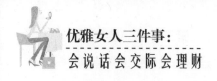

保证资产稳定增值，这就需要女人们掌握一些必要的投资理财技巧。

女性朋友们掌握理财技巧，对家庭的收入作出合理的规划，不仅仅是因为女性朋友们需要有自己掌握经济的能力，更是因为相比男性，女性朋友们在理财上有一些特殊的优势。"男人赚钱，女人理财"，是现代社会家庭财产支配的最佳组合。

首先，女性理财多为全职太太，她们有时间；即使不是全职太太，能够经常理财的女性其工作也相对比丈夫要轻松些。而理财其实并不需要占用多少时间，关键是会牵涉一些精力，需要时常关注一下行情，比如说，投资房产就需要经常了解哪个楼盘涨了，哪个区域又推了新盘等信息。而这些信息，如果不是专门理财的男性，很少有耐心成天研究，尤其是当他们工作压力大的时候，更不愿意去关心这些琐碎的信息。但女人就不一样了，女人的耐心本来相对就好一些，一旦理财，她们就更会热衷于搜集这些信息。

温女士就是一个典型的会理财的家庭主妇。温女士为了让孩子读到更好的学校，买了一套名校附近的二手房，时价每平方米只有2000多元。此后房价不断上涨，特别是名校旁的房子。虽说是1983年的老房子，现在每平方米却已增值到5000元以上。而且，心细的温女士在经历了理财的磨炼之后，慢慢发现现在买房子也要渠道，不是所有的人都可以买得到自己想要的房子，特别是一手房。自认为没有什么关系的她就把眼光锁定在了二手房上，有的是年初买了，年底就卖掉，并不在手上放太久，只要有赚就好。

后来，温女士又分别在她所在城市的三个区先后买了几套二手房，都是买没多久，就卖掉了。现在手上还有一套单身公寓出租，每个月租金1 200元左右，用来还按揭。温女士的不动产投资效果越来越明显。

像这些繁琐的房子信息，就需要不少的精力和不凡的耐心来慢慢搜集，很多男人就做不到这一点了，这正是女人的理财优势。

其次，女人细心，更适合理财。与男人在事业上的大刀阔斧相比，女人的心会更细。她们清楚地记着哪天该收房租了，哪个合同到期了；记着哪天该存定期了，哪天存款到期了；记着哪天该发行国债了等等信息。女人较男人心细还表现在对合同的研究、对风险的规避上，她们往往不求赚大钱，只求稳健收益。这一点，是女性理财的一个最明显的优势，很多男士即使通过后天的培养都难以具备这种优势。

再次，理财需要借鉴经验，吸取教训，而女人天生爱交流，爱打探，所以，她们总能得到最敏感、最有用的理财信息。哪里新开了一家超市，哪里的店面租金最高，哪些人做哪些投资赚钱了，做哪样投资亏本了，她们了如指掌。

王女士2002年有了孩子后就一直没有上班，在家做起了全职太太。她的老公吕先生与另外三位股东一道，经营着一家礼品批发公司，每人年均能分到30万~40万元的纯利润。

王女士一家三口每月开支大致为：孩子消费2 200元（包括请保姆的费用），水电气物管费电话等杂费600元，生活服装等费用2 000元，缴保险费1 000元。算下来她家年正常开支在6.9万元左右。

在王女士决定要当自己家里的理财师之后，就开始对家庭资产摸底，发现家里的资产主要分为以下几个方面：一套价值60万元的自住房，还有一套面积约90平方米、市值30万元左右的闲置空房；定期存款80万元；购买了30万元年收益率3.44%的3年期凭证式国债。

也就是说，可供王女士操作的投资资产包括：一套市值30万元的闲置房和85万元存款。

在和姐妹们交流理财心得之后，王女士发现，如果将自己的闲置房子出租，收益将不错，于是王女士首先将那套闲置房的资产"激活"——她花了5万元对房子进行了简单装修后以每月1 400元的价格租了出去，并签了两年租期。这样，这套房1年收益1.68万元。

另外，她通过和有买基金经验的姐妹交流，再加上自己的研究，对基金有

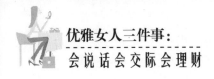

了比较充分的了解后，将80万元存款做了这样安排：一是将3万元改存为"七天通知存款"，作家庭备用金，税后实际年收益约390元；二是购买货币基金10万元，实际年收益2 000元；三是57万元购买了两只封闭式基金，年实际收益5.1万元；四是10万元购买了一个1年期人民币理财产品，实际年收益约2 800元。

就这样，在弄清自己的家底之后，王女士通过打听和学习的方式，让钱生钱，来支付一家人的日常支出，而再赚的钱又可以接着做投资，资产就会不断增值了！对这些种类繁多的理财工具，她的丈夫却根本不感兴趣，也没有时间打理，这便是女人得天独厚的优势了。

所以说，家庭主妇理财的优势还是很明显的，想要理财的女性朋友们可不要将上天赋予我们的优势给荒废了，这些优势可以带给我们宝贵的财富呢！

女人有钱，一定要从点滴开始

希望有钱的女人很多很多，可是，真正有钱的女人却很少很少。没钱的女人总是羡慕有钱的女人，不知道她们用什么诀窍赚到了那么多的财富。有些女人通过为自己找长期饭票的方法来让自己变得"有钱"，殊不知，这种方法只是一时的有钱，那些钱，并非真正属于你自己。所以，我们还是佩服那些能够依靠自己的能力，在奋斗中、在点滴的积累中让自己变得有钱的女人。

一句话：想要有钱，一定要从点滴开始。想变成有钱人，需要走用"点滴"铺起来的道路。

从点滴开始，对刚刚开始规划自己财富之路的女人们来说，主要包括三个方面：从点滴开始做人、从点滴开始省钱、从点滴开始赚钱。

想要变得有钱，先从省钱开始！你千万不要小看平时所花的点滴碎钱，积攒起来会令你大吃一惊！不信请看小西的某个月的消费分项记录：

吃饭（与朋友聚会3次，每次200元，平时在单位食堂每次25元）1 100元；房租+水电煤：1 500元；购置新衣服：2 000元；看电影等消遣：300元；其他杂项：400元；总计支出：5 300元。

小西目前大约每月入账6 500元左右，这样一来，月底只剩下1 200元左右。一个月入账数目并不少，可是剩下的钱却屈指可数。这估计是很多女人共有的状况。这还只是单身女人的情况，已经有家庭的女人恐怕更加郁闷，总是掰着指头过日子，都还是过不赢日子。为什么？就是因为在该省钱的时候没有省钱，结果导致了在应该花钱的时候花不出钱。

钱要用在刀刃上，尽量不花冤枉钱。那么，究竟该如何来省钱呢，有三方面值得你考虑。

1.物尽其用勿过期

食品要及时吃，物品要适时用，过了保质期及使用年限就是浪费。因此，对于家中所有物品要经常拿出来看一看，即使暂时用不上，也要知其是否损坏，以确保下次使用时的安全可靠。对贵重物品，如空调、冰箱、电脑、摩托车等，保养好了，能延长使用寿命，无形当中就节省了开支。

2.关爱健康少药费

现在很流行的一句问候语就是"祝您健康"。的确，不管有多富，疾病生不起。因此，保持健康的身体，必须注重食品卫生，防止病从口入，加强锻炼，爱惜身体这个"本钱"，以达到少花医药费的目的。

3.躲避风险保平安

平安是福也是财，人之一生平平安安是最重要的。因此，当你面对一桩可挣大钱的差使，但却又隐藏着不安全的风险时，劝你别抢着往里挤。在人多拥挤的地方购物时，不要只顾着贪便宜，小心买进假冒伪劣商品，要看管好自己的钱包。

此外，已经有了家庭的女性朋友更需要注意在日常生活中来省钱，这样，一

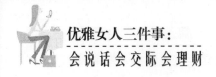

年365天下来，省下的可不是一丁点。你每天都需要购物吧？怎么购物省钱？简单！看看你周围的大超市几点关门，提前半小时到就可以了。大超市都尽可能不卖隔夜的食品，每到下班前一个小时左右，就会开始打折。此外，超市买东西还要注意，最好购买超市的自有品牌。尤其是一些日用品，超市自有品牌与广告上常见的品牌差别不大，但是价格却只是名牌的一半左右。

可能已经习惯了大手大脚花钱的你会有些瞧不起这些省钱的方法，但是，你可别忘了，这些点滴的小事，会慢慢汇集成大海的力量，让你缩短变成富人的时间。你需要明白，你拥有财富，但是却没有浪费的权利。是的，约会的时候也这样想吧，两个人点一份套餐，或者点一份主食。别以为这样是寒酸，吃饭七分饱对健康最有好处。

节约的原则就是避免浪费，资源是有限的，最大化利用资源才是最科学的节约。比如，在餐馆吃饭时要将点菜量控制在刚刚好的范围；尽量自己清洗衣物，因为洗衣服也是一种锻炼，而且光是清洗衣服的费用，已经可以再买两件新衣服了。

优雅的女人不会让自己的钱像水一样流掉，而是会将自己的钱当作油来用。用多了，菜腻，生活也奢靡了；用少了，菜不香，生活也寒酸了。所以，能够把自己的钱当作油来用的女人，定是最优雅的女人，这类女人最具有变成有钱人的潜质。

最后，要想变得有钱，还要学会从点滴处赚钱。

很多人都只知道靠自己的工作赚钱，却不知道抓住点点滴滴的机会来赚钱。

我们来看个故事：一个人用100元买了50双拖鞋，拿到地摊上每双卖3元，一共得到了150元。另一个人很穷，每个月领取100元生活补贴，全部用来买大米和油盐。同样是100元，前一个100元通过经营增值了，成为资本。后一个100元在价值上没有任何改变，只不过是一笔生活费用。贫穷者的可悲就在于，他的钱很难变成资本，更没有资本意识和经营资本的经验与技巧，所以，贫穷者就只能一直穷下去。

如果你不想自己一直贫穷下去，不希望自己一直省吃俭用却还是处于没钱的状态，就不要错过任何可以赚钱的机会，克服自己的惰性，让自己"积点滴成大海"，成为真正有钱的女人！

看透金钱本质，不做"拜金女"

"拜金女"不是一个被社会所认可的群体。拜金女们盲目崇拜金钱，把金钱价值看作最高价值，一切价值都要服从于金钱，她们把亲情、友情、爱情等都放在金钱脚下；她们认为金钱不仅万能，而且是衡量一切行为准则的标准。正是由于拜金女们太过强调金钱的重要性，以至于她们变得唯利是图，对许多事物经常只看到表面，看不到其内涵、精神层面，往往过得极为空虚。

我们都不希望我们所爱的人是拜金的人。因为在拜金的人心里，能够为了钱而舍弃其他一切。这种人太可怕！等到这种人最有钱的时候，也就成了她最贫穷的时候，因为她穷得只剩下金钱了。

在2008亚洲小姐竞选总决赛中，原籍中国西安的1号佳丽姚佳雯获全场最高的137610票，摘下桂冠及"最完美体态大奖"。姚佳雯是全场学历最高的硕士佳丽，赛前并不瞩目，但当晚成为夺冠黑马。在最后与颜子菲两强决战阶段，她被发问嘉宾踢爆此前曾两度参与选美。2004年参选"中华小姐环球大赛"时，她因在"金钱与老公"、"金钱与父母"、"金钱与国家"三道选择题中，除以父母为首选外，其他两项都毫不犹豫选择金钱，而被网友视为"拜金佳丽"并炮轰。当晚嘉宾向她尖锐提问：参加选美目的何在，是否为钓金龟婿？她真情剖白："2004年我参加选美被人骂，以为我是为钱。我如今再战江湖，其实因为我想做个主持，想打这份工！"这个回答令她票数飙升。

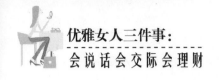

从这个例子中就不难看出，我们都不喜欢拜金的人，一个女人即使长得再美，如果拜金，就会让人感觉她缺少了作为人最基本的一些情感，让人感觉她似乎与我们不是同类了。

金钱并不是万能的，有首《买到与买不到之歌》就很好地诠释了这一点："金钱能买到房屋，但买不到家；金钱能买到药，但买不到健康；金钱能买到美食，但买不到食欲；金钱能买到床，但买不到睡眠……"一些腰缠万贯的富翁们不就常感叹自己是精神上的乞丐即"穷得只剩下钱了"吗？所以，我们要树立正确的金钱观。

人生有两种幸福，即"生活的幸福"和"生命的幸福"，能够获得这两种幸福的人应是最幸福的人。生活的幸福追求衣食住行、功名富贵；生命的幸福追求平安喜乐、真爱温暖和永恒的归宿。如果满脑子都是拜金的想法，即使最终你的生活之路变得富有，你的生命之路却会贫穷。那么即使满屋子都是高档奢侈品，你却只剩下空虚做伴、寂寞为枕。

我们要看到金钱与人生有着密切关系，更应该看到金钱不是人生的全部内容，不是人生价值的决定因素。我们生活的目标并不是单单为了赚钱，同时也是为了更加享受幸福和生活得更加充实。

所以，我们不做拜金女。我们要做的，是把拥有财富当做一种爱好，而不应完全拜倒在它的脚下。做金钱的主人，才能享受金钱给我们带来的快乐。

不做守财奴，存钱不是生活的全部

有的人是天生的守财奴，富而吝啬，人称之为"钱罐"。

其中最典型的守财奴形象就是巴尔扎克笔下的葛朗台。像葛朗台这样的守财奴，守财守了一辈子，最终还是一无所获，什么也没得到。

作为女人，不应该成为一生只会抱着钱财睡觉的守财奴，我们需要爱护好自己，需要珍惜自己如花的容貌和流金般的岁月，如果有钱却抱着钱存在银行里不动弹，让自己像个贫穷的灰姑娘一样，那多亏待自己？更何况，安稳守财的时代已经过去了！今天的你，随时可能遭遇失业、通货膨胀、金融危机等各种不可预测的状况！到时候即使你银行里存着钱，却流落街头也不足为奇！

作为已婚女人，我们不仅要替自己的生活做打算，替自己的未来做打算，还需要做整个家庭的理财师，让家里的资金能够充分发挥它们的作用，而不仅仅是让家人辛辛苦苦挣来的钱在银行里发霉。

这里有一个小故事，发生在一对守财奴夫妻身上。也许看完之后，我们会有一些想法。

妻：老公，那钱放好了没？

夫：老婆，放心吧，放安稳着呢！

妻：放哪儿呢？

夫：墙缝里呀！

妻：不是说放冰箱里吗？

夫：好好好，下星期放冰箱行不？

春夏秋冬，年复一年……五年之后……

夫：老婆，物价老涨，我们要不要拿钱出来去买房？

妻：老公，快来看呀，钞票都给老鼠咬烂了！

……

这是原始的存钱方式，也是金钱对不会利用它的人的嘲讽。如今，在货币市场多变的今天，还有人在不断重复这样的原始方式，以求一份心安理得，只不过，原来的墙缝和冰箱，如今换成了银行。

在我周围，就有这样一个同事。对这个叫小敏的同事来说，存钱是她生命中唯一的乐趣。她跟保险，她寄定存，她用最安稳妥当的方式，细心保管赚进来的

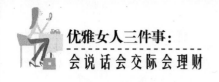

每一块钱。叫她投资？风险太大不考虑，赔掉本金谁负责？

正常人赚钱是为让自己的生活过得优越舒适，小敏却不，她以累积财富为人生乐趣。于是，她把小钱存成大钱，把大钱变成定存，再把定存生出来的小钱组织起来，成为大钱，周而复始，乐此不疲。她不擦化妆品、不穿新衣服，当然，别人送的除外，但大多情况下她会转手把化妆品和新衣服卖出去，除非有滞销货品。她也不吃大餐，当然，别人请客除外，如果量多的话，她会打包回家。对于女人的所有喜好，她全然没有。

如果做女人做成这样，不知道还有什么意思；如果存钱存成这样，不知道存起来的钱还有什么意义。爱财没错，存钱也没错，可是爱财爱到这份上，爱财爱到对自己都一毛不拔，爱存钱胜过爱自己，这就不仅仅是对自己的轻视，也是对钱的蔑视。

是的，我们爱财，但是，我们不应该做守财奴，不应该只是心安理得地存着钱。况且，钱都存在银行里，通货膨胀之后，钱就相当于越存越少了！

理财女一定要会定义幸福

会理财的女人，通常也能比别人更深刻地体会到幸福的含义。因为，理财女是理性的女人，同时也是优雅的女人。她们知道该如何打理自己的生活；知道应该如何安置好自己的家人；知道该如何规划自己的未来。

很多会理财的女人，通过理财感受到了一种切切实实的幸福。她们通过理财，在自己和家人的收入水平范围之内，把小日子过得丰富多彩，幸福无比。一个家庭，在客观条件一定的情况下，怎么过，过得如何，区别是很大的。俗话说，吃不穷、穿不穷，计划不到会受穷，说的正是这个道理吧。当然，日子过得如何，外人也许看不出来，毕竟每个家庭、每个人的习惯和他们所追求的生活目标是不一样的，标准也自然应当有所区别，只有当事人感觉到满意了、开心了，日子才算是过好了。会过日子的女人，她能够把小家庭的一切繁杂事务计划得周周到到，哪怕是再紧巴的日子，也能过得很像模像样，一切井然有序，该做什么做什么，似乎都在掌控之中。

我们都知道，日子不是混的而是过的，幸福不是想的而是营造的；明天不是昨天成绩的延续，而是今天付出的回报。

有的女人，的确也很会理财，但是，却不懂得幸福的含义，总是因为钱而和丈夫吵架，因为觉得对方没付或少付了该付的那份家庭开支。这类女人在节省开支的时候不是想着家庭也不是想着孩子，而是想着为自己多准备点储蓄金好让自己不会一无所有。

最终，这些女人失去了家庭，失去了爱，失去了自由，失去了美丽。失去幸福，是因为这些女人不懂，家庭幸福的概念里，不应该有斤斤计较，不应该有自私自利，不应该有忐忑不安这些字眼，取而代之的应该是从容、快乐、经营、温馨这些词汇。

如果说，能够在自己的经济水平之内把小日子过得精彩是一种幸福，那么，还有一种幸福也是女人不可缺少的。那就是完成自己的梦想！很多女人在为人妻、为人母之后，就伟大地舍弃了自己曾经的梦想，任时间无情地将自己催老。其实，真正懂得幸福含义的女人知道，这一辈子需要为自己活一把，需要努力实现自己的梦想。

我们需要有我们的梦想，我们需要通过梦想的实现来体现我们的人生价值。同时，我们更需要爱！

我们理财，不是为了理财而理财，而是希望通过理财让自己的爱变得更丰盈。我们希望通过理财，让家人过得更快乐；希望通过理财，让爱人过得更加顺利。被别人的爱包围着，是一种幸福；去追求自己爱的也是一种幸福；彼此的相互倾慕是幸福；厮守一生也是幸福的。只要有爱，我们的幸福就不会那么干涩，

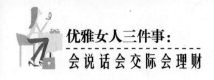

我们的幸福也不会那么短暂和浅薄。

如果你打算从今天起开始理财，请不要忘了先问自己一句，"我幸福吗？"你想要怎样的幸福，这是一个很重要的问题，因为它将是你理财的动力，也是你理财的目的。懂得幸福的女人，人生将会更加美丽。

第12章

理财计划做得好，收入支出有妙招

理财行动，早开始，早有钱

理财专家说理财越早越好，这是很有道理的。我们来看两个生动的例子就能明白这句话的含义：

李某和张某是从小玩到大的好朋友。从小就是出了名小气的李某，中专毕业以后就上班了，从20岁开始，每年存款10 000元，一直存到30岁，后来结了婚，由于要教育小孩，所以她在30岁时就离职回家了。从那之后，她就一直靠老公的薪水生活着，再也没有储蓄。存款在60岁后取出作为养老金。张某上了大学，又当了兵，所以开始工作的时间要比李某晚一些。他在刚开始上班的时候非常爱喝酒，一天到晚都泡在酒吧里。后来自己觉悟了，于是从30岁开始以每年10 000元的速度来存钱，一直存到60岁，然后在60岁时取出作为养老金。在年理财收益率为7%的情况下，李某60岁时可以拿到的金额为70多万元，张某最终能够拿到的金额却只有60多万元。张某在银行里存了30年，李某只存了10年，可是，不管怎

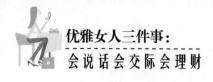

么努力，张启都追不上李琳。

如果你现在有这样两个理财方案：第一个是从20岁开始每年存款10 000元，一直存到30岁，60岁后取出作为养老金；第二个是从30岁开始每年存款10 000元，一直存到60岁，然后在60岁时取出作为养老金，那么在年理财收益率为7%的情况下，你会选择哪个方案？

对于这个问题，相信绝大多数人都会不假思索地选择后者——毕竟第一个方案的本金只有10万元，而第二个方案却有30万元，两者相差有2倍之多。然而，由上面的数据可见，这个选择完全是错误的。因为投资理财中有两种强大的力量：时间与复利。也就是说，对于个人而言，越早开始储蓄就越好，越早开始理财越好，时间与复利的威力无穷！

尽管后者的本金是前者的3倍，但最终的结果却是10＞30。而这其中的玄妙，即为"时间的复利"效应。

早理财与晚理财的差别就在于，早理财让你能够更早地抓住不该溜走的机会，让你尽早享受到生活。

如今，很多大学生刚刚踏出校门便开始理财，做起了金钱的主人，取得了不俗的理财效果。

韩某已经毕业半个月，大四最后一个学期在成都一家著名的IT公司实习了三个多月，毕业后就直接成为这家公司的销售代表，月薪2 200元。工作几年之后，获得了一定理财收益的韩某这样给别人介绍经验：

"我是这样做的，每个月工资打到我的账户上后，我会先存1 000元到银行，然后再花500元到银行购买一个品种的货币市场基金，数量都是500份——我认为这500元的主要投资目的是保值和储蓄，既避免了随手乱花钱的坏习惯，又在不知不觉中积累了"第一桶金"。刚毕业时，一位同事就提醒我买一份保险。由于工作原因我经常出差，平时也比较辛苦，保险就成为必不可少的一项投资支出。我选择购买的是意外伤害保险，其费用不高却对我非常实用，每个月投在这上面的钱大概是100元左右。

还剩下一些钱，做什么好呢？我咨询了几位理财专家后决定买点共同基金，并采取定期定额的方式直接从银行账户扣除。说实话，对股市，理工科出身的我并不了解，但我认为自己的资产组合确实需要回报稍高的项目，共同基金由投资专家代为打理，表现通常要稳定一些。这只算小打小闹吧，但重要的是，采取定期定额方式，可以强制我自己"储蓄"，为未来打下基础。当然，我已经听到了不少的风险提示：共同基金和股市相关，风险比较大。

在作出这些理财规划后，我开始慢慢实施了。我粗略而乐观地算了一笔账，从现在开始4年后，我在货币市场基金的收入将接近3万元，共同基金收入应该也有3万元（按平均收益率10%计算），这样6万元的财产足够我支付一套小户型商品房的首付了。"

韩某是个优雅的女孩子，她懂得刚拿到薪水就为自己的未来打算，我们也相信，她的理财态度，肯定会让她比相同收入水平的人更早享受到自己的幸福。

然而，还有很多刚毕业的女孩子们，由于不懂理财，拿到薪水之后，总是胡乱花销，结果非常容易沦为入不敷出的"月光一族"；而像韩某这样的女孩，懂得合理规划自己的资产，就会越来越富有。因此，是否会理财也许会成为你能否致富的关键因素之一。在此，为刚参加工作的大学生，尤其是女大学生支几招理财经验。

1.一定要学会强制储蓄

对于刚参加工作不久的大学生来说，资金不丰，理财经验匮乏，花钱没计划等问题是很普遍的。即使有资金参与理财，但不少理财产品门槛高，也会被拒之门外，如银行理财起点都在5万元以上。因此，通过强制性储蓄来积蓄人生中的首笔财富不失为一种最有效的理财之道，它可以帮助爱花钱的人改掉不良的消费习惯，同时又为今后的生活积累了一笔可观的资本。

2.一定要学会精打细算

实际上，任何理财都离不开开源节流这一根主线，刚参加工作的大学生由于

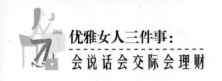

没有雄厚的财力更是如此。在不断扩大财富渠道的同时，节约开支也是不可忽视的，不积细流，无以成大渊。

3.尝试风险理财

年轻人精力充沛，风华正茂，是很有发展潜力的一个群体，风险承受能力也很强。因此，当有一定积蓄的时候，可尝试一些高风险的理财产品，如可购买股票或者股票性基金，收益更高，可使财富快速增值。

如果懂得运用这些最基本的理财方法，能够守住最基本的理财原则，那么恭喜你，即使你只是刚进社会的新人，你却已经站在了掌握金钱命运的道路上。"早理财，早享受"！

财务有计划，理财才科学

如果没有根据自己的财务状况制定适合自己的计划，那么，理财就只是"乱弹琴"。科学的计划，能够让你的理财名目更清晰、目标更明确。对于女人来说，有计划的生活，比没有计划地混日子要好得多！因为女人年轻的日子不多，成熟的日子不少。每个女人都希望能够在如花般的年龄里活出自己的精彩，希望能够在自己的成熟期散发迷人的韵味。而一个女人的理财态度，很大程度上决定了一个女人的生活状态。

所以，女人们要好好学学理财知识，做金钱的主人；希望女人们保持头脑清醒，在年轻的时候就订立出适合自己的理财计划，让自己尽早走上科学的理财道路。

一般来说，踏入社会之后，我们需要根据自己的情况做好涉及金钱的方方面面的计划。这些计划主要包括以下几个方面：

消费和储蓄计划。我们需要决定在全年的收入里拿出多少用于消费，多少用于储蓄。与此计划有关的任务是编制年度收支表和预算表。

债务计划。在进行买房等投资项目时，借债是很正常的事情。借债能帮助我们解决资金短缺的难题，也能让我们避免错失投资良机。但是，我们需要对债务加以管理，将其控制在一定范围内，并且尽可能地降低债务成本。

还债计划。借债不是坏事，但是有借不还，就会影响你日后的生活，因为你的人际和信用都会下降。所以，在借债之后，我们千万不能忘了做好还债计划。

保险计划。随着收入越来越稳定，我们会拥有越来越多的固定资产，这时我们需要财产保险；为了家庭生活的幸福、生活质量的提高，我们需要人寿保险；更重要的是为了应对疾病和其他意外伤害，我们需要医疗保险。

投资计划。当我们的财富一天天增加的时候，我们迫切寻找一种融收益性、安全性和流动性为一体的投资方式。投资有很多种方式，我们要根据自己的情况合理选择。

晚年生活计划。为了保证自己的晚年生活无忧，我们除购买养老保险外，还应该留够晚年所需的生活费用。

不管你是未婚的妙龄少女，还是已婚的成熟美妇，或者是已有孩子的爱心妈妈，我们都希望美丽的你，能够做一个精明的女人。为自己和自己家庭的经济状况把一把脉，弄清楚自己和家庭的经济现状中有哪些伤疤？有哪些需要好好重新计划的项目？要厘清这些计划，不是一件简单的事，你需要学习理财知识，对家庭的财务状况有个初步了解，然后再根据缺口作出相应的补救计划，也就是适合你自己家庭的科学的理财规划。可能说得有些空泛，我们不妨来借鉴一下张太太的做法。

张太太，38岁，是一个全职太太，她的丈夫40岁，正处于职业生涯的发展期。张太太家庭现阶段拥有60平方米的住房一套，家庭收入较为稳定，拥有15万元的存款以及3万元公积金而且房屋无贷款，每月家庭收入总计8 000元，支出为5 000元，孩子上六年级。

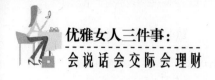

孩子慢慢长大，张太太感到了家庭支出的紧张，于是，她好好审视了家庭的经济现状，立马发现家庭中的经济存在很多缺口，这些缺口，或远或近地将影响到她和家人的生活质量。

1.养老金缺口

假定张太太的丈夫60岁退休余寿25年，以张先生要求的退休后年现值4.8万元支出的生活水准计算，考虑到3％通胀，那么张先生60岁退休当年终值为8.6693万元，按5％的投资报酬率，张先生在余寿25年内所需要的60岁时的养老金现值为173.7597万元。而从目前的数据来计算，张先生的养老金缺口还需130万元，那么，到时候，张太太与先生的晚年生活质量将得不到很好的保障。

2.换房资金缺口

作为三口之家，张先生60平方米的小房确实需要进行更换，假设张先生的目标房产总价100万元，而目前房产估价为30万元，那么如果进行换房，李先生不仅要卖掉现有房产还将花掉所有的积蓄，背上50万元的贷款。

3.教育资金缺口

孩子正在上小学，但孩子的长期发展需要足够的教育金，张先生必须及早准备子女教育金。

4.保险品种缺口

目前张太太家没有任何商业保险，一旦有意外，将产生严重后果。防范风险的最佳办法就是购买足额的人寿保险。

所以，优雅的张太太在学习理财知识后，认真地做了分析，将家庭目前的理财计划做了初步的规划。她按照短期、中期、长期的阶段性目标，分别作出了远近轻重的规划：短期要做保险规划；中期要做教育金和换房规划；长期需要做好养老计划。

在为自己家庭的经济状况把脉之后，张太太很快发现，原来觉得杂乱的家庭财务状况清晰了起来，接下来应该如何做，她心里已经很清楚。

　　首先，需要实现短期的理财计划，那就是购买保险。在收入有限的情况下，张太太想到了通过节流的方式来积攒出这部分规划所需要的资金。因为，张太太发现，目前生活支出占到总收入的62.5％。于是，张太太便减少了奢侈品的购买量，让丈夫上班的交通由打车转化为轨道交通……这样，预计月支出由5 000元降为4 000元。使总支出达到占总收入的50％的合理比例。通过一段时间的积累，短期理财计划的资金就慢慢省出来了。

　　接着，就是需要考虑中长期的规划了。为了不影响家庭的生活质量，家里目前的支出情况不能再降低，于是张太太又想到了开源。张太太今年38岁，学历较高，她预计自己的工作月收入能达到5 000元/月，同时改请月支出为800元/月的钟点工。这样，家庭的收入立马增加，在中长期的规划上，就更容易掌握主动权了。

　　我们相信，优雅的张太太在接下来的日子里，通过自己的努力和家人的合作，再配合其他理财工具，日子会越过越舒服。而我们呢？我们自己家里是否也存在这样或那样的财务缺口呢？如果不先了解清楚这些财务缺口，我们就无法根据这些缺口作出合适的理财规划，那我们的理财也就失去作用了。所以，亲爱的姐妹们，不妨现在就开始清点一下家里的财务缺口，作出科学的财务计划吧！

制订理财计划，金钱需要慢慢打理

　　我们先来看一个小故事：

　　有两个小和尚，他们分别住在相邻的两座山上的庙里，这两座山之间有一条溪。这两个和尚每天都会在同一时间下山去溪边挑水。久而久之，他们便成为好朋友了。

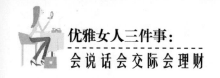

突然有一天，左边这座山的和尚没有下山挑水，右边那座山的和尚心想："他大概睡过头了。"便不以为意。哪知第二天，左边这座山的和尚，还是没有下山挑水。第三天也一样。过了一个星期，还是这样。直到过了一个月，右边那座山的和尚，终于受不了了。他心想："我的朋友可能生病了，我要过去拜访他，看看能帮上什么忙。"

于是他便爬上了左边那座山去探望他的老朋友，等他到达庙里看到好友时好奇地问："你已经一个月没有下山挑水了，难道你可以不用喝水吗？"

左边这座山的和尚说："来来来，我带你去看。"

于是，他带着右边那座山的和尚走到庙的后院，指着一口井说："5年来，我每天做完功课后，都会抽空挖这口井。即使有时很忙，也会多少挖一些。如今，终于让我挖出井水，我就不必再下山挑水了，我可以有更多时间练我喜欢的太极拳。"

挖井、吃到井水是一个日积月累的过程，其实，理财同样如此。理财需要规划，需要根据自己的情况制订详细的计划，正犹如挖井前要根据自家的地理位置弄清楚该不该挖，应该在哪里挖一样；同时，理财还需要长时间的坚持执行，正如和尚用5年的时间来挖一口井一样，要想喝到清甜的井水，我们也需要一直按照规划，坚持持久理财。

如何理好财呢？对于从来没有尝试过理财的女性朋友们来说，可以好好参考一下下面的步骤，并且坚持下来，你会发现收获不小。

首先，要沟通。理财永远都不是一个人的事，尤其是对有了家庭的女人来说，更需要在理财前先和老公好好沟通，说清楚自己的想法，取得老公的赞成和支持，否则自己一个人忙活半天，理不清楚财不说，说不定还因此影响跟老公的关系。这一步很重要，它既可以成为日后你坚持的动力，更是你开始理财的前提条件。

其次，要记账。记账就是让你先弄清楚自家收入支出的具体情况，不然，这财从何理起？记账四原则：一是坚持到底，不要半途而废；二是分门别类，花销只记到相应类别里即可；三是抓大略小，只记到10元为最小单位即可，不必详细到几分几角；四是固定记账时间，例如每周日晚上对这一周的花销进行记账，而不是每天都记，又麻烦又浪费时间。

在坚持记账1年之后，到年底的时候，需要做一个年终核算，并作出详细的统计分析，弄清楚家庭的收支状况。

比如说，李女士通过1年的记账，统计之后，得出家里的收支状况如下：

收入：李女士与其爱人工作性质都比较稳定，每月固定收入共有6 000元左右，年底有两万元奖金。合计年收入9万元左右。

支出：生活费2 000×12=24 000（元），儿子花销500×12=6 000（元），爸爸妈妈公公婆婆花销约10 000元，保险费5 000元，其他5 000元，合计约50 000元。

节余：40 000元左右。

因此，从李女士家目前的收支状况中可以发现，她家的收入比较稳定，不用太担心生活质量；而支出的事项都是必须支出的，没有浪费、超支的情况发生；收支状况良好，每年还有4万元结余，可以保持目前的收支情况。接下来就需要考虑如何利用好每年结余的钱了。

由于每年的收入稳定，支出项目短时间内不会有太大的变动，因此，每年结余4万元的数目比较稳定，这样，每年的4万元就成为了闲散资金，可以适当考虑作出合理的投资计划。对于李女士的家庭来说，因为上有老，下有小，所以在投资时应该选择风险低的工具。

保险：目前，李女士家的保险投入费用已经算比较高，所以不需要考虑再投入；如果投入，可以考虑孩子的教育保险投资。

基金：可以考虑风险相对低的货币基金，每月固定购买。

储蓄：这个投资是为了保证生活的不时之需的费用而设立，每月存1 000元钱的1年定期转存，存够12笔就不存了，合计共12 000元。

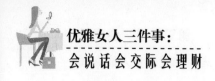
国债：因为李女士的家庭在年终时，有一次性的年终奖达到两万元，所以，这笔资金可以用来一次性购买一笔国债；而平时的节余凑够5 000元或者10 000元就可以去买一笔国债。

如此，就可以在保证低风险的同时，有了生活保障，还有了一定的收益，让钱自己生钱，这样就做到了合理理财。

最后，切忌急躁。不能简单地以为理财就是投资。理财需要一个漫长的过程，你的金钱需要慢慢地用心打理。

不同年龄的女人要有不同的理财方案

理财是每个女人的必修课，但是，这堂必修课因人而异，不同的女人，应该有不同的理财方案。你的年龄，直接决定了你应该制订怎样的理财方案。

对于20多岁的女孩来说，如果你仅仅知道追求吃穿玩、追求享受、爱慕虚荣，不知道进取，不知道奋斗为何物，不愿意受苦受累……那么你就大错特错了。

20多岁，应该是好好学习最基本的理财知识的年龄，应该是学会如何把自己打理好的年龄。错过了在这个年龄阶段的理财规划，你的余生都可能会在稀里糊涂的用钱习惯中度过。

20多岁的女性，大多还是单身，刚刚离开学校踏入社会，很容易沦为"月光族"、"卡卡族"，此时关键是要养成良好的理财习惯。

你要学会记账，通过记账，发现自己消费中存在的问题，养成储蓄和计划的良好习惯。

你要积少成多，哪怕每月只存几百元，也可以通过基金的定额定投来进行投资。相对来说，投资组合可以配置多些股票、股票型基金或配置型基金等风险稍高的品种。

会理财的优雅女人最幸福

你要提升自己，积累无形财富。俗话说，投资脖子以上部位永远没错。新进入社会和职场，开阔视野、充实自我、提升自己的综合素质和工作能力，都对自我价值的提升大有裨益。

不要用你年轻的张狂对这些你本该做的事情表示不屑，你知道吗？你的不屑会让你将来比别人多奋斗10年都不止。在你浑浑噩噩地享受着肆无忌惮地用钱的快乐的时候，你的同龄人都已经开始最初的理财尝试，为自己掘取年轻时的第一桶金了。晓莹就是这样一个女孩。

晓莹开始炒股是在大学的时候，她最初炒股时的资金是从父亲那里借来的1万元启动金。"当时对股票一窍不通，但哥哥们都是多年的股票玩家，他们对我说，女人天生有第六感，尤其是我，运气特别好，一定成。当时我还是个穷学生，每个月400元的生活费，想买件漂亮衣服都得存好几个月，还要向哥哥们伸手，感觉没钱真难受。所以应了那句古话，无知者无畏，我的底线就是1万都赔光了，上班以后慢慢还给老爸。不怕输，这就是年轻的资本，可以重新来过。"晓莹认为，年轻的时候不可用金钱去享受，应该拿着钱去投资，让它升值。结果，大学4年下来，晓莹用保守的心态将从爸爸手里借的1万元钱变成了10万元。

还只是大学生的晓莹，就用她的理财计划为自己走向社会奠定了一定的基础。已经走向社会的你呢？你已经开始拿工资了，你的钱比晓莹多吧？可是，你理财了吗？你的钱都花在了哪里？正如晓莹所说，20多岁，正是积累资本的好时候，为何不让自己在这几年里好好地见证一下理财的力量呢？

当两字头的年龄划下句号，以往无忧无虑的都市女性会突然发现生活里多了些不浓不淡的阴霾：房贷又涨了，老公需要添一部车子，爸爸妈妈看病的花销逐年递增，公司的职位突然多了好多年轻的女孩来竞争……还有，生育宝宝和抚养他到18岁的开支居然要49万元！于是，30多岁的女人担忧开始多了起来，她们需要关注自己，也需要关注家人。

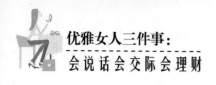

　　30多岁，是家庭开支最大、经济负担最重的阶段。这个时候的女人，需要改变20多岁的理财策略，将关注重点逐渐由个人转移到家庭上。消费要有计划，投资需降低风险。

　　这个年龄段的女性，要根据自己的年龄、收入、身份和工作需要等配置一些必不可少的护肤品、服装，或是有一些娱乐活动、人际应酬的花销，甚至是完成婚姻大事等，一般开销较大。在投资方面，可适当增加一些稳健型品种，以逐渐降低高风险投资品种，配置部分流动性稍高的品种以应对可能出现的短期大笔支出。

　　而家庭中一旦有新成员加入，就要重新审视家庭财务构成了。除了原有的支出之外，小宝贝的养育、教育费用更是一笔庞大的支出。在小宝贝一两岁时，便可开始购买教育险或定期定投的基金来筹措子女的教育经费，子女教育基金的投资期一般在15年以上。

　　另外，越是经济压力的时期，保险的配置越是重要。

　　或许你在20多岁的时候还没有理财的想法，你就只能在这个阶段从零开始，好好地理理财了。

　　"老公是我高中的同学，在一个垄断行业，工资收入是我的三倍。我们是典型的周末夫妻，他在郊县工作，我在省会。我在单位有宿舍，家也在省会，于是周一到周四我都过着快乐的'单身女人'生活，周末基本上是我回到老公身边，家务虽少，但我们太懒，请了个钟点工，一个星期打扫两次，而结婚的前几年都没自己在家做过饭。后来，儿子出生了，我老公也买了辆十多万元的车。后来，一晃儿子半岁了，休完产假不能让他也跟着我住集体宿舍，于是我像疯了一样的开始到处问房子。最后在一个星期内用光了家里的钱，买了一套现房。在这个过程中，我才知道我错失了许多钱生钱的机会，一是先买车后买房，是个错误；二是买房时，老公卡上的现金全是活期，家里没有一张定期存单，可惜了利息；三是从没在家里开伙，浪费了许多钱。还好31岁的女人现在努力也不晚，仍要给自己掌声，鼓励一下。"

　　这是一个30多岁的已婚妈妈给自己提的醒，由于20多岁没有理财规划，导致自己错失了很多机会，有了孩子之后，开支慢慢增大，房子、车子的费用也出现在眼前，于是保险等理财概念也涌入头脑。我们祝福她，她的开始还不太晚！你呢？30多岁的你准备好了吗？

　　相对于二三十岁的女人来说，40岁的女人更容易迷失。本以为自己属于家庭，所有的生活也仅仅是围绕丈夫与子女团团转，却突然发现，曾经充实忙碌的自己落了空，这个时候，我们需要重新找回自己。女人不要把自己当做花，花儿总有凋谢的时候；女人要把自己当成树，才能经受风雨，才能开花结果。

　　所以，如果你40岁了，不要再抱怨时光匆匆把你这么快就变老，你应该为你退休后的生活准备"养老金"了。这个时候，优雅的女人会根据家庭成员的状况分别安排资金。由于此时家庭资金刚性支出压力较小，可以给自己或家庭成员再购买保险，资金充裕的话还可以考虑再购买一套房等。但仍不宜进行炒股等高风险的投资，宜改投国债或者货币市场基金这类低风险的产品。

　　你要相信，不管你是20多岁的美丽少女，还是30多岁的美丽少妇，或是40多岁的美丽母亲，你都是一棵坚韧的树，而合适的理财方案则是让这棵树保持茂盛的肥料。你应该找到合适你的化肥，让它为你的茂盛发挥作用。

制定财务报表，将钱数字化

　　看着钱包里的钱哗哗地流走，心疼的同时你反思了吗？你有想办法弄清楚自己到底是在哪些地方花了不该花的钱吗？如果还没有，那很不幸地告诉你，接下来的日子里，你还将继续过着这样花钱如流水、流水之后后悔不已的生活。

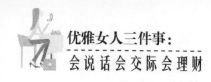

如何让自己从这种痛苦的状态中走出来？其实很简单，做一个财务报表，这是具有细心特点的女人们最擅长做的事情，所以，千万不要畏惧，先从查自己的账开始做起就行。做财务报表最直接的优点是可以让你很快明晰自己的花销，让你明白无谓的开支在哪里，这样，下阶段你就可以有针对性地控制开支。而控制开支则是最简单的理财入手方式。财务报表包括支出统计表和收入统计表两个部分，其中最重要的是支出统计表。在支出统计表中写下每月的固定支出，如交通、水电煤气、按揭贷款等，以及每月不定额的支出，例如娱乐消遣、衣饰、家电等。接着，记下每月各项收入来源及金额：工作薪酬、兼职所得、银行利息、投资回报等。让你对自己的收支情况一目了然，而不是一头繁杂。

当然，根据每个家庭的实际情况，可以对表作出适当的增删修改。而家庭收入统计表则比较简单，列出十二个月的收入及收入来源情况即可。然后，每个季度对家里的支出与收入统计表做一个核算，弄清楚每个月花销最大的地方在哪里，每个月盈余多少，看看收支是否平衡。通过这一系列的分析，你就会发现下一阶段应该缩减哪部分的开支，增加哪部分的投资等等，从而对家庭的收支状况做一个合理的调整。

说得很繁琐，其实简单地说，制作家庭财务报表最初就是记账。记账虽然繁琐了点，但用处很大，也是理财的基础。而且，记账的好处不在一天两天，它的好处会随着时间的增加而日益凸显出来。通过记账，你就会慢慢明白自己家里的财务情况。如果刚开始你不会做报表，那么，随着记账时日的累积，你会不自觉地学会如何制作属于你的家庭财务报表，并派上用场。

一表在手，收支清楚。那种花钱如流水，可钱用在哪里都搞不清楚的糊涂日子，将会随着报表的出现而消逝不见。如果你是一个有心人，是一个希望把家庭打理得更好的女人，你就更需要这样做，它会让你觉得日子不是在稀里糊涂中过着，而是在你的操控下有序地发展。

理财依据自身特点，切莫照搬照抄

处在人生不同阶段、不同层次的人群理财重点各有不同。很多女人在理财时缺乏主见，总是跟随亲朋好友的脚步，模仿别人的理财方法来理自己的财。其实，这是很危险的一件事情，即使是衣服，别人的衣服你穿着都未必合适，更别说理财工具了。

不论是股票还是基金、房地产等任何一种投资工具，过度依赖它们过去的绩效与别人的经验而盲目跟风，无疑是最冒险的行为。

"人贵在自知"，赚钱或者理财的成败，绝大多数取决于投资人的个性。在理财行为上，首先要了解自己拥有多少可动用资金，例如经济来源、收支情形、储蓄总额等等，弄清楚之后，再来设定理财目标，才会知道该采取怎样的策略。但是很多人都不去认识真正的"自己"，总是跟在别人屁股后面跑，哪里热就往哪里钻，不撞南墙不回头。

各家有各家不同的经，拿着别人家的经套用到自己家的理财状况，其实是拿着自己的钱在冒险。下面，我们来对比两个案例：

案例1

"2000年，我已经毕业5年了，手里的全部积蓄只有10万元。当时在广州，我外婆有个机会可以半价买一个新区的房子。80平方米的，要20万元。我咬咬牙用全部的储蓄，再向家人借了10万元，把房子买了下来。后面的两年，我过得好苦，每个月只有500元零花钱，其他全部用来供房子。

结婚后，我和老公在深圳有一套80平方米的房子，一直感觉太小了，想换大房子。到2003年时，家里好不容易有30万元现金了，老公却说要买车，我一直不同意。因为我还要买房子。

老公好不容易被我说服了。终于，我们找到一个全家都很喜欢的房子，75万

207

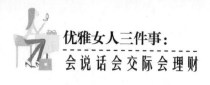

元。我们又开始借钱了，老公说要把小房卖了，40万元，加上30多万元正好买大房子。我坚决不同意，后来老公还是听我的，我们每月又开始节衣缩食的供房子。

老公总是说要卖房子，我一直坚持没让他卖。2005年，我们终于把房子全部供完了。

盘点了这6年的投资收获：广州的房子，已经由20万元涨到50多万元；深圳自己住的房子，已经由75万元涨到110万元。今年，我把原来小房子卖了73万元（2003年时只有43万元）；然后把73万元放在股票里，又赚了20多万元。也就是说，用6年的时间，我靠理财赚了80多万元。"

案例2

顾先生今年28岁，是某公司的销售经理，税后月收入在3 000元到1万元不等。他太太在事业单位，从事文职工作，月收入5 000元。目前，夫妻两人都有五险一金，双方父母均已退休，有退休金。

顾先生现有活期存款10万元，没有负债，家庭每月生活费支出4 200元左右，另外每年给双方老人总共5 000元左右的费用。顾先生和太太的住房是5年前父母出钱一次性付清50万元购买的，目前市值约100万元。顾先生还打理一套父母的70平方米房子，每月能收到租金2 500元。

顾先生没有购买商业保险，因为比较谨慎，也没有过多投资，只持有一些股票，市值约15万元。顾先生看到房地产市场很热，见很多朋友都在房地产市场赚到了不少的银子，便一狠心，收回了股市的15万元，加上活期存款8万元，再向别人借了7万元，买了一栋90平方米的房子，月供3000元。

结果，生活一下子过得谨慎、小心、紧巴起来。因为存款少了，而且还背负了债务，房租的费用还不够偿还月供的，两岁孩子的教育经费还没开始投入……而买的房子，暂时也并没有增值的迹象。顾先生的生活一时间发生了巨大的变化，手上再也阔绰不起来。

其实，从这两个案例中，我们能深切地感受到一个问题，那就是不同的家庭情况，确实不应该用相同的理财方式。像这两个例子中的主人公都有较多的房产，但是，一种是主动型的投资家庭，一种是稳健型的。案例1中的夫妻还没有要孩子的打算，所以，在有限的资产范围内，由于所处地理位置优越，房价升值空间大，便将投资放在了房地产市场上，能够获得明显的收益；而案例2中，由于主人公的收入不够稳定，再加上已经有了孩子，那就不能像案例1中的主人那样冒大风险做高额投资了，而且，之前投资在股市的15万元其实也是欠缺考虑的，因为风险太大。案例1中的主人公，通过黄金地段的房地产投资，让自己的资产几年间迅速升值；但是这种情况并不适合所有的家庭，比如说，在案例2中，主人公就是因为盲从，导致套牢了大部分资金，让本来盈余的生活质量瞬间下降。其实，如果案例2中的主人公能够仔细分析自己的财务状况，采取稳健型的投资方式，他的生活质量不仅不会下降，反而会在稳中收益。

在考试时，抄别人的试卷有可能会让你拿到高分，但是，在理财中，如果总是照搬照抄别人的方法，你永远也不会有属于自己的理财思维，也永远锻炼不出精准的理财眼光，更惨的是，照搬别人的方法，失败的几率反而会大大增加。

理财贵在坚持，不要轻言放弃

李嘉诚曾说，理财必须花费较长时间，短时间是看不出效果的。"股神"巴菲特也曾说过："我不懂怎样才能尽快赚钱，我只知道随着时日增长赚到钱。"

在银行每天接触各种理财工具的工作人员陈某说，理财的第一原则就是尽早开始，并坚持长期投资。但是，能够真正在理财的道路上坚持的人很少很少。前两年，基金都是翻倍增长，所以年长的投资者都把自己的养老钱拿出来购买基金，但是，每年100%甚至200%的收益率，并不是投资基金的常态，而是在特殊

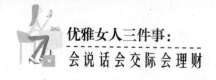

的牛市上涨行情中出现的特殊高回报。而理财是对一生财富的安排，如何在波动的行情中稳中求胜，是现在我们最应当考虑的。

任何一种理财方式，都是时间见分晓，耐不住性子的人，也许短期内能够获得较高收益，但是，总会因为性子急而失去更多。就以基金为例，在众多的理财方法里，基金定投最能考核人的坚持劲。这种方式能自动做到涨时少买，跌时多买，不但可以分散投资风险，而且单位平均成本也低于平均市场价格，但其难度就在于是否能够长期坚持。

有的人，能够坚持10年，在这10年中，经历过不少惨境，也经历过小涨小跌的平缓期，但都没有半途而废，而是用10年的时间，最终让自己收益达到同期基金中的最高水平。

1998年3月，当我国发行第一只封闭式基金时，王女士参加了申购，从此开始了与基金长达10余年的不了情。最初，她用2万元申购到了一千份基金金泰，上市后价格持续上升，身边炒股的朋友劝她卖出，但她坚持没卖，直等涨到两倍时才卖，用1 000元本金居然轻松挣到了1 000元！这是王女士在基金上也是在中国证券市场上挖到的第一桶金，心里别提有多高兴了。之后，基金市场一直火了好几年。

但天有不测风云，中国股市火了几年后，熊市悄悄来临了。漫长的熊市让大家感到痛苦和无奈，经济学家的预测不灵了，基金的投资神话似乎也破灭了。终于，在2005年，黎明前的黑暗中，王女士将封闭式基金卖掉了，只留下一千份基金兴华。

时间到了2006年9月，她不经意间听了一场基金讲座，让她忽然发现中国的证券市场已是冬去春来了！于是，在王女士40岁生日这天，她果断地将10万元投资到华夏红利基金中，"周围的人都认为我疯了，但是我知道，坚持一定会有收益，等了这么多年，该是收益的时候了！"

果然，仅8个月的时间，王女士的收益已翻倍有余。她庆幸在最惨淡的时

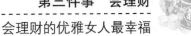

候，她没有半路放弃，而是咬牙坚持了下来，整整10年，最终得到的还是收获。

像这位朋友这样10年的坚持，少有人能够做到。尤其是很多患得患失的女性朋友，更是容易在稍微有点涨动或者跌落的趋势时就动摇、放弃，这样永远都得不到好的收益。

理财最重要的是能够稳住，在最糟糕的情况下稳住，坚信时间将会改变局势。相信很多半途而废的理财人士在看着那些本来可以进入自己口袋的收益，因为自己的提早放弃而流失时，都有相同的感受。其实，很多人在投资一项理财工具时，都有着侥幸的心理，也有遭遇风险的心理准备，按理说，应该能够经得起时间的考验。但是，往往真的出现风吹草动时，很多人就跟风放弃了。有坚持的想法，却没有坚持的决心；有坚持的理由，却没有坚持的行动，最终也就只能是小打小闹了。这种坚持之心，也不是通过训导能够说服的，只有我们亲身经历过，尝过一次甜头，才会真的相信坚持的魔力。

最后，我们就用一个有着多年理财经验的女士的理财心得结尾，希望对大家有所帮助。"关于理财，每一个人的性格、方式和风险承受能力都不同。但是，我觉得一定要有一个信念——如果自己有坚定的信念和看好的投资方法，就一定要坚持。例如，你认为基金定投作为一种长期的理财投资品种，坚持3年5年，甚至10年时间可以收到可观回报，那你就一定要坚持每个月都定投，不要看到股市行情不好，赔钱了，就放弃了自己的信念。我觉得既然是自己认定的路就一定要走到底，千万不要半途而废……"

第13章

储蓄功夫做得足，女人不做"月光族"

你每月该留多少"储备金"

有人说得好，要想使你自己的生活过得安稳无忧，一定要存有几个固定钱。原因如下：定期存款可以不断吃息；万一生病住院需要用钱；孩子每年都要有固定的教育基金；家庭每个月需要固定的生活费。当然了，如果这几个方面所需要的资金你都已经有所规划，除此之外，你还有闲钱，那你就可以做其他方面的投资了。也就是说，这几个方面的资金准备，应是你家庭里基本的"储备金"。

丁太太今年30岁，1年前生完孩子以后就没有再工作了，一直在家照顾孩子，先生今年32岁，在上海一家中型外企工作，经过多年努力，成为了公司的中高层，年收入有25万元。她家现有一套住房，购买时一次付清，因此无负债，房子目前市值为100万元。丁太太之前的理财较为保守，50万元资产都做了定期存款，在股票市场投资10万元，有一定幅度的亏损。

丁太太夫妻俩都有社会保险、大病及医疗商业保险，每年保费7 000元，孩子有医疗及意外商业保险，每年保费1 000元。每月家庭平均支出约为6 000元。闲下来的丁太太思考着，家里之前没有定期预留储备金的计划，而50万元的存款又没有做其他的具体安排，她突然觉得自己好像一方面浪费了赚钱的机会，另一方面家庭保障工作又没有做到位。其实，丁太太家由于目前生活比较稳定，并已经有10万元做了有风险的股票投资，因此可以将50万元定期存款拿出一部分投资风险相对较小的基金，然后，就需要考虑储备金的问题了。那么，丁太太到底应该如何考虑她家的储备金计划呢？

首先，人身保险方面的储备金是让丁太太安心的基本储备金，根据最基本的双十原则，即用年收入的1/10购买收入十倍的保额的原则，丁先生一家的保费控制在1年缴纳2.5万元比较合适。

其次，关于孩子的教育储备金，以每年固定存储的方式来做储蓄。可以按照小学每年2万元，初中每年2.5万元，高中每年3万元，大学每年4万元的数额来作出相应的储备。

最后，是年老退休之后的医疗储备金。丁太太自己需要额外筹措养老期间的医疗储备金，此项规划要求投资波动性极小，建议以债券型的基金储备为主。以年收益5％来计算，如果60岁时想要筹集50万元作为家庭医疗专项储备金，则现在丁太太每个月需要定投620元即可。

当然每个家庭的情况都不一样，也不能完全照搬。可是，我们可以通过丁太太的例子来做一个参考，提醒自己应该好好分析一下目前家里的资金情况，做进一步合理的规划。这里，不妨告诉各位女性朋友们一条做储备金计划的黄金准则："月3（30％）、年3（30％）、3年翻番"，即每月坚持把收入的30％储蓄起来，做理财投资的原始资本积累；每年实现30％的投资收益率；每3年使自己的金融资产实现倍增。这样，几个三年下来，你会惊喜地发现，你家里的资产已经翻了几番了。

一般来说，以上述准则来做储备规划，也许在刚开始的阶段，需要节衣缩

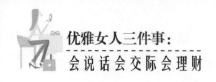

食，可能日子会比较清贫，但是，你却可以过得很安心，因为你家的储备金足够，不用太害怕各种突来的风险。而坚持下来之后，慢慢日子就会好过起来。等到收入慢慢稳定下来，资金也慢慢积累起来之后，这种习惯仍然不能放弃。而且，那时候就应该尤其要注意给家庭准备好应急储备金，以防不时之需了。可能又有人要问了，那具体的应急储备金应该储备多少呢？一般来说，家庭应急准备金的数额一般以3~12个月的家庭生活费为宜，以应付收入突然中断或有其他意外时仍能维持生活。正因为如此，储备家庭应急备用金，首要是保持其较高的流动性和安全性，然后在此基础上尽量提高收益。

储蓄，最具防御性的理财方式

近年来，女性的理财选择日益丰富，货币市场基金、外汇结构性理财产品、人民币理财产品等令人应接不暇。在个人理财大行其道的今天，理财似乎成为了储蓄的代名词。因而有女性忽视了合理储蓄在理财中的重要性，错误地认为只要理好财，储蓄与否并不重要。

然而，每月的储蓄正是投资资金源源不断的源泉。只有持之以恒，才能确保理财规划的逐步顺利进行。因此，进行合理的储蓄，是理好财的第一步。

我们来看看小倩是怎样储蓄的：

小倩工作第二个月，妈妈就以小倩的名义，在银行开了一个零存整取账户，每月固定存入1 000元。那时候，小倩的工资全部加起来还不到2 000元。一开始，小倩是满心的不乐意，看着同时参加工作的女伴，每月发了工资的那几天，随心所欲地购买心仪的服装和化妆品，而自己却只能小心翼翼地算计着过日子，小倩没少向妈妈抱怨。无奈妈妈丝毫不为所动，到了发薪水的那天，总是不忘提醒小倩把钱按时存入账户。

后来，小倩意外地发现自己的账户里有很多钱，可以准备投资了。当然，小倩最感谢的就是妈妈，如果不是妈妈一开始就强制她储蓄，使她养成量入为出，不盲目过度消费的好习惯，也就没有她后来可以用来理财投资的充足储备资金。说到这里，小倩经常不忘提醒她的朋友"平时无论钱多钱少，一定要使自己养成储蓄的好习惯，实在不行的话，就学我妈妈这样强制储蓄"。

平时要养成"先储蓄再消费"的习惯才是正确的理财法。实行自我约束，每月在领到薪水时，先把一笔储蓄金存入银行（如零存整取定存）或购买一些小额国债、基金，"先下手为强"，存了钱再说，这样一方面可控制每月预算，以防超支；另一方面又能逐渐养成节俭的习惯，改变自己的消费观甚至价值观，以追求精神的充实，不再为虚荣浮躁的外表所惑。这种"强迫储蓄"的方式也是积攒理财资金的起步，生活要有保障就要完全掌握自己的财务状况，不仅要"瞻前"也要"顾后"。让"储蓄"先于"消费"吧！

"先消费再储蓄"是一般人易犯的理财习惯错误，许多人在生活中常感左入右出、入不敷出，就是因为"消费"在前头，没有储蓄的观念，或是认为"先花了，剩下再说"，低估了自己的消费欲及零零星星的日常开支。

也有很多人每个月都会将工资的一部分储蓄起来，有些人储蓄10%工资，有些20%，有些30%，还有的是把没有花出去的钱储蓄起来，每个月储蓄多少基本没谱。

那么从理财的角度来说，怎样才是科学的储蓄呢？我们都知道，理财是为实现人生的重大目标而服务的，而每月的储蓄其实就是投资的来源。因此，合理的储蓄应该先根据理财目标，通过精确的计算，得出为达成目标所需的每月应存储的金额；然后是量入为出，在明确的理财目标的指引下，每月都按此金额进行储蓄。至于每月的支出，那就是每月的收入扣除每月的储蓄额后的结余了。

有些人可能会说，"收入–储蓄=支出"与"收入–支出=储蓄"不是一样吗？从数学的角度来看，这两个等式确实一样，但从理财的角度看，两者有天壤

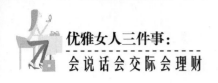
之别。每个人的收入基本上都是确定的，可以变化的也就是支出和储蓄了。如果是后一个等式，那么储蓄就变成可有可无了，有就存，没有就不存，并不是必须项，这也就是很多人理财规划做得不好，存不下钱的原因所在。只有重视储蓄，真正把它当做一项任务去完成，理财才有成功的可能。

合理储蓄窍门有二：其一，修正理财目标，延长达成目标的年限；其二，增加收入，如果既不想压缩开支，又要如愿完成目标，那就只能想办法增加自己每月的收入了。如果你的收入弹性不是很大，那还是调整理财目标比较合理。理财，是一个漫长的过程，一定要多存钱、多储蓄，手头上有节余、有能够运用的资金，才能用钱滚钱，才有办法抓住投资生财的机会。养成适当的生活、消费习惯，量入为出，避免"寅吃卯粮"，简单地说就是，不要每个月一进账就花光，甚至透支。

当然储蓄也有许多技巧，譬如："不等份储蓄"可以降低利息损失；"阶梯储蓄"增值取用两不误；"时间差储蓄"见缝插针赚利息；"组合储蓄"一笔钱可以获两次利息；"约定自动转存储蓄"能有效避免利息白白流失；"预支利息储蓄"是负利率时期的最佳应急方式等等。所以，如果有时间的话，不妨找一些这方面的书仔细研究研究，别看只是一些小钱，但积少成多就是一笔大钱。

不可不知的存款计息小窍门

很多人都很懂得储蓄，但是懂得储蓄并不意味着懂得理财。

目前，尽管存款利息越来越低，但是来自金融部门的统计数据表明，储蓄仍然是普通女性最重要的投资手段，怎样才能通过储蓄最大获利，这其中还真有不少窍门。往银行存款看似是简单的一件事，实则大有学问，运用得当才能充分发挥这一理财手段的作用。

有的人担心利率会继续下调，就把大额存款集中到了3年期和5年期上，也有的人仅仅为了方便支取就把数千元乃至上万元钱存入了活期。这两种做法是否科学呢？让我们来看看具体的例子。

从工商银行获得的数据显示，现在的活期存款利率为每月0.6‰，1年期为每月1.65‰，3年期为每月2.1‰，5年期为每月2.325‰。假如以50 000元为例，3年期获得的存款利息约为3 024元，5年期获得的利息约为5 580元，假如把这50 000元存为活期，1年只有288元利息，即使存3年利息也只有1 100元左右。由此可见，同样50 000元，存的期限相同，假如方式不同，3年活期和3年定期的利息将差1924元左右，这种情况下存活期的利息损失是相当大的。但有人担心将存款一次性存入3年或5年定期，一旦提前支取，还是得不到较高的利息，事实上，现在针对这一情况，银行规定对于提前支取的部分按活期算利息，没提前支取的仍然按原来的利率。所以，个人应按各自不同的情况选择存款期限和类型。

从定期存款的期限来看，宜选择短期。

在具体的操作上，不妨采用一种巧妙的方法。可以每月将家中余钱存1年定期存款。1年下来，手中正好有12张存单。这样，不管哪个月急用钱都可取出当月到期的存款。如果不需用钱，可将到期的存款连同利息及手头的余钱接着转存1年定期。这种"滚雪球"的存钱方法保证不会失去理财的机会成本。

现在，银行都推出了自动转存服务。女性在储蓄时，应与银行约定进行自动转存。这样做，一方面，是避免了存款到期后不及时转存，逾期部分按活期计息的损失；另一方面，存款到期后不久，如遇利率下调，未约定自动转存的，再存时就要按下调后利率计息，而自动转存的，就能按下调前较高的利率计息。如到期后遇利率上调，也可取出后再存。

如果急需用钱，而存单又尚未到期，并且是在以前高利率时存的，可不必提前支取，因为银行规定定期存款提前支取时利息按活期存款计算。这时，可以用存单作抵押到银行贷款，等存单到期后再归还贷款。当然，事先要计算一下，假如到时归还的贷款利息要高于存款利息，那么这一方法就不可取了。这时，可以

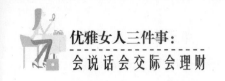

到银行办理部分提前支取，余留部分存款银行将再开具一张新存单，仍以原存入日为起息日，这一部分的定期存款的获息就不会受到影响。

假设手中的闲钱预计在几个月内不用，那么选择定期三个月或六个月比较划算，但需要弄清楚你存款的银行是否有自动转存业务。选择能自动转存的银行，就省去了跑银行的麻烦，存款到期后利息和本金会自动转存并计息。

比如，你手中有1万元，先存三个月定期，到期时利息为79.09元，则第二、第三、第四季度继续连本带利自动转存，利息分别为79.71元、80.34元和80.98元，滚存1年后利息总计为320.12元，要比1万元存活期多出251.72元。

由此可见，了解一些存款计息的小窍门有利于我们的财富增长，女性朋友们平时有空可多去银行或者通过各种渠道了解一些存款常识和技巧，以帮助我们的财富不断增加。

定期存款还是活期存款

银行存款是最传统的存钱渠道之一，可分为活期性存款和定期性存款两类。

前者利息较低，但随时可以存领，而且金额不拘。后者利息较高，但有存款期限，未到期前提款，会有利息的损失。储蓄的目的是为累积财力，所以最好不要经常动用已存下来的钱，基于这种考虑，以定期性存款作为储蓄较佳，活期性存款则只用来存放家庭的急用款，保持大约三至六个月的生活费用就够了。定期性存款又分为定期存款和定期储蓄存款，前者需要整笔的资金，后者则可以采用"零存整付"的方式。

只有在一定期限内不用的钱，才适合存定期，而且期限越长利率越高。这里很关键的一点是把期限确定好，比如：存一笔定期1年的钱，结果半年刚过便有急用，不得不提前支取，这半年银行只按活期存款的利息计算，就不如当初存半年定期，那样利息比活期的高得多。

鉴于期限越长，利率越高，所以定期储蓄是长线投资的一个重要手段，即使国家利率调低，已存的钱利率也不变，而若调高，则从调高之日起，按高利率计算，这是银行的惯例，也是国家保证储户利益不受损失的措施。

家庭主妇林女士，有一笔私房钱5万元，这笔钱在几年内都用不上。但是存活期利率0.72％，1年下来税前利息只有135元，她觉着这样太不划算。因此她在保证这笔资金在几年内都不会动用的情况下，选择"整存整取"这种定存方式，因为这种方式是所有定存里面利息最高的。

而白领小张，月薪6 000元，刚工作，没有太多的积蓄，并且不能保证这些积蓄是否不动用，在这种情况下选择活期的方式比较合适。

其实，活期和定期存款没有什么好与不好，关键是根据自己的情况，选择适合自己的存款方式。

就活期存款而言，目前银行一般约定活期储蓄5元起存，多存不限，由银行发给存折，凭折支取（有配发储蓄卡的，还可凭卡支取），存折记名，可以挂失（含密码挂失）。利息于每年6月30日结算一次，前次结算的利息并入本金供下次计息。

活期存款用于日常开支，灵活方便，适应性强。一般可将月固定收入（例如工资）存入活期存折作为日常待用款项，供日常支取开支（水电、电话等费用从活期账户中代扣代缴支付最为方便）。

由于活期存款利率低，一旦活期账户结余了较为大笔的存款，应及时支取转为定期存款。另外，对于平常有大额款项进出的活期账户，为了让利息生利息，最好于每两月结清一次活期账户，然后再以结清后的本息重新开一本活期存折。

定期存款和活期存款有所不同，它是50元起存，存期分为三个月、半年、1年、两年、3年和5年6个档次。本金一次存入，银行发给存单，凭存单支取本息。在开户或到期之前可向银行申请办理自动转存或约定转存业务。存单未到期

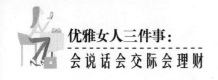

提前支取的，按活期存款计息。

定期存款适用于生活节余的较长时间不需动用的款项。在高利率时代（例如20世纪90年代初），存期要就"中"，即将5年期的存款分解为1年期和两年期，然后滚动轮番存储，如此可利生利而收益效果最好。

在低利率时期，存期要就"长"，能存5年的就不要分段存取，因为低利率情况下的储蓄收益特征是"存期越长、利率越高、收益越好"。

当然对于那些较长时间不用，但不能确定具体存期的款项最好用"拆零"法，如将一笔5万元的存款分为0.5万元、1万元、1.5万元和2万元4笔，以便视具体情况支取相应部分的存款，避免利息损失。若遇利率调整时，刚好有一笔存款要定期，此时若预见利率调高则存短期；若预见利率调低则要存长期。

女性朋友在选择活期还是短期时不能仅仅考虑哪个获得的报酬更多，要更多地结合自身的经济条件，选择适合自己的方式。

坚定存钱信心，不做"月光族"

诺基亚副总裁弗兰克·诺弗的口袋里通常有三个手机。"我平时用的最多的是这两个。"他指了指摆在桌上的VertuSignature和VertuAscent说，"运动的时候我就用诺基亚的防水手机，有时候我也用其他型号的产品，选择哪一个完全取决于我当时的心情。"

哈，取决于心情？这个论调不是许多"月光族"的行为写照嘛——大手大脚地花钱，只是为了满足"想要"的欲望罢了。就像弗兰克·诺弗解释说：从需要的本质含义上说，我们不需要法拉利，也不需要保时捷，我们只是，或者说就是想要它。

据调查，21~25岁的英国女性中，80%的人花的钱比挣得多，46%的人信用卡透支，平均负债3 830英镑，只有21%的被调查女性说自己有储蓄的习惯，14%的人意识到为了还贷应该节省开支。总的来说，接近一半的女性当上了"月光族"。调查还发现，越是受过良好教育、越优雅的女人，物质欲望越高涨，财政赤字也越大。还记得《欲望都市》里的专栏作家凯莉和《穿Prada的女魔头》里的米兰达吗？她们可都是物质至上的高智商女人啊！

一位专栏女作家说，之所以选择上大学，是因为教育能够保证未来生活的质量。但她没想到，毕业典礼结束后，眼前的路不是金光大道，而是各种债务的泥潭。所有的职场专家都说："服装是投资，你应该为你想要的工作穿衣，而不是为已有的工作穿。"而想要的工作就像想要的生活那样，总是源源不断地在提高、在改变，对于优雅又受过高等教育的女孩尤其如此。她们喜欢城市生活，喜欢花钱，不愿让青春出现空白和遗憾。

在西方消费观念不断侵袭的背景下，一批青年人也喜欢上了过度消费，当上了月光族。尤其是女孩子，更是勇于尝试新的东西，如新款服装、新款美食、新款化妆品。并且掌握流行趋势的发展，成为走在时代前端的摩登人物。"月光"们是商家最喜欢的消费者，因为她们有强烈的消费欲望，会花钱。挣钱不多的，每月的工资光光的，能赚钱的也富不过30天。相对于努力攒点钱的储蓄族而言，"月光族"的做法就是：挣多少花多少。现在，就让我们通过实例来看一下一些朋友是如何沦为月光族的。

张某今年26岁，单身，是一家外企的行政人员，月收入3 000元。在花销上，张某算不上大手大脚：为了减轻房租压力，她和同事合租了一套房子；晚饭一般都是自备优惠券吃洋快餐；衣物极少买名牌，基本上都是常换常新的"大路货"……虽然如此"节俭"，但到了每个月月底，张某的工资依然花得光光的，毫无结余。她总是抱怨："我的钱都上哪儿去了？"

陈某，一家公司的市场策划人员，平均月收入5 000元。这个女孩虽然挣钱不少，花钱更多。什么都敢玩，什么都敢买，偶尔还会向朋友借债度日，几乎每

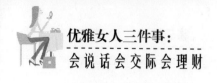

个月都是月头是"富翁"，月尾是"负翁"，工作3年了，还一点积蓄也没有。

拿着丰厚的薪水，却打起贫穷的旗号，每月工资花光光——张某和陈某就都属于时下非常"时髦"的"月光族"。需要我们分析的是，这两人收入高低不同，花钱习惯不同，为何都陷入了"月光族"的泥沼中了呢？

陈某的"月光"自然是源自"什么都敢玩，什么都敢买"，花钱过于大手大脚、毫无节制。那么张某呢？她花钱虽然不"大手大脚"，却缺乏条理性和计划性。比如，她名为"合租"，却租的是一套房子，并不见得会比单租一间房子便宜；她吃的是打折的洋快餐，但会比自己在家做饭便宜么？她买衣服不追求名牌，却追求"常换常新"，每个月买的"大路货"到底有多少件？是否频率过高，是否买来后利用率很低？类似她这样的花钱误区，还可以找出很多很多。

所以，无论是陈某，还是张某，都应该好好反思一下自己的生活习惯，尤其是消费习惯，若不想成为浩浩荡荡的"月光族"一员，应该量入为出，做到有计划地花钱。

俗话说"钱是人的胆"，没有钱或挣钱少，各种消费的欲望自然就小，手里有了钱，消费欲立马就会膨胀，所以，月光族要控制消费欲望，最好能对每月收入和支出情况进行记录和"监控"，防止不必要的消费。

记账能使你对自己的支出作出分析，了解哪些支出是必需的，哪些支出是可有可无的，从而更合理地安排支出。平时少逛街，抵制各种优惠促销的诱惑。不要仅仅为了消遣去购物，少逛街，你看不见心里就不会痒痒，当然也就不会乱买了。对于买100送50，五折优惠，积分贵宾卡等越来越煽情的诱惑一定要有免疫力，千万不可患上"狂买症"。对于月光族而言，对这种看似优惠的消费一定要克制，告诉自己"想要"和"需要"不是一回事。

还有就是要坚定存钱的信心，学会做预算。

写下你想存钱的理由，包括那些众所周知的原因，退休、买房、大学教育、旅行或者是一个你筹划已久的大件花销，车子、游艇等等。还包括其他的一些理由，比如为了经济有保障，为了内心宁静，为了帮助他人，为了心里踏实，以及其他一些零碎的原因。只有知道为什么要省钱，你才有可能坚持下去。把这些理由写在你的预算的首要位置然后装在钱包里随身携带。

然后敦促自己养成为每月的开支制定预算的习惯。制定预算，最简单的办法就是使用免费网上预算服务，蜂巢网。或者也可以使用Quicken、Microsoft Money等软件。当然，你也可以简简单单地用电子表格做一个收入和支出（包括节省的钱在内）的柱形图。这个做法能使你为本月花销给出一个最大估算也得到一个存款最小值。

我们提醒各位女性"月光族"：谨慎花钱，精明理财。虽然消费和戏剧、舞蹈一样，是一种自我表现的方式，可以治疗空虚、厌世，消磨闲散的时间，但这些，都是暂时的。

女人，你应该做谁的债主

近来不少女性都说买债券比买股票好，既增值又保险。随着生活水平的提高，女性理财意识越来越浓，"只会存钱，盲目买股"的"理财盲"越来越少。想购买债券要注意几个问题。

女性在购买债券之前，要了解一下债券市场和债券理财产品。

随着债券品种越来越多，判断债券的投资价值，就要结合各类债券的发行人品质、信用风险、流动性风险、债券估值、收益率、久期、税收和利率敏感性分析等因素进行综合评定。

债券产品是有固定期限的，直接购买必须先准备好一笔长期不用的钱。而债券型理财产品通过投资多种债券组合进行主动的久期管理，并设有灵活的开放期，投资者可以定期赎回。

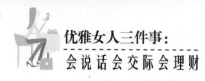

有些投资者也会担心，如果股市转好，购买债券会不会影响收益。债券型理财产品的投资者就可以高枕无忧，因为债券型理财产品往往都设有一定比例可以投资于股票，并且是在有确定性投资机会时才会出手，确保不会错过股市大涨的好机会。

因此，选择投资债券型理财产品，既可以方便地分享债券市场的收益，又可以适度地规避债券市场的风险，而且成本较低、进出灵活，更适合普通投资者。

那么，如何选择一款适合自己的债券型理财产品呢？

首先，要考察发行理财产品的公司是否品牌好。这就要看该公司是不是知名度高、没有违规记录。然后要比较一下，该公司以往发行的理财产品是否业绩优异而且稳定。如果其旗下产品长期以来总可以保持在同类型产品排名的前列，就是良好的业绩。要重点看看它的收益率，由于银行将理财产品筹集的资金主要投向银行间债券市场，其收益一般都高于同期的银行存款利率，但也有一个上限。银行间债券市场的收益率，扣除银行耗费的人工成本，一般就是债券理财产品的收益上限。如果高于这个合理的区间，投资者就要注意防范风险。其次，要看灵活性。特别是购买较长期限产品的客户，不可忽视银行是否提供质押或者是否可以提前赎回，以确保在急需资金时，能维护自己的权益。再次，要看流动性。由于理财产品都有固定的理财期限，投资者必须根据自身的实际情况，选择适合的理财期限。比如，在股市回暖的情况下，可以选择短期投资产品。最后，要提醒女性投资者的是，选择理财产品一定要看好是否和您自己的风险收益偏好吻合。如果您是稳健型投资者；如果您希望分享中国经济的高速成长，又缺乏时间、精力，不知如何挑选与分辨市场中数目繁多的理财产品或不喜欢对产品组合作积极管理和调整；如果您希望寻找安全性与成长性兼顾的投资产品；如果您拥有大量储蓄，却苦于银行利息太少，无法抵御通货膨胀的侵蚀，那么就精心挑选一款适合自己的债券型理财产品吧。

教育储蓄，好处多多

每个家长都想让自己的子女受到良好教育，然而居高不下的教育开支，给工薪阶层对教育费用的集中支付造成困难。教育储蓄是学生家长的首选储蓄种类，自我国对居民储蓄利息收入征收20％的所得税后，教育储蓄作为一个新生的储种，为在校（四年级以上）学生的家长提供了一个全新的储蓄方式。它具有利率高，存取灵活，手续简便，免征所得税等特点。让家长给孩子积累财富的同时也为自己减轻了一份负担。

对于妈妈们来说，孩子上高中、上大学的花费是家里的头等大事，因而及早做好教育储蓄，作为孩子在非义务教育阶段的花费，是妈妈们理财时的一种明智选择。

教育储蓄属零存整取定期储蓄存款。存期分为1年、3年和6年。最低起存金额为50元，本金合计最高限额为2万元。开户时储户与金融机构约定每月固定存入的金额，分月存入，中途如有漏存，应在次月补齐，未补存者按零存整取定期储蓄存款的有关规定办理。到期支取时，凭存折和学校提供的正在接受非义务教育的学生身份证明，一次支取本金和利息。金融机构支付存款本金和利息后，应在"证明"原件上加盖"已享受教育储蓄优惠"字样的印章，每份"证明"只享受一次优惠。

教育储蓄有很多好处，它是当前国债和储蓄中收益最高的投资理财品种。它的利率比较优惠，并且，储户凭存折和提供正在接受非义务教育证明，一次性支取本金和利息，可享受免征利息所得税。

教育储蓄还有提前支取享受计息的优惠。教育储蓄如果提前支取，存够1年且提供有效证明，可按1年定期储蓄利率办理，且不收利息税，如存满两年按

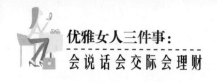

两年定期计息。把教育储蓄和普通存款品种、国债做个比较：以办理3年期教育储蓄每月存入500元，同3年期普通零存整取相比，教育储蓄利率为2.52%，到期利息699.30元，税后利息为699.30元；普通零存整取利率为1.89%，到期利息524.48元，税后利息为419.58元。以办理3年期教育储蓄一次性存入2万元，同3年期普通整存整取和2002年第一批3年期国债相比：教育储蓄利率为2.52%，到期利息1 512.00元，税后利息1 512.00元；普通整存整取利率为2.52%，到期利息1 512.00元，税后利息1 209.60元；国债利率为2.42%，到期利息1 452.00元，税后利息1 452.00元。

妈妈们在选择教育储蓄的时候，在同样的条件下，如何选择才能做到收益最大化呢？下面告诉好妈妈们几个存储小窍门，以备选择。

存款期限尽量选择3年和6年期，教育储蓄是零存整取，但按照同档整存整取计息的优惠政策，因而选择的存期越长，利率越高，相应所得的利息也越多，可以更好地享受国家给予的优惠政策。而且，还能在孩子从义务教育过渡到非义务教育阶段时，不会因每月的投入增长过大过快，而影响到整个家庭的经济支付。

比如子女还有1年上初中，其初中阶段的教育储蓄，按照教育储蓄管理办法的规定，可选择3年期和6年期，倘若选择存3年期教育储蓄，就比选择存6年期少享受3年的免税优惠。

每次约定存储金额越多越好，对于同档存期来说，每次约定的存款数额越小，计息的本金就越少，续存次数就越多，计息天数也越少，所得利息与免税优惠就越少。因而，存储时选择的存款金额越多，得到的利息及免税金额的实惠就越多。

教育储蓄可以解决孩子在非义务教育阶段的开支问题，积少成多，所以，妈妈们一定不要忽视了这项为孩子的投资。教育储蓄不仅让孩子上学有了经济上的保证，同时也减轻了妈妈们以后的负担，一箭双雕，何乐而不为呢？

第14章

把钱花在刀刃上，精打细算过日子

哪怕说得天花乱坠，也不盲目消费

　　在商品市场，商家都有这样的说法："婴儿和女人的钱最易赚"。商家深知，女人都比较虚荣爱打扮，衣服，化妆品，精品手袋，无一不是追随着时代的潮流去消费，因此女人花钱总是比男人快。所以，精明的商家们也总会变换种种花样来推荐自己的产品，吸引女人的钱包。流行时尚的刺激以及追求青春的靓丽、追求攀比的虚荣，让一个个女人失去了理智，刷新着一个又一个的消费高潮。

　　在商场推销员巧舌如簧的攻势下，女人们总是不由自主地买下一件又一件自己并不需要的服装，买下一件又一件家里根本用不着的物品。正所谓，"女人们的衣柜永远都少一件衣服"，不是真的少了衣服，而是女人们的心永远都不满足，而在觉得自己总少衣服的同时，衣柜里却存留了一大批根本一次都没穿过的衣服。王小姐就是这样一个女人，她看着自己衣柜里数不尽

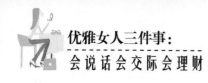

的衣服，总是头疼。"有时候陪朋友逛街，心里想好了绝不乱买东西，可是每一次朋友东挑西拣的没有买成，我却大包小包的拎了回家。每一次在店员的赞美声中，在女友的赞许眼神中，我便会头脑发热，回到家里，面对一包包的购物袋，才发现我这个月又超支了。想想还是和老公出门省钱呀，他经常带着我从商场的楼上逛到楼下，然后空手而归，虽然有时候会郁闷，可是却控制了我乱买东西的欲望。"估计很多女人都有和王女士类似的经历，可是，为什么我们和老公一起出去就可以控制住购物的欲望了呢？主要是因为相对来说，男性面对各种广告和赞美之词时会比较理性，不会一时头脑发热而冲动消费。

在网上看了一则新闻：在推销员的游说下，家住武昌紫阳路的刘女士一时冲动，居然买了10年都用不完的清洗剂，令她自己后悔不迭。

其实，推销员最擅长用的技巧就是对女人进行赞美和肯定。赞美与肯定不仅对女人有美容作用，还是女性购物血拼的兴奋剂。很多女人在买衣服时估计都被售货员称赞过漂亮、气质好之类的话，然后，头脑一发热，买了！结果，等买回去之后才发现，除了售货员之外，没有第二个人说好看的。

大家要知道，售货员的职业就是想尽各种办法将她的商品推销出去，不多夸奖夸奖，那不等于不承认自己的商品么。所以，商场巧舌如簧的售货员，都受过超级肉麻赞美他人之不露痕迹的专业训练，她们绝对能把你赞美到头脑发昏、心甘情愿掏出钞票买下并不适合你的，让你回家就后悔的衣服饰品。即便你发誓以后不会再轻易听信她们的赞美，但往往还是会有下一次。因为你渴望听到赞美，你渴望听到别人对你的承认，与其说是你买了一件你喜欢的衣服回家，不如说是你买了一堆别人的虚假赞美回家。

张小姐跟朋友聊起自己轮番被忽悠的事情："前阵子，我去一个商场买洗面奶，售货员一个劲地给我推销一种洗面奶，说得天花乱坠，说我这样皮肤就适合这种的，我一想上次都上当了这次不能再相信了。但最后售货员又说，这个就剩最后一瓶了。我一想既然卖得这么快也许她没有忽悠我，结果回家用了三天就感觉彻底上当，洗完后脸像张树皮一样，又干又涩，哎！"看，这样的经历在绝大部分女人的身上，都没少发生过吧？经不起忽悠，总是不停地被忽悠住。难道就不能在售货员忽悠的时候，你仔细看看她的脸庞？如果使用效果真的有那么好，她为何自己不使用呢？

稍微多一点理智，我们就能摆脱那些不知不觉中被忽悠的痛苦经历。怎么理智？如果你实在是一个不理智的人，想要改掉盲目消费的毛病，就只能从以下几个方面锻炼了：

首先，尽量避免单独一个人购物。在购物时，能拉上男人就拉上男人，让男人给你中肯的评价，让他帮助你冷静你的头脑，让他帮助你抑制购物冲动。如果你的男人也是一个经不住忽悠，头脑发热就购物的人，那么，你最好拉上和你关系比较好的，说话比较直爽的姐妹，让她们来督促你。

如果只能一个人去购物，那么，在购物之前，先给自己定好目标，弄得清清楚楚自己想买什么样的东西之后再上街。比如说，你想买一件衬衣，那么，你就得先想好自己买了之后准备搭配什么衣服，根据这种搭配，需要什么样的样式、颜色、面料等等，都弄清楚后，直奔目的地，舍弃不是自己预先目的的衬衣，哪怕售货员吹嘘得再好也不要试，更不要买。

最后，也是最有效的一点是，带有限的现金，绝不带卡。比如你估计你想买的衬衣大概在150元左右，那么你最多就带150元钱，绝不多带，这样不仅仅限制了你的购物欲望，避免冲动地盲目购物，还能让你更顺利地砍下价来！

我们都爱听好话，可是我们也必须知道，好话不是售货员免费说给我们听的，是需要我们拿钱来买的。我们用自己挣的钱来买别人的口水话，买别人虚伪的夸奖，何必呢？这不是自欺欺人吗？所以，面对售货员天花乱坠的吹捧时，尽量远离。

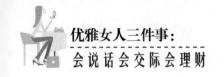
别浪费用钱买来的学习机会

在如今大学的校园里，人们不难发现许多不再年轻的女性身影。很多30岁上下的妈妈学生到这里"充电"，她们中有人从来没有上过大学，而有的人已经有了本科文凭，有的甚至有了硕士文凭，但为了进一步实现自我价值，她们毅然再度迈进课堂，并把这种选择称为是对自己未来的一种投资。同时，除了大学校园之外，很多业余的学习班里也总是能见到自主学习的女性朋友们。夜班、周末班，学语言、会计、厨艺等各方面知识的女性朋友们数不胜数。这种现象是很好的。

毕竟，女人不是因为漂亮而美丽，而是因为美丽才漂亮。这种美是外在的形美与内在的秀美的结合。女人通过学习更多的知识，就能不自觉地积累出属于自己的独有气质。而有气质的女人是最具魅力的，即便是美人迟暮，依然韵味犹存，让人一眼就能看出那份恬淡的气质和舒卷的宁静安然；有气质的女人也是豁达而随和的，既能全心融入热闹的氛围，又能点燃独处的日子；有气质的女人更是内敛而稳重的，不咄咄逼人，不让别人丧失信心，不大喜大悲，看透人情世故、世态炎凉，她懂得怎样的生活才值得珍重，能淡然处世，绝少贪奢；有气质的女人还是充实而知性的，久经翰墨的熏陶，蕴含着一种灵性与娴静。

所以，做一个有气质、有内涵、有修养、有知识的女人，已经成为很多女人选择业余学习的目标之一，她们要让自己的人生更加完美，要让自身素质更加适应这个社会，要让自己成为一个更坚强的女人。所以，她们将自己辛苦挣的钱投资在学习上，希望牢牢抓住这些学习机会，让自己的人生登上一个新的台阶。

在我们的周围，其实就有这样的女孩儿。有个女生毕业时被分配在了事业单位工作。但她却总想凭自己的真才实干干出点事业来。于是她自学了计算机，后来被聘请到了一家网络公司任职。在那里，她感受到了以前从未有的压力。为了提高自己，她选择了学习。每天下班以后，她便匆匆忙忙地吃饭，或者泡袋方便面，就直奔各个学校参加学习班。她只用了3年的学习时间，就拿到了硕士学位和计算机二级证书。她把学到的知识与工作有机地结合起来，从而使她的工作业绩特别突出，被领导提拔为部门经理。

有一天，几个同学到她家一起聚会时就问她：你现在怎么变成了学习狂，工作狂？但她并不这样认为。她说：拼命学习就是为了充实自己，以后能够得到更好的发展。拼命工作是为了提高生活质量，让自己过得更幸福些。最重要是我自己在学习和工作中，学会了一整套的管理经验与方法，会帮助自己在思考问题时，得出正确的结论。后来她带着这些经验与管理方法，跳槽到一家大公司任副总经理。

我们羡慕她有那么强的学习精神，更敬佩她能够珍惜自己投资的每一个学习机会，最后她成功了。但是同样的，也有很多女人贪图安逸，一旦稳定下来便不思进取，日子得过且过，还总是抱怨自己的收入低。好不容易打算报名学点东西，却总是半途而废，将自己用钱买来的学习机会白白浪费。女人的命运，就把握在自己的手上，如果你就是这样浪费种种可以改变自己命运的机会，那你一生也就注定是庸庸碌碌了。但是，总有人不甘于命运的卑微，她们尽自己最大的努力，奋力地通过学习来改变自己的命运！

18岁的晓静到青岛闯天下，她幸运地在一家房地产公司找到了一个打工机会，每天的工作就是跟别人去居民家的楼上测量窗户的尺寸。一个月下来，除了食宿外，工资是500元钱。刚开始的时候她很满足，可是后来她发现，公司里的其他年轻员工都是正规高校毕业，而自己什么文凭也没有，只是一个给别人跑跑腿儿的小打工妹。"在他们眼里，我其实就是个闲人，我要证明给他们看，打工妹也有自尊！"从此以后，晓静一有空就翻看报纸上的招生广告，她知道唯一能改变自己命运的就是知识。于是她报名参加了自考培训班。结果，仅用3年时间就通过本科自学考试并考上研究生，这简直是个奇迹。"知识对于我们每个人都

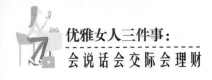

是最公平的，有付出就有回报！知识改变了我的命运！"晓静在她所就读的自考学院引起轰动，可面对老师、同学羡慕的目光和惊讶的神情，晓静却显得很平静。"不管你的起点有多低，基础有多差，也不论你的年龄有多大，条件有多坏，只要有执著的劲头、刻苦的精神，你一定可以做得比我还出色！"

这个叫晓静的女孩儿，就是一个十分珍惜学习机会的女孩儿，我们相信，凭着她的勇气和坚韧的个性，她的明天一定会更美好。

很喜欢的一句话：知性女人，微笑留香。平凡的你我，需抬头微笑，将人生中的遗憾或心愿变成圆满，变成最后的欣慰。希望我们都能够抓住一切学习机会，让自己褪去平凡，把自己练成一个知性而美丽的女人！

信用卡不是免费的午餐

各种以女性为目标群体的专属信用卡产品不断涌现，目前市场上的女性信用卡产品主要分为两大类：一类是女性主题信用卡，如中信魔力卡、华夏丽人卡；还有一类则是针对女性客户的联名信用卡，此类卡往往由银行和知名女性杂志品牌、化妆品品牌、特色商家等联名开发，如工行牡丹雅芳联名卡、招行VOGUE钛金信用卡、招行千色店联名信用卡等。女性在银行信用卡客户中已属于"主力军"，估计热爱消费的你也是这"主力军"中的成员吧。

其实，用信用卡方便倒是方便，可是，我们往往忽略了一个事实，那就是，信用卡并非免费的午餐，相反，信用卡是很多女人盲目冲动购物的一个很重要的因素。因为刷卡让女人在购物时看不到现金的流动，减少了不舍感。"自从老公给我办了张信用卡，我就不用带很多现金出门了，买衣服，买鞋子，只要潇洒地签上我的大名就可以了。可是也因为如此，自己花钱也就没有节制了，名牌化妆品没问题，中意的衣服没问题，就都买了回来，一点也不心疼钱，可是当看到家里两个超级大衣柜，竟然都放不下我的衣服时才发现，自己是多么的没有理智。"看看，相信有同样经历的女人不在少数吧？

还有一种情况，信用卡为了鼓励女性消费，经常会用积分换礼品的信息来吸引消费者。结果，爱占小便宜的女人们便以为信用卡真的是天上掉下来的馅饼，不光借钱给我们用，还白送东西给我们。于是，就开始为了积分而消费。名目繁多的信用卡积分促销让女人们的荷包不知不觉就敞开了。"即日起至3月31日，连续刷卡消费10天，积分可5倍累计。之后每连续多刷一天，可额外增加1倍积分奖励。积分最高可翻25倍，上限50 000分。"自打收到信用卡中心发来的短信后，为了换取这张信用卡25倍的积分奖励，有人便创下了一个月内天天消费的记录！"第二十天的时候我后悔了，哪里有那么多东西要买啊？可是中途放弃太不划算，只得硬着头皮坚持下来，这种促销实在太恐怖了！"恐怖吧？你也做过这种恐怖的事情吗？

其实，信用卡的奖励计划，最终目标只有一个——去花钱吧！绝大多数的刷卡兑奖之类的活动都要动一番脑子，有时候还需要比拼速度，比如要求顾客在前多少名内刷满特定金额才能获赠礼品，所以，真正要练成"万花丛中过，片叶不沾衣"的高超武功，必须跟银行斗智斗勇。信用卡消费实质就是"拆东墙补西墙"，到头来还是要有借有还，大家千万别捡了芝麻丢了西瓜。

上述这两个方面还只是信用卡给我们女人带来的两个小小的破财行为，更有甚者，如果不懂得按照原则使用信用卡，则会成为"卡奴"，甚至触犯法律。

比如说，杨女士，她就因为信用卡透支，拖欠还款而最终触犯法律。杨女士办理了一张信用卡，两年多来，一直用该卡消费、取现等。杨女士从事的是建材生意，受金融危机影响，流动资金周转不灵，而银行的催缴单却如期而至。"当时手头紧，我想先拖一拖吧，等资金多点的时候连滞纳金一起偿还。"杨女士没有在意银行的电话、发函以及上门催收。直到公安人员找上门来，她才后悔不已："我怎么也想不到透支信用卡竟然会构成犯罪。"杨女士还掉了欠的9 000

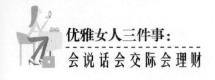

多元本金、利息以及滞纳金，但由于透支5 000元以上，经银行催缴三个月以上仍未还款，根据相关法律规定，犯了信用卡诈骗罪。最终，法院经审理，当庭判其拘役4个月，并处罚金2万元。这可是赔了夫人又折兵啊！早知今日，何必当初呢？

信用卡可没有什么人情味可讲，只要你欠钱了，你的信用记录就会受到影响，信用记录受到影响了，你以后再想向银行借钱就难了！这种因小失大，因为一时的爽快而导致自己后续麻烦不断的行为，我们实在不提倡。毕竟，正如前面说的，"信用卡并非免费的午餐"，你吃了午餐，就得付钱。所以，正在使用信用卡的女性朋友们，可千万不要忘记了准时还款！

除了及时还款之外，在还款上还有一点需要十分注意，那就是，还款一定要还完毕！什么叫完毕？就是还得1分都不差。即使你只是欠了银行1分钱，时间长了，你的麻烦也就随之大了！

彭某属于比较早的信用卡用户，之前一直按时还款，在信用卡上也没有出过任何麻烦。有一次，她刷卡消费人民币4万元。还款日前，她分多次还了这些消费金额。可事后她才知道，由于记错了还款额，她少还了0.8元。结果，她惊讶地发现，银行却对她计了两笔共计800元多的利息，是所欠金额的1 000倍！从网上查到账单后，彭某立即致电银行的服务热线进行咨询。原来，根据该银行的信用卡章程规定，如果用户某月没有足额还款，银行将对该月的全部消费额收取利息。也就是说，虽然只欠银行不到1元钱，银行却按照全部消费金额4万元收取了利息。

看看！如果你也粗心遇到这种情况，那岂不是亏大了！信用卡可没那么好说话，欠1分钱就是欠钱，可不能随便抹去的呢！

所以，综合上面这几个方面的情况来看，在使用信用卡时一定要牢记，信用卡并不是免费的午餐，我们要有节制、有规划、有记性地使用信用卡，才不会被信用卡所累。

利用信用卡的优势为自己省钱

我们在使用信用卡时应该有节制、有规划、有记性，那么掌握好这些原则之后，其实就不用那么怵信用卡了，因为巧用信用卡，还可以为你省钱、赚钱呢！

1.帮别人刷信用卡来"套现"

杜某是个典型的购物狂人，一个月固定逛街两次，每次总得花个千八百元的，平时写字楼下就是各类专卖店，临时的购物支出也就不计其数了。但让同事们感到奇怪的是，杜某并不是传说中的"月光族"，她的银行卡里面总有足够的余额，谁要遇上点紧急情况找她借钱准没错。

原来，信用卡"套现"是杜某的一个法宝，她和朋友一起逛街，全部刷自己的卡，然后让朋友还现金，结果杜某就利用积分换到了很多实用的小东西。家里小到餐具、纸巾盒，大到咖啡壶、背包，都是杜某用信用卡积分换来的。

但是，如果直接用信用卡套现，通过预借功能来取现金买这些实用的小东西，就得要收1%~3%的手续费了，而且还不能享受25天到56天的免息期。相比之下，替朋友刷卡"套现"并及时还款，银行的收益只是从商户收取1%~2%的结算手续费，而持卡人没有任何费用支出。这样，就利用银行的钱既做了人情，又为自己赢得了实惠，一箭双雕啊！

2.利用免息期投资赚钱

我们知道信用卡都有免息期，也就是可以提前消费，过几十天再还钱，这段时间银行免收利息。消费者一般可以享受25~56天的免息期（各银行有所不同），相当于银行借给了消费者一笔约2个月左右的无息贷款，这也正是信用卡最吸引人的地方。通过免息期，就可以为自己省下不少钱，赚到不少利息。

如果你将工资存着不动，申请一张信用卡，平时出门只随身携带少量现金以备应急，而购物、吃饭则能刷卡就刷卡，碰到喜欢的东西，用信用卡消费，只

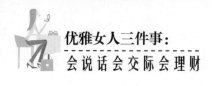

要在免息期内还上欠款，银行就不会收取利息。这样，工资存着可以赚利息，而利用免息期透支消费，花银行的钱又不用掏利息。如果将借记卡里的钱投资在股票、基金或债券上，操作得当的话，收益可比银行活期存款高得多。

李小姐是广州某家银行的理财顾问，工作时间为5年，但已经积累了不少财富。李小姐有一个习惯，不管是请客吃饭也好，还是购物消费，都喜欢去能刷卡的地方。这让朋友觉得很奇怪，因为李小姐似乎特别不喜欢使用现金。李小姐跟朋友一块儿逛街，相中了一款三星的手机，用信用卡购买，接着两人去超市，李小姐买了一瓶沐浴露，也是用信用卡支付，朋友觉得奇怪，问她这个金额不是很大，用现金不是更方便吗？李小姐笑着回答："我自己的现金得留着啊，只有拿着我的现金我才能去买更多的黄金，而且黄金本月将继续上行，盈利的空间很大。"

听了李小姐一席话，朋友恍然大悟，原来李小姐的财富就是利用这些小小的信用卡缓冲得来的，朋友不得不对李小姐佩服起来。自2006年5月份，李小姐在确认中国股市的上升空间之后，便开始采用平时消费大多使用信用卡，现金投入股市的这种投资方式，结果李小姐2006年在股市的盈利，不仅还清了当年各式各样信用卡的消费，还净赚20万元，是自己工作收益的好几倍。而在2008年，李小姐又看中了黄金的升值空间，她每个月把收入投入购买纸黄金。等到每次信用卡需要还款时，李小姐更是不急，因为那时候，她的投资已经赚到了足够的钱来还欠款。

3.享受信用卡促销活动提供的折扣优惠来省钱

银行的信用卡促销活动是随每月的对账单一起寄到持卡人手中的。收到对账单后，花几分钟的时间仔细阅读相关内容，也可以登录所持信用卡的银行网站，了解信用卡优惠活动的详情。

比如，某银行的信用卡就涵盖餐饮、娱乐、健身、购物等各类特约优惠商户，持卡人可凭其信用卡卡号享有携程旅行网会员待遇，还有赫兹国际租车公司的特别租车优惠服务等多项服务。

4.可以利用信用卡来分期购买心仪的商品解决生活急需

如果你很想买某个大件商品，但又不想一次性投入那么多资金，想将现金用于投资，信用卡分期付款功能此时便能用上了。用信用卡分期付款，将所购买的商品金额平均分成若干份（期），每月支付一期，零首付无利息，可提前享用心仪的商品，还能不舍弃自己的投资。

如果能够巧妙运用这四招，时间长了，你算算账就会知道，通过信用卡还真可以省下甚至赚出不少的钱呢！

琪琪是石家庄的白领一族，她就是巧妙使用信用卡为自己省下不少钱。

日常消费中不忘带信用卡。她利用好几张信用卡的不同还款日，享受最长期的免息期。琪琪在消费同时将相同金额投资于一种货币市场基金，快到信用卡还款日前几天，琪琪就将货币基金赎回还信用卡欠款，每月如此，年底细细一算，这一项她进账近100元。

在装修、买大件商品时也刷信用卡。琪琪装修新房，置办了32英寸的液晶电视、滚筒洗衣机、燃气热水器，花费60 000多元；又买了卧房四件套、沙发、茶几，花费6 000多元，她都通过信用卡付款，在免息期将现金投资货币市场基金，她又获得近270元的收益。

聚餐出差时也用信用卡。在出差、AA制的聚餐等付款时，琪琪总是利用信用卡付款，一段时间后，信用卡上积分已有10万多分，前不久她就用信用卡积分换取了一堆礼品。

利用信用卡的同时不放弃投资。琪琪前年11月初在市南郊花25万元买了一套65平方米的两居室，需要首付13万元，琪琪用信用卡付款后，利用免息期进行投资，真正做到了买房投资两不误。

当然，尽管使用信用卡能够省钱，也能赚钱，但是，使用信用卡消费一定要理性，作为普通消费者，还是要根据自己的实际需要来决定是否使用信用卡。而

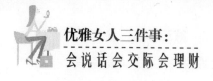
使用信用卡的根本目的，绝对不是为了赚钱，赚点小钱仅是使用信用卡附带的一点点意外好处罢了。

列出购物清单，避免额外支出

据国外媒体的调查，在英国，21~25岁的女性有80％的人都是处于一种花费比挣的钱要多的状态，46％的人都用信用卡透支，近50％的人为月光族。由于社会普遍认为过度消费是不良行为，因此谴责能花钱的女人，那么女人究竟该如何花钱，花多少钱呢？这里，主要强调一种健康的消费观，那就是，我们可以消费，但是不要浪费。要做到不浪费，就需要在购物时有所节制。

其实，对许多工薪阶层来说，都还处于一种量入为出的生活状态中。在这种状态之下，最重要的消费原则是：可以消费，但要避免浪费。明明不需要的东西，不要因为逗一时的心理愉悦而购买，这样的浪费行为会在很长时间内让你纠结。你想想看，买回家后，一直派不上用场，让自己每次见到它都会感到后悔，那多郁闷！

我们应该树立这样一种观念：节俭与否，与拥有金钱的多少无关，它是一个人的消费态度而已。并不只是经济拮据的人需要避免浪费，任何人都需要有这种意识。尤其是女人，因为女人通常是家庭里的最大管家，家里所有的东西都需要女人购买。这种情况下，女人有一个很好的省钱方式，那就是关注超市或商店的打折信息，在打折时，购回家里必需的日常用品。

当然，抢购也需要有一些注意点。

（1）在抢购之前，要先明白抢购的目标，盲目的抢购只会增加多花冤枉钱的几率。所以，在去超市之前先花时间仔细确认自己到底要买什么，并且列出一个详细的购物清单。在超市抢购打折商品时，严格按照清单，不要让自己看着什么便宜就买什么。否则，全买回家了，不需要用的东西就会成为累赘。

（2）绝不要让自己带着郁闷的情绪进入超市或者商店。否则，郁闷中的女人会通过疯狂购物来发泄也是很有可能的。工薪阶层尤其需要注意，打折时去抢购就是为了省钱，千万不能因为发泄而让自己得不偿失，买了过多不需要的东西，而浪费金钱。发泄有很多种方法，或者说有很多种花很少钱就能达到发泄效果的方法，刷爆信用卡，只会让我们在痛苦之余又多了焦虑的情绪。

（3）对于同一类商品，要多计算单价与划算度。列了购物清单，只是让你清楚了该买什么商品，但是具体买哪一种就需要在超市购物时作比较了。看同类商品中哪一种打的折扣低，同时还要比较原价的高低，综合考虑之后选择最划算的。要知道，最低折扣的，并不一定是最划算的，所以，你得计算好了。也不要怕丢脸，没人会笑话你，家庭主妇都会这样做的。

（4）对一些家庭公用的日常用品，尽量买大包装的。实惠！

（5）趁折扣抢购，能够省钱，当然让人兴奋。但是，也不要兴奋过了头。最好在去超市的时候带上一个计算器，带上能够利用的现金券，将能利用上的资源全部利用上，久而久之，你会省下不少钱。

（6）对于自己特别喜欢的东西，又正处于打折状态下的商品，买之前仔细衡量一下，买回去之后，它的使用价值有多大。比如说，一双原价1 800元的长筒靴现在只卖500元，真诱人对不对？可是，在买下之前，请你一定先想想你的衣柜里到底有没有衣服来搭配，如果没有，连试都别试。别因为一时的贪便宜，也别因为一时的冲动，花掉自己一个月的日常开支，那不值得。

（7）需要提醒很多女人一句，网购固然方便、便宜，但是，也别忘了在购物前列一个清单。如果不列清单就在网店中徘徊，便宜的东西、名目繁多的新鲜商品，会让你不自觉地掏了腰包。而且，在网络上购物，尤其需要注意，货比三家，否则，你注定后悔。

（8）超市、商场等地方办会员卡时，如果是免费的，不要嫌麻烦，办上一

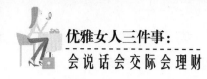
张，随身携带。说不定什么时候在你购物的时候，优惠就随着这张卡片降到你身上了呢！

……

省钱的门道很多很多。在生活中做个有心人，工薪阶层照样可以买到自己想买的东西，照样可以买到优质的商品，照样可以把自己的生活质量提到很高的水平。就看你会不会通过各种方式省钱了！

记住，省钱并不丢人！浪费才是可耻的。有的人可能不屑于这些小的省钱门道，不屑于精打细算的生活，不屑于婆婆妈妈地列清单，但是，一个消费起来不懂节俭、挥霍无度、浪费成习惯的女人，会给人一种什么样的感觉呢？很多男人都给出了评价："感觉这样的女人不懂得珍惜，如果什么事情都形成浪费的习惯，那么对感情呢？是不是也会如此？""这样的女人估计难以持家，不好养。""这样的女人性格估计也比较粗犷，不细腻，也许很容易动怒吧……"

看看，浪费给一个女人带来多么不好的评价！还是永远牢记这条原则：女人，可以消费，但不要浪费。适度消费可以，随意浪费，则是你对自己的一种否定了。

用性价比权衡购买

在买东西时，我们可能都有过讨价还价的经历。为什么会讨价还价呢？其实就是我们在无意识中考虑我们所买的商品的功效、耐用性等，也就是商品的性价比。所以，通常来说，那种具有多种功能的产品会比单一功能的产品好卖。而那些耐用而且比较容易维修的产品更会受欢迎。比如，美国经济危机时期，有厂商推出一种新式口红，这种口红两头都可以用，可以涂两种不同颜色，结果很受欢迎。

当然了，居家过日子，每天都面临着"消费"两个字，远不止简单的讨价还价这么简单。既然我们每天都得消费，那么，如何消费，买什么样的东西，就直接决定了我们的生活品质，也直接决定了我们是否能够省钱。

不过省钱并不意味着就是一定要买便宜的东西。我们可能都遭遇过类似的尴尬：想买便宜的东西省点钱吧，但是，偏偏买的便宜的东西不让人省心，三天两头就出问题，出了问题还得再买新的，这样一算，买便宜货也没省下多少钱，反而添了不少麻烦。

这的确是我们购物时的一个悖论，也就是我们通常所说的：好货不便宜，便宜非好货。但是，这省钱之道也就存在于商品的差异性中了。不是所有的东西都要买便宜的，但也不是所有的东西都要买贵的。这就是买东西的艺术了！哪些东西应该买便宜的？哪些东西应该买贵一点的？哪些东西应该买价格适中的？应该什么时候买？其实这些问题归结到一块，很简单，就是衡量一下性价比，再考虑是否购买。

1.使用年限长的、重要的物品要买耐用的，这时候要更加重视商品的"品性"

比如说，像家用电器、家具、汽车，油漆、地板、瓷砖、水管、电线、洁具（特别是马桶）等，这类物品的使用寿命都远远在1年以上，都属于可使用多次的商品。像这类物品，在首次购买时，就尤其需要多操点心，货比三家，买质量好的、有品质保障的、耐用的。"建议角筷、洁具、龙头买名牌。瓷砖客厅买好点的，卫生间就不必要品牌的，质量好点的广东砖就行，但颜色和图案要好，要大气的。厨房建议自己打框架，再去订门板、拉篮之类的，出来的效果和买的是一样的。卫生间的柜子也是可以这样做的，据说能省很多，把省下来的钱用在家具和软装上，会明显提高整体的品位和档次。"这是一位专门做装修的朋友的心得，女性朋友们可以参考一下。

对待这些物品，可千万不要因为一时地贪图小便宜，或者是因为一时的资金不足，而购买一些价格听起来很便宜的商品，那样，价低了，品质次了，前期

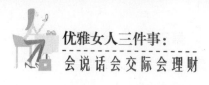

你是省心了，等到后来你会有一连串的麻烦。"在装修房子的时候，我们家为了节约点，买了外观和高档货一样的水龙头，但其实那是质量差的低档货。结果，今天早上水龙头下面螺丝口断裂，家里水漫金山，所有的地板都被泡得翘了起来……"这是一个朋友的亲身体验。就是因为贪图一点小便宜，没有考虑性价比，买了一个品质差的水龙头凑数，结果就导致了一连串麻烦事情的发生。接下来，得重新装地板、水龙头，被泡坏的家具也得重新换。

如果不想要遭受这些罪，还不如在最开始买的时候，就买质量好点的。也许会稍微贵一点，但是，以后能够省心啊！省心的同时，也省钱！

2.一次性的消费品，可以更重视商品的"价格"，购买更便宜的即可

比如说像透明皂、垃圾袋等一些小的生活用品，日常不能缺少，但是昂贵与否又不会影响生活质量，这类商品就可以适当考虑买便宜的。

还有食品类，商场会有打折销售，买一送一等情况，可以选择这种便宜的时机购买。

一般来说，购买便宜一点的一次性消费品，并不会给生活带来多大的不方便，因为这部分商品要说质量，其实倒没有太大的差别，主要是品牌附加值的影响导致不同商品价格不一样，我们就没必要为这类商品多付出一些品牌附加值了，还是选择便宜的比较明智。这样，时间长了，可以省下一大笔钱呢。而用省下的这些钱，就可以在买重要的东西时多投资一点了。这就可以形成一种家庭消费的良性循环了。

3.个性化的商品可以适度抛开性价比，可以依据喜好判断

比如说，像平日的休闲服、家里的窗帘、软装饰等等，这一类物件更加突出的是个人的审美、个性特点，因此，在购买时不必要参考价格，而是要将个性放在第一位。有很多很漂亮的衣服、装饰，虽然价格很便宜，但是的确很漂亮，不要因为害怕别人觉得你小气而不敢买，也不要为了赢得别人虚假的羡慕而专门购买一些贵的物件。这些东西毕竟是你自己在用，自己喜欢就行。

不过，我们还需要提及的一点是，性价比毕竟是一个感性的认识，在不同人的眼里，同一商品的性价比可能不同，所以，你在考虑性价比时应该结合的是自己的经验和与自己经济水平大致一样的朋友的经验，而不应该借鉴与自己经济水平相差过大的人的经验。这是不符合实际情况的。

掌握讨价还价的购物艺术

讨价还价是一门很高的艺术，心理素质要绝对稳定，须在瞬间内掌握对手的心态，及时组织好自己的语言，并在拉锯战中要做到进可攻，退可守，还要随时调整心态，随机应变，必要时能面不改色心不跳地转变立场。

讨价还价这看起来是简单的事情，其实还真不简单。我们先看看讨价还价会涉及的几个概念。

成交价格，这个当然大家都知道了，买东西的和卖东西的最后的生意要谈成，肯定有一个成交价格，比如说一件大衣买的想200元买，卖的愿意200元卖，那200元自然就是成交价格了。

成本，当然，大家都知道成本是什么了，不过这里这个成本的计算方法不一样，注意了，假设一件大衣老板花100元买进，路上运费5元，老板差不多要一个月才能卖出去，那么这一个月100元的银行最低利息可能就是1元（财务成本），老板自己一个月投入的精力也在10元左右（机会成本），其他的水电门面等等也要摊个10元，这个税那个费大概3元，这100元拿出去做其他生意最少也会赚个5元（财务成本），可能还有杂七杂八的5元吧，这样这一件大衣的成本就是100+5+1+10+10+3+5+5=139（元）。看准了，成本是139元，而不是100元。

最低售价（老板心里的底线，你永远不会知道）：就是139元。在这个售价上其实老板赚的就是1（财务成本）+10（机会成本）+5（财务成本）=16

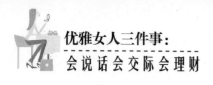

（元）。如果赚不到这个钱，那老板还不如关门回家，钱存银行或者借给他人做生意呢！

下面几个概念很重要，将决定你个人讨价还价是否成功以及精神上是否愉悦，其实就是觉不觉得自己赚大了，还是觉得自己是傻瓜，伸长脖子让人宰！

买方估价，因为我们是在讨论讨价还价，是站在买方的角度来谈的，所以一些概念更多的是从买方的角度考虑的，比如你通过各种经验，各种了解，对这件大衣的估价是280元，那么280元就是你愿意买进且会感到愉悦的价格。

卖方剩余，卖方剩余=成交价格－成本，此值越大，卖方越高兴，你被宰的可能性也越大，此值接近于0，就证明你是讨价还价高手，如果你每次能让这个数值为负数，那么你适合当老板，恭喜恭喜！

买方剩余，买方剩余=买方估价－成交价格，同样此值越大，买方越高兴，你觉得自己赚大的可能性也越大，但是你被宰的可能性也越大，不过没有关系，反正就图个高兴呗！此值接近于0，就证明你不适合买东西，还是找人代劳吧！如果每次都让这个数值为负数，那你买东西简直就是受罪，买了东西也没有达到精神愉悦，赔了夫人又折兵。

不管你估价多少，只要你最终能够谈下来的成交价格都大于估价，那么最好放弃（如果你在讨价还价的过程中随着对产品的了解，而不断提升估价，那是另外一回事）。

下面教大家讨价还价的八个步骤。

1.声东击西

当你看好某商品时，不要急着问价，先随便问一下其他商品的价格，表现出很随意的样子，然后突然问你想要的东西的价格。店主通常不及防范，报出较低的价格。切忌表露出对那商品的热情，善于察言观色的店主会漫天起价，永远不要暴露你的真实需要。有些消费者在挑选某种商品时，往往当着卖主的面，情不自禁地对这种商品赞不绝口，这时，卖主就会"乘虚而入"，趁机把你心爱之物的价格提高好几倍，不论你如何"舌战"，最后还是"愿者上钩"，待回家后才后悔不迭。因此，记住购物时，要装出一副只是闲逛，买不买无所谓的样子，经过"货比三家"的讨价还价，才能买到价廉且称心如意的商品。

2.漫不经心

当店主报价后，要扮出漫不经心的样子："这么贵？"之后转身出门。注意，"走"是砍价的"必杀技"。店主自然不会放过快到口的肥肉，立刻会减一小价，此时千万别回头，照走可也。

3.攻其不备

在外头溜达一圈后，再回到店中。拿起货品，装傻地问："刚才你说多少钱？是吧？"你说的这个价比刚才店主挽留你的价格自然要少一些，要是还可接受，店主一定会说"是"。好，又减价一次。

4.虚张声势

指出隔壁同样商品才出价多少，前面那家更便宜。这一招"杜撰"虽已被用滥，但仍是砍价必要的一环。不要给时间让店主破解，立刻进入第五式。

5.评头品足

颇考验功力的一式。试着用最快的速度把你所想到的该货品的缺点列举出来。任何商品都不可能十全十美，卖主向你推销时，总是尽挑好听的说，而你应该针锋相对地指出商品的不足之处，最后才会以一个双方都满意的价格成交。一般可评其式样、颜色、质地、手工……总之要让人觉得货品一无是处，从而达到减价的目的。

6.夺门而出

这个时候店主就会让你还价。不要着急，先让店主给出最低价。然后就要考你的胆量了，给出你心目中的最低价，建议只给店主最低价的一半。如果不怕恶言相向，给最低价的一成更好。店主必然不肯，这时你要做的是转身再走。店主会作出连续性的减价，不要理会，随他减吧。

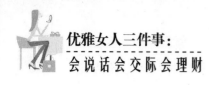

7.浪子回头

等到店主给到他所接受的最低价后，你就可以回头重新进来，跟他说明退一步海阔天空的道理，然后在自己的最低价上加上一点，再跟他砍价。

8.故伎重演

如果店主还不肯，再用"走"这一招。另外在挑选商品时，可以反复地让卖主为你挑选、比试，最后你再提出你能接受的价格。而这个出价与卖主开价的差距相差甚大时，往往使其感到尴尬。不卖给你吧，又为你忙了一通，有点儿不合算。在这种情况下，卖主往往会向你妥协。这时，若卖主的开价还不能使你满意，你可发出最后通牒："我的给价已经不少了，我已问过前面几档都是这个价！"说完，立即转身往外走。这种讨价还价的方法效果很显著，最后卖主往往是冲着你大呼："算了，卖给你啦！"店主这最后一次减价通常都可接受了，回去买了它吧。

只要抓住低点，任何时候都是买房时机

什么时候买房子，是很多人都举棋不定的一个问题。我们总是希望房价能够再降一点，再降一点，而等我们买了之后，就又希望房价能够升一点，再升一点……哪有这种好事呢？你买房的时候，正好是房价最低点；而等你买了房之后，房价就只涨不降。有这种好运，还不如买彩票呢！所以，精明的女人们需要明白，买房子只要抓住了低点，就是抓住了时机，就不要犹豫了！赶紧出手就成。

我们来看几个真实的例子就知道低点投资的好处了。

"6年前我一人来到北京求学，学习电子商务专业，毕业后留在北京，工作一直比较顺利，在我26岁的时候遇到我的真命天子。感情稳定下来后，我们看着房价一段时间有所回落，便决定趁机赶紧买房。东亚奥北中心是新开发出来的，据说房价还可以。一大早我们就坐上城铁去了立水桥东亚奥北中心售楼中心，看到里面漂亮的沙盘图真的就动心了，好漂亮！价格适中，6 900元每平方米。我们挑了一个朝南、每个房间都有窗户的户型后就去工地考察。看了一下周围的环境，对面有银行、超市；附近有十几路公交、城铁13号钱、地铁5号线。感觉比较方便，我们商量了一下，就定下来了！很快，我们刷完卡，付了2万元定金。

于是，我们房子就这样定下来了，我们买的90平方米的两居，首付13万元，月供3 100元，贷款25年，我俩的月收入稳定在12 000元左右，也没感觉到什么压力来，第二天就签完所有合同！虽然我们买的时候，房价只是刚处于回落时，后来又暂时落了一点，但是很快又回升了。

如今，我们的房子已经升到1万元每平方米了！"

这个年轻的白领，决断力果然不俗，24小时内就买下了正处于回落房价中的房子，后来，事实也证明了她的选择没有错。

我们不难发现，刻意地寻求买房的最低点其实是不理智的做法。房价的明天是什么样，我们谁都不知道。优雅的女人会见机就动手，而不会坐等良机失去。

女人切忌将自己犹犹豫豫的性格移到买房子这件事上。该买当买，游移的态度只会给自己带来明天的后悔。

第15章
女人能花也能赚，经济独立有财力

将你的兴趣转化为赚钱能力

会用兴趣赚钱的女人是最幸福的女人，也是最懂得享受生活的女人。做自己爱做的事情本来就是一件快乐的事，同时还能通过自己爱做的事来赚钱，就更幸福了！

"在家做网页，既可做自己喜欢的事，又可以挣钱，还不用担心与本职工作相冲突，何乐而不为？"这就是网上兼职主持人的普遍感受。我们知道，目前国内的网站大致可分为综合性及专业性站点两大类。新浪、搜狐、网易等综合性网站人气十足，其他专业网站要占领市场，则要着眼于开辟独特的市场定位。网络是青年人的世界，在15岁至35岁的青年人中，网络均已成为他们生活的一部分。基于这一观点，许多网站开辟了新型职业方式，网上兼职主持人就是其中一种。

据了解，这些兼职主持人多数是个人网站的站主，他们可以将自己喜爱并制作好的网页直接上传到公司网站上，也可以将个人网页做适当改动后再转过来。

248

只要主持人认为自己有余力就行，并不会影响本人的生活及本职工作。

从事网站主持人的职业不仅可以满足个人的成就感，而且还会有相应的回报。网站一般会按编辑在栏目上编稿的数量给予一定的报酬。例如每月上传200篇文章可获500元的收入。业务拓展得好的主持人还可以开辟新的栏目，再细分形成自己的团队。做这份职业一方面仍可以保持自己的兴趣爱好，另一方面还可以从网站获得相应的报酬，真是一举两得。

齐某就在一家女性网站的某个论坛担任版主，同时还兼任记者工作。所采访的问题都与女性朋友的家庭婚姻生活相关。用她的话说："我的感情比较细腻，比较爱倾听各种情感类故事，而且也挺爱和心理专家交流，这份网络兼职工作，让我能够采访到很多有故事的女人，和她们共同交流，同时还能咨询心理专家，我觉得这很好。在我兼职的过程中，对我自己的感情和婚姻生活也有了很好的认识。而且每个月还有一笔不小的收入，一举两得，何乐而不为呢？"

同样，有自己特殊的兴趣爱好，并将爱好发展为事业的朱某，也在享受着自己的兴趣给自己带来的快乐与财富生活。

1998年，朱某在天津体育学院读大三时，利用空闲时间在一家健身俱乐部里兼职做形体教练。在这家俱乐部，朱某第一次接触到了瑜伽，觉得十分喜欢！

"在那个时候没有什么培训班让我学。刚好有一个机会，就是我在上课，上完课之后是瑜伽课程。每次上完课之后，我都不着急走，在别人上课的时候在外面看，在外面记在外面学，然后回去之后再认真总结、研究，慢慢就学会了，而且心得都是我自己的。"

2000年朱某大学毕业了，她被分配到济南一所高校当形体老师。那时的济南还没有瑜伽这种健身项目，朱某开始计划着利用业余时间去教瑜伽。最后，干脆直接将自己的兴趣化为商机，在济南开起了瑜伽教练培训班。

朱某将传统瑜伽与形体健身相结合，创立了一套塑造女性美感的瑜伽模式，受到了很多健身爱好者的欢迎。在朋友的帮助下，他们合作创办了瑜伽教练培训

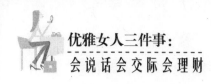
班。第一期教了四五个人，朱某感到很满意。那时朱某一边带着培训班，有时还会去外面代些课，实在忙不过来时就让学员替她出去带课。瑜伽教练人才的抢手，让朱某看到了希望。她意识到要成功必须要有自己的品牌。2003年11月份，她正式注册了芳昕瑜伽品牌。

如今，她的瑜伽品牌在济南早已闻名全城，还走向全国。她真正地将自己爱好的兴趣做成了自己一辈子的事业。能像朱某这样凭借兴趣赚钱的女人实在不多，但是，能够这样做的女人肯定是十分幸福的。

对于绝大多数的广东观众而言，阿苏绝对是个"非典型明星"。54岁高龄因为TVB烹饪节目《苏！GOOD》爆红，永远一身中性打扮的她被视为"潮人"，她言辞犀利，敢怒敢言。"很少人能像我凭兴趣赚钱！一连两辑的烹饪节目《苏！GOOD》，意外地成为TVB去年的收视皇牌。"

《苏！GOOD》是一档美食节目，每集都有特定食材作主题，主持人阿苏不单亲自带队横扫街市，与隐世厨神、各方高手合力搜罗主题食材，公开拣手秘籍，还亲自下厨，示范烹调私房菜式。她由浅入深教大家煮食之道，在教大家烹饪之余，还会在闲谈间让观众了解她对食的理解及看法。她从不拐弯抹角，无论是好吃的还是难吃的，都会直接展露在观众眼前。

而她自己平时在生活中，最大的兴趣就是研究各种美食。研究它们的做法、品尝它们的味道。通过做节目，她既能够继续延续自己的兴趣爱好，还能与观众交流，更能赚到钱。实在是美好人生，真让人羡慕不已！

著名的广告人庄某也是一个因为兴趣而成功的女人，她有着和阿苏一样的幸运。

年轻时候的庄某一直有着自己的理想："我一直向往两个工作，一个是做广告，一个是当记者。我把当记者放在广告之前。"庄某毕业于台湾大学。大学毕业后，她先是做贸易，因为实在没有兴趣，1年换了四个工作。然后东碰西撞的到报社当记者，因为不是科班出身很难发展，她不得不熄灭了记者之梦。

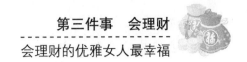
此时，她只好将方向定位在大众传播。庄某从小就立志要干事业而非找工作，因为广告业与传媒有一些相似之处，她转而追求广告进了台广——当国外部的英文助理。

这是一个对于庄某来说极其轻松的职位，以至于当时的主管担心她不会做得很长久。但庄某是个有目标的女子，这个目标就是希望早一点当上"AE"。

庄某曾经回忆说："在台广作AE时，我非常善于动脑子。刚进台广的时候常常自告奋勇地去听他们创意部门的会议，或主动帮其他AE给客户送稿子，凡事都抢着去做。善于听，善于学，有一股子拼命的劲头。"

做了AE的庄某终于知道：做自己真正有兴趣的事比高薪更重要，正是因为自己的兴趣，才让自己慢慢走上成功之路。

真正成功的人，懂得坚持自己的爱好、坚持自己的兴趣，并最终达到利用兴趣来养活自己、享受生活的美好状态。这时候的女人，既收获了兴趣爱好，又收获了金钱，就是事业最成功的女人了。我们希望你将来也能成为这些成功女人中的一员。

家庭主妇也有职场竞争力

很多人说，主妇在家待的时间长了，进入职场就没什么竞争力了，其实这是一种大错特错的想法。这得根据不同人的具体情况来做具体区分。如果一个主妇在家时间太长，再回职场时没有什么技术，没有什么内涵，那的确她的竞争力会大大下降；但是，如果一个主妇在家的时候，还是在不断充实自己的专业知识、不断地完善自己的职业能力，那么，做过主妇的女人回到职场后，其竞争力反倒会大大增加。

日本企业医师长谷川和广就曾说过，在公司所做的事情，基本上和家庭主妇

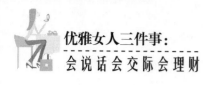

所做的事情没两样。所以，家庭主妇在家里的时候，总会在有意无意间学习到职场中一些必备的素质和能力，而这些，都将成为主妇的职场竞争力。

1.主妇有较好的时间管理与规划能力

英国一项调查发现，家庭主妇每天要处理的家务超繁杂，平均每天要忙9个小时、全年无休，辛苦程度绝不输给上班族，更别说是家庭与事业两头烧的职业妇女了。

其实，在国内的主妇也如此。身为两个孩子的妈，宋某既要料理家务，又跟丈夫合开美语补习班并担任主任。即使忙碌无比，她每周五早上照样有空学肚皮舞、周四早上当志工，子女在读大学前，每天她都会亲自接送上下学。

如何忙中有序？宋某透露秘诀：她会事先订好下一周的时间表，把子女放在第一顺位，先将与子女有关的活动时间空下来，再排入个人计划，在每件事情与事情之间，一定预留缓冲时间，以防偶发事件发生。时间长了，她就慢慢培养出了一套固定的办事模式，比如说，每周上菜市场两次，每次只花半小时采购完毕，去之前一定想好当周要煮几餐、需要多少分量，每次走固定的购买路线、只找熟悉的摊商等。

这种高效率的时间管理与规划能力，在职场中是十分有优势的。所以，很多主妇重返职场时，都会无意间发现自己做事的效率高了很多。

2.主妇的观察能力很强

在职场中，有较强的观察能力很重要，可以让我们免得陷进公司的党派之争，免得让自己受伤。而主妇在家里管理孩子和丈夫时，慢慢地就培养出了细腻的观察能力。这种能力运用到职场中，就大有用处了。

3.主妇的成本控制力和眼力好

做主妇的女人多多少少都有过讨价还价的经历，她们会根据家庭的收入情况来合理地控制家庭的支出，做着全家的财务总监。而且，家庭开支的项目繁杂，打理起来其实很难把握。经过长时间的锻炼，精干的主妇就会锻炼出属于自己的成本控制方法，同时，由于经常需要挑选一些物美价廉的商品，主妇们也就练就了火眼金睛的能力。这样的主妇回到职场，如果能够做到财务或采购的职位，肯定能够做得很出色。

4.主妇处理人际时更加圆润、有耐性

通过在家里处理七大姑八大姨的关系，通过与其他主妇交流各种心得，主妇往往比常人更能懂得人情世故，懂得处理人际的技巧。而且，在与公婆、子女、丈夫相处都需要耐性，无形中练就出柔韧性与包容力。在人脉至上的职场中，若拥有主妇的柔韧身段与包容力，处事必能更圆融、不树敌，轻松建立好人缘。

这些竞争力都是做主妇的女人们所共同拥有的，但关键问题是，有些女人不懂得即时总结、反思，所以根本就没有意识到自己所拥有的竞争力，而将自己的竞争力白白浪费掉了。有这样一个女人，50多岁了，做了多年主妇之后，重返职场，竟成为了公司年销售收入第一的销售名人。

于姐今年52岁，原来是典型的家庭主妇，自2007年与老伴一起到在天津创业的儿子儿媳妇那里过春节以后，从此，生活就一点一点地改变，不到两年，成为年销售额过百万的销售精英……

本来，是儿媳妇外出与客户洽谈，闲不下来的于姐便也跟去遛遛弯，结果，看了儿媳妇的谈判之后，于姐马上对这份工作有了兴趣，说服儿媳妇后，于姐很快就进入了儿媳妇所在的公司，并成为了公司一名年龄最大的兼职销售人员。

刚进公司，于姐就开始忙了起来。对她来说，要学习的东西很多，包括电脑知识、产品知识以及如何与人沟通等等。于姐很上进，心态一直很年轻，凡是公司的新人培训，她都积极参与并认真学习，凡是不懂的问题，都努力向周围的同事咨询，方便的时候就跟着儿媳妇一起拜访客户，还尝试性地开拓自己的客户。经过两个月的努力，于姐终于一个人出门拜访客户了。她进行了充分的准备，带足了所有可能需要的材料，提前预计了与客户沟通的过程，非常准时地到达与客户约好的地方。最终，于姐用自己的专业谈出了自己的第一位客户。

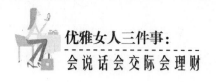

第一次的成功拜访给了于姐很大的鼓舞，她带着愉快的心情，继续着自己的销售工作，查资料、打电话、拜访客户……

结果在2008年的努力工作当中，于姐竟然成为了年度销售冠军，年收入过百万，这样一个结果并不是能计划出来的。52岁的于姐，从家庭主妇走向了职场，并成为一名销售精英。

可以说，于姐的成功并非偶然。如果让她在30年前来做这份工作，肯定无法取得如此大的成绩。但是，做了几十年主妇的于姐，锻炼出了足够的学习能力、人际处理能力和足够的韧性。因此，等到52岁来做这份工作时，除了需要学会一些最基本的业务能力之外，她做主妇所积累出的竞争力就让她脱颖而出了。

如果亲爱的你目前还是一个家庭主妇，而未来又还有重返职场打算的话，就一定要在平时就注意培养自己的这些竞争力了。同时，也不要忘了加强自己的职业知识的学习，这样，一旦你重返职场，你就能很快上手，并且表现不凡。

拥有健康，才能享受金钱

现代社会的竞争与压力使很多人都处于一种高强度的工作状态中。"过劳"经常导致浑身酸痛、神经衰弱、失眠、脱发、烦躁、忧郁等。但是，据一家报纸对近20位职场人士调查了解，这些"过劳"职场人每年花在健康上的花费却不足500元，甚至有人不足100元。这里所说的健康花费包括了体检、购药、就医、购买健康物品或健身的费用。也就是说，虽然很多职场人都知道自己"过劳"，却没有投入太多的精力和花费去调整这种"过劳"的状态。那么，你是否也是一个"过劳"的职场人？你1年在健康上会花多少钱呢？

大部分的职场人都表示，除了在重感冒时去药店买点感冒药之外，1年到头没什么钱是花在健康方面的；更有不少人表示，单位组织的体检是他们每年唯一的一次上医院。

很多年轻人自恃身体很好，1年到头不用上医院，偶有感冒上药店买点药就解决问题了，顶多花费几十元。

例如，高小姐说："自己年纪轻，身体好，当然要趁着精力好的时候多做一些项目，多存点钱，为将来的生活打好基础。我1年到头也很少生病，最多是感冒或者胃痛，自己到药店买点药就行了，算下来1年的健康花费不会超过100元。"

和高小姐类似，很多女性朋友舍得在化妆品上消费，舍得在衣物上消费，却很少关注自己的身体健康。除了在重感冒或者胃痛、头痛之类的"小毛病"发作时去药店买药之外，她们几乎不会在健康方面花什么钱。

吴小姐说："我1年的健康花费倒是没算过，不过肯定很少，因为我几乎都不到医院去。现在想起来，除了单位组织大家体检之外，我好像真的几乎不去医院，更不会在健康上花什么钱了。"

这些职场人1年的健康花费那么少，是不是为了节省开支？其实，她们并不是为了节省这笔开支，而是觉得，自己年轻、身体好，如果有轻微不适，多休息一下就好了，顺其自然。

在健康已经逐渐成为生活理念的今天，仍有许多年轻女性不喜欢做积极的健康投资。瑜伽和普拉提运动已经如此普遍，但是热衷于这些运动的人并不多，而且吃补品，也会暗地里被说成是极端保身论者。但是，归纳有经验人的意见，年轻时拥有健康的身体确实是一项重要的储蓄，而且还是一项利率很高的储蓄。

菲儿20岁前半期的时候，因为健康问题吃了不少亏。大学时期，只要为复习考试熬夜几天，一定会累得病倒；上班后，一个月至少会请两三次病假，甚至还在加班时晕倒，吓坏了许多同事。最终，她决定放弃工作，先集中精力改善身体健康。她到中医院诊脉、煮中药补品喝，又努力做符合自身体质的运动。

没过几个月，就有了明显的效果。根据中医的意见，年轻人只要稍微注意健

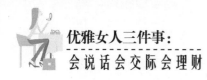

康管理，就很容易产生明显的效果，看来所言不假。她和那些过了30岁就觉得体力不支的朋友们不一样，菲儿一改从前病恹恹的样子，精力更加充沛。她储蓄的健康，在人生最繁忙的30几岁时看到了最明显的效果。

年轻的女孩子常常容易有消化不良、生理痛之类的毛病，虽然看似没有根治的方法，但只要采用饮食疗法、瑜伽等进行调理，实际上很容易得到满意的效果。还有一点是女性经常疏忽的地方，其实生理疼痛跟饮食有着很大的关系，若平常的饮食习惯能够减少吃冰品、冰冷饮料，改为多喝温水、热水，将会有效地改善生理疼痛的毛病！年轻人的身体很容易见到"药效"，因此，只要对身体稍加关心，对小毛病进行补救，将会一生受用。如果身体有不舒服的地方，那就省下两三次去美容院的钱，去买点补品吧！相信不仅是身体，连精神都会变得健康起来。

饮食的调节可以改善你的身体状况，而运动则可以增强你的体质，给你带来更多活力。如果能够坚持跑步或骑单车等运动30分钟以上，就会达到所谓"Runner'sHigh"的状态。人在这种状态下，会感到类似服用海洛因或吗啡等药物产生的快感。产生这种快感，是因为人体分泌了一种特殊的荷尔蒙。据说，这种荷尔蒙对于治疗忧郁症有特别的疗效。没有任何副作用，就能让身体感受到快乐和幸福，世上哪有比这更好的事呢？也许正是因为这样，喜欢运动到浑身是汗的人，总是看起来精力充沛。他们从来不累积压力，而是用运动的方式来释放压力，因此不会显得度量狭小，态度也更为积极向上。大家普遍认为，运动会消耗体力，让我们没有精力工作，但实际上却相反。运动就像吃饭一样，能给身体提供能量。

所以，女性瘦身节食却没有运动作辅助时，也会变得更加困难。并不是只有滑雪、打网球等要求技术装备又受环境限制的活动才叫运动。一些运动神经不发达的人，如要学习这一类技术高的运动，最终会失去热情而放弃运动，这是一种愚蠢的行为。那就从现在开始，投入一些谁都可以做到的运动吧！当然，你也没必要像某些人一样，运动到关节韧带受伤。只需做到能从运动中感到快乐，上瘾到愿意重复做运动就可以了。因为，的确有些人会像吃了魔药一样，需要做更多的运动才能感到快感。就算不一定非要达到"Runner's High"的状态，只要运动完后冲个热水澡，就会有一种想歌颂人生的心情。等到你有这种上瘾心情的时候，你的人生就会有全新的变化。

身体是革命的本钱，拥有健康才能享受金钱。亲爱的女性朋友，我们应抛弃以往"没病就是健康"的观念，不能只是在生病后才关心自己的身体，而应在平时就舍得把业余时间和财力花在强身健体上。

每月一拿到钱，请先付钱给你自己

很多女人当了妈妈以后，不论见到哪位熟人，见面的第一句话便是：你的孩子还好吧？而对方的回答也差不多大同小异："很好啊！你的小孩上幼儿园了吧？时间过得可真快啊！"即使是婚前的好友闺蜜们，只要一通电话，也总是孩子长孩子短的寒暄问候，大家似乎都忘记了曾经的风花雪月，曾经的天南海北，只觉得好不容易逮着了一个关于孩子的话题才不至于让彼此感到尴尬似的。

婚后生完孩子是继续乐此不疲的做个"黄脸婆"呢，还是忙里偷闲地还原成昔日的"美少妇"，这其实是一种不可小觑的生活态度的区分。态度的迥然不同，真的可以决定你是享受人生还是艰难度日。

生活总是一天一天地很忙碌，女人有的时候常常问自己，生活难道就是这样吗？就是这样周而复始，年复一年，直到我们白发斑斑！有时候，在无尽地工作劳累中，我们自己都会麻木、迷茫，不知道自己这样做是为了什么。

女人需要首先学会爱自己。但在实际生活中，她们往往更多的是去爱亲人、丈夫、孩子，还有事业。她们这样做着，付出了青春，付出了美貌，付出了辛勤，但却忽略了自己。其实爱人和爱己本就不该冲突，只是我们常常忘记了，想

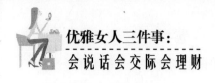
法错了，用错了方法。于是，很多女人在对别人无尽的付出中慢慢老去，孤独年老时，空剩"后悔"两字。

相反，懂得享受的女人，则在一生中，既宠爱了自己，也关照了他人，过得幸福美满，快乐自如。

王姐一边做生意，一边享受生活。她赚得的钱，一方面填补家用，另一方面，王姐从不亏待自己，该买的衣服，买！该吃的补品，吃！爱看的书，读！

我们应该做王姐这样的女人，懂得劳作，也懂得享受，劳作享受两不误。可是，我们却很少能见到王姐这样的女人，相反我们会常常见到一些女人，在买了自己心爱的物品之后会心疼。但如果是为老公添了新装，即便花再多的钱也会觉得心安理得，因为她对男人的爱是无额度无指标的。舍得无所顾忌地给自己花钱的女人少之又少。

但是，不可否认，对自己大方的女人一定比对自己抠门儿的女人过得舒服。女人，都渴望有个宠爱自己的男人，等他来安慰自己柔弱的心，但是，女人更应该想到，自己要靠自己来宠！

如果你还是在抱怨自己总是太累而没有享受，还是不舍得花太多钱在自己身上，那么，不妨参考以下九条建议，至少，从小的方面，开始对自己好一点吧！

（1）每天打扮得优雅得体，干净利落，出门前照照镜子，对自己笑笑。

（2）保护好双手，手是女人的第二张脸，准备出门前抹上护手霜，随身携带护手霜，以备在外使用。

（3）参加一到两个运动俱乐部，既能放松心情，又能锻炼身体，因为运动可以延缓衰老。

（4）交几个闺蜜知己，寂寞时叫她们陪陪，要么逛逛商场，要么一块吃饭，要么在家小聚，几个小菜，几杯美酒，知心话儿一吐为快。可以骂骂老公忽视自己，也可以谈谈孩子如何教育。

（5）在闲暇时哼着小曲整理一下衣柜，发现缺什么衣服，就拿着工资划算划算后给自己买一件，犒劳一下自己。

（6）买适合自己的衣服，穿出自己的气质，让同事们啧啧称赞的不一定是高档的服装。

（7）偶尔买一套和平日不同风格的服装，换换自己的心情，也给别人一个惊奇。

（8）经常变换发型，当然要与服装搭配。

（9）买些搭配不同发型的头饰，小的东西也可以让你觉得饶有情趣。

这些享受不需要花费太多，但是，绝对可以改变你的生活质量。我们要看到美丽的、享受生活的你，而不要看到为了生活、工作和家庭而节衣缩食、蓬头垢面、加速衰老的你。

小本生意最适合家庭主妇

小陈是位全职主妇，但是，闲得慌的她总想自己挣点钱花。后来，她所在的城市正赶上发行福利彩票，几万人涌向发行点，她想，这正是绝好的赚钱时机。那么多人需要喝水、吃饭，若每个人平均消费3元，就有好几万元的生意可做。于是，她就雇了几个年轻的姑娘，进了一些盒饭、饮料，让姑娘们摆摊卖盒饭，结果供不应求，大赚一笔。

像小陈这样的小本生意，同样身为主妇的你做过吗？你是不是每天都闲得慌，可是还是不知道应该做些什么呢？心动不如行动，其实小本生意是最适合家庭主妇来做的。

下面给大家提示几个应该注意的方面。

1.找市场盲点

大市场之间一定存在着大企业无暇顾及的缝隙市场，它非常适合小本经营。

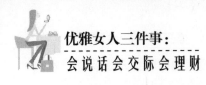

如经营与大商店商品相配套、相补充的商品；开辟擦洗、接送服务等新的行业。

2.选好地址

要做好小本生意，选择地点至关重要。例如，开家面馆或小商店，首先要了解，在这周围是否有企业、团体或汽车站，人员流动量有多大。对此，不仅要心中有数，而且还要有自己的特色，货真价实。小本生意主要做的是"回头客"，街坊、老乡、左邻右舍的口碑，就是"金字招牌"、"活广告"。

3.要额外服务

经营灶具生意的杨老板，想出了"买灶具免费送婚礼录像"这一揽客的绝招，一时间吸引了很多新婚夫妇上门购买，生意比同行好得多。主妇们就可以多根据自己的生活经验，贴心地提供一些额外服务，增加顾客。

4.灵活多变经营

经营环境常常是瞬息万变的，市场行情此一时彼一时，谁的反应速度快，适应市场的变化，谁就能赢得时间，争得经营主动权。小本经营有一个明显的优点就是"船小掉头快"，主妇们在做生意时一定要时刻保持清醒的头脑，对市场变化作出灵敏快捷的反应，抢先抓住稍纵即逝的商机，就一定能够实现小本大利。

5.服务态度要好

主妇们由于通过在家不断磨炼，脾气大都不错，因此，做小本生意时，就可以保持好的、耐心的服务态度，为自己争取到好的口碑！

6.少进多添防止积压

做好小本生意要有计划性，进货的多少要根据销量来决定，本着少进多添的原则，灵活经营，保持资本的滚动性发展。一旦造成积压，经营必然受阻，最终难免导致亏本。

7.别把利润看得太重

本来就是小打小闹，利润微薄，但容易在价格上形成优势，从而靠销量占优势来弥补价格上造成的损失。主妇在做生意时，切忌把利润看得太重，否则，迷了心眼，就做不好生意了。

在这几个方面如果都能够做好，就不愁你赚不到钱了。

小程在家做主妇久了，就寻思是否能自己做做生意，一方面赚赚钱，另一方面也充实一下自己。于是，她便开始寻找商机。

当她看到自己和好朋友都很喜欢山里的土特产时，就想到将老家边远山区那些纯天然的山货运到城里来销售。她亲自前往家乡山区组织货源，并在自己所在城市的白领集中消费区租了一个20多平方米的门面，专门销售农家山货。没多久，小程又将小店一分为二，一边为批发部，一边为零售部。为充分利用店里的空间，她又在靠门道的位置卖起了山里的苦凉茶。将半成品都堆放在店里，拿来烧成茶水卖，利润就提高了十多倍。这些苦凉茶品种有金银花、野菊花、凉茶叶……几乎全是山上野生野长的。

开始时，小程还担心这种难登大雅之堂的苦凉茶在城里卖不动，不想一经推出就大受欢迎。顾客反映，这种山里的苦凉茶虽然味道苦些，喝起来不如现代流水线生产出来的茶口感好，但原料地道正宗，在炎炎夏日里饮用真正能起到清热解毒的作用。而且每杯1元的价格，顾客都说"实惠"。

接着，小程招了两名帮工，一边卖山货，一边卖熬好的苦凉茶。结果，在短短1年时间里，居然靠卖山货与卖苦凉茶的小本生意赚到了10万元。

这些成功的案例对我们来说，都是一种鼓励。如果我们也能机缘巧合地找到市场盲点，也能根据经营诀窍摸索着一步步前进，小本生意也可让我们主妇们发财哦！

网上开店，不再为门面贵而发愁

在网购越来越普及的今天，在家工作的主妇们选择网上开店是最合适不过的

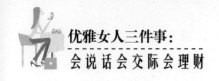

了。相比于实体店，网点有一种显见的优势，那就是省下了昂贵的门面费。

小玲子是个乐观开朗的重庆女孩，她是某网店的女掌柜。她有个爱好——吃，尤其喜欢重庆小吃，只要见到它们，嘴巴就没闲的时候，能走一路吃一路。但和其他人不同的是，小玲子不仅自己好吃，还通过网络在全国乃至世界各地发展了上千名的重庆小吃FANS。

网上开店省去了租店、注册等麻烦事，但由于是虚拟的形式，所以就要把更多的精力放在如何吸引买家上。为了提高买家的忠诚度，小玲子创立了会员制度，凡在店里购买过产品，但没有达到每次100元的就是普通会员；购买过多次但每次都没有达到100元的是资深会员；一次性购买100元以上的就成为VIP会员。

小玲子会定期给会员们发新品目录，还有免费礼品赠送。而对于VIP会员，她有个"杀手锏"：就是由她老妈亲手制作的，只有VIP会员才有机会购买的麻辣香肠和辣椒面。为了这些美食，许多买家都是直接蹦到VIP的。

随着"馋猫团队"的壮大，小玲子的生意也越做越"火"。单日的平均销售额已达到200多元，拥有固定会员近2 000名，小玲子也一跃成为"钻石级"大卖家……每个月赚个几千元轻而易举了。

很多主妇闲在家无所事事，网上逛店总是消费，钱都让别人赚了，为何不自己也开个店来赚赚别人的钱呢？别说专职来开网店了，很多上班族都会利用闲暇时间来开网店，从中赚点银子花。

26岁的林小姐，在一家外贸公司上班。由于房子装修，接触了田园风格家居饰品，并对它"一见钟情"，萌发了经营网店的想法。随后，林小姐与姐姐合伙，两个各自有工作的女生，联手开了一个名为"浪漫小熊屋"的小店，专营田园风格家居小饰品。

网店开张之后，由于信用度较低，林小姐最初的客户大部分为公司的同事和朋友。随着信用度的增加以及优质的服务，林小姐的生意慢慢好了起来。"在网上，我不仅销售自己心爱的宝贝，而且还在努力打造、推广我所崇尚的生活方式。"通过经营网店，林小姐还认识了一批志同道合的淘友。"看着自己喜欢的东西被顾客选走，我非常开心。"

像林小姐这样兼职开网店的人很多，这些优雅的女人都利用自己的爱好、专长，身兼多职，既能逛店，又能增加收入，还能交到朋友，自然做得很开心了。当然，还有一些人开网店是由实体店转过来的，主妇王阿姨就是一个例子。

王阿姨有个邻居在解放南路一家百货商店里租了柜台卖电话机，王阿姨也跟着做起了生意。可是，好景不长，百货商店突然面临拆迁，王阿姨心急如焚："因为我手上有很多存货，大概有上千台小家电没有卖出。"后来王阿姨听说在网上开店不需要场地费，生意也不错，于是在淘宝网上注册了个小家电铺子。

"当时我只是想找个渠道把存货卖了。"王阿姨的想法就是这么单纯，可是一连三个月，一件商品都没有卖掉。"第一个光顾我店铺的，是个无锡的女孩，买的是电炉，可我当时什么都不懂，不知道邮寄还有运输费。"网店的第一笔生意亏了，可是从此以后，生意却奇迹般转好了。

如今，南到海南、北到哈尔滨、西到新疆，都有她的客户。两年来，光电炉就卖了上百个，营业额超过4万元。由于成绩突出，王阿姨还被推举为淘宝南京商盟南京区区长。

可能，看到这里，很多正闲得慌的主妇们都心动了，也想开间网店试试。开网店诚然是不需要门面费，但是，开网店的你需要好的心态！

1.开网店要常怀感激之心

大多数网店刚开始时，都是亲朋好友来支持，作为店主，应该感激有这样的朋友。一个朋友开了网店后，许久没生意，后来，一位真正意义上的买家收到衣服后，说衣服太大了，就说留到明年穿算了，并且给了好评。作为新卖家，遇到这么大度的买家，实在幸运。就应该多怀着感激之心，多回馈顾客，这样，生意自然而然就好起来了！

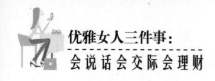

2.开网店更需要诚实的心

做生意最讲究诚信，有诚才有信。尤其是网上购物，顾客无法触摸到实物，就需要你诚实了。你诚实了，你就会争取到一个回头客。为人实在，诚恳，才能真正实现互惠互利。

3.开网店要多学习经验

没事多到那些成功卖家店里转悠，看看他们是怎么分类的，怎么陈列宝贝的，怎么促销的。还有社区论坛，就是一本很实用的教科书，只是需要我们认真地学习。虽然有时候只能依葫芦画瓢地学些皮毛，但经过自己一步步摸索、实践，也会有很大的收获。

想要做生意，但是害怕亏了门面费的主妇们，还有想做生意，但却害怕积压商品的主妇们，想做生意，但又不想走出家门的主妇们，开网店确是一种最好的选择了！如果有想法，就积极行动吧！

第16章

财富投资放眼量，幸福生活万年长

书中自有黄金屋，无事翻翻经济书

女人要想靠投资赚钱，就先学学最基本的经济学方面的知识。而学习和了解经济学常识，对于女人来说，阅读一些相关的经济类或理财方面的书籍，是一种有效的捷径。

假设你的积蓄有700万元，这时，你最想做什么呢？"有这些钱的话先去买一间房子，还有多余的钱就投资一点股票，好好孝敬一下父母，然后再把钱存到银行里。"估计像这样想法的人有很多很多。

如果你也是这样想的，接下来要考虑的是，应该在哪里买房子？买多大的面积？买什么样的房子？万一买房子要贷款的话，银行利息是多少？制订什么样的还钱计划？万一几年之间银行利息上涨的话，又该怎么解决？

当然，天上没有掉馅饼的好事，就算是偶然遇到了，不知该怎么花的人也有很多。也许你会为了赚更多的钱，反而让手上的钱飞走了。事实上，大部分中了

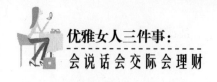

彩票的人在过了不久后，又重新回到穷光蛋的生活。

所以，不要抱怨你现在贫穷或不够有钱的状态，你目前的状态是有理由的，理由也许在别处，但更在你自己身上。闲下来没事做的时候，为什么要抱着电视看到眼睛发酸，都不肯拿起经济学的书品读一下？逛街逛到脚磨起泡的时候，为什么都不愿意看一看书里介绍的投资的技巧？看电视消耗掉的是你有限的青春，而看看书，却能够让你学到赚取财富的办法。

一位女性朋友曾经对理财和投资一窍不通，但是她有个很好的习惯，就是读书。她曾经把《穷爸爸富爸爸》等投资理财的书看了很多遍，当她觉得自己明白了经济与投资的常识之后，她拿出自己的储蓄开始尝试按照书中的方式进行投资。结果她发现，自己通过之前的阅读对投资已经培养出一定的敏感度，并且知道如何规避风险，几年下来，她的财产翻了一番。现在，她除了坚持投资以外，还在努力阅读更多更好的财经读物，让自己不断提高。

相反，如果没有足够的经济学知识，没有很好的理财规划，即使你一时有钱了，过不了多久，还是会恢复原状。有这样一则新闻：某年轻人中了500万元的彩票，他拿出100万元分给了自己的父母兄弟姐妹，拿400万元自己做投资。但是他之前对理财根本一窍不通。结果，两年之后，400万元全部在他手中消失，还欠下了几万元的债，他身体也垮了，没钱回家，最终还是被亲戚接回家里。

你不需嘲笑这个人，其实，如果你也总是沉溺于虚假的肥皂剧的幻想中，不愿意看看经济学的书，不愿意学学理财知识，那么即使你也有他的好运中到头彩，也同样会难以把握住突然到你手中的钱。

所以，女人应该明白一个道理，改变命运的密码，其实就藏在书中。我们现在最缺的，就是从书中找寻这把钥匙的勇气和毅力。而敢于一头扎进书里认真学习经济学知识和理财知识的人，都会有所收获。

别的女人可能正在享受暂时安逸的生活，常读经济书的女人却提前看到了自己未来的生存危机，将自己的精力挪到了充电的环节上。很多女人根本不愿意克服自己的惰性，来弥补一下自己在经济、理财等方面的知识欠缺，因而总是日复一日地处于一个抱怨、哀求、穷苦的生活状态中。

我们要做个优雅的、独立的、坚持的、有主见的女人。在投资理财时，如果没有最基本的经济学方面的知识作铺垫，我们如何进行？恐怕只能随大流了，可是你要知道，随大流永远赚不到大钱，但却很有可能赔大钱……有了基本理财知识的女人，可以按照自己的主见作出决定，即使亏了，也是一种经验的累积，而不是一种后悔。所以，当我们沉浸在韩剧、日剧中不能自拔时，当我们在家里无聊得只想睡觉时，不妨在家里贴一张纸提醒一下自己，该看看经济学方面的书了，看书就是挣钱！何乐而不为？

投资债券如何稳赚不赔

估计很多女性朋友都有购买债券的经历，但是可能就在这些有购买经历的朋友中，很多人却连债券是什么都分不清。

债券是一种有价证券，是社会各类经济主体为筹措资金而向债券投资者出具的，并且承诺按一定利率定期支付利息和到期偿还本金的债权债务凭证。由于债券的利息通常是事先确定的，所以，债券又被称为固定利息证券。

正是因为债券的利息通常是事先就确定的，所以，相对于其他风险高的投资类别来说，债券相对来说应该是非常安全的投资工具了，尽管债券的回报率低了点，但是由于债券的种类不同，其收益和风险程度也不尽相同。如果合理搭配，就可以做到债券投资稳赚不赔。下面我们就根据我国目前的债券类别给大家介绍一下投资什么样的债券才能够赚钱。

地方债。这种债券虽无风险，但其利率低于定期存款利率，所以，这种债券受欢迎程度不高。如果买地方债，还不如直接存银行的定期了。

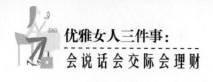

公司类债券。公司类债券有一定的风险，因为其还款来源是公司的经营利润。但是任何一家公司的未来经营都存在很大的不确定性，因此公司债券持有人承担着损失利息甚至本金的风险。所以，这种债券不适合普通老百姓投资，而适合比较了解公司经营状况，眼光精准的投资者。

城投债。由于缺少科学的评级体系，这种债券存在着潜在偿还风险，且受资金投出成效影响，也不适合普通老百姓投资，建议大家慎重。

债券基金。在国内，债券基金的投资对象主要是国债、金融债和企业债。债券基金有以下特点：①低风险，低收益。由于债券收益稳定、风险也较小，相对于股票基金，债券基金风险低但回报率也不高。②费用较低。由于债券投资管理不如股票投资管理复杂，因此债券基金的管理费也相对较低，③收益稳定，投资于债券定期都有利息回报，到期还承诺还本付息，因此债券基金的收益较为稳定。④注重当期收益。债券基金主要追求当期较为固定的收入。相对于股票基金而言缺乏增值的潜力。债券基金较适合于不愿过多冒险，谋求当期稳定收益的投资者。

凭证式国债。这种债券无风险，适合资金基本不需动用的人，投资门槛是最低1 000元，可以通过银行柜台交易，其收益高于银行定期存款利率。这是一种纸质凭证形式的储蓄国债，可以记名挂失，持有的安全性较好。

记账式国债。这种债券也没有风险，适合有流动性需求的年轻人，投资门槛为最低1 000元，可以通过银行柜台、证券交易所交易，其收益略低于同期存款利率。认购记账式国债不收手续费。但不能提前兑取，只能进行买卖。记账式国债的价格是上下浮动的，低买高卖就可以稳赚不赔。记账式国债期限一般较长，利率普遍没有新发行的凭证式国债高。

电子储蓄国债。这种债券也无风险，适合对资金流动性要求不高的人，它只能通过银行柜台交易，其收益高于银行定期存款利率。电子储蓄式国债的投资门槛较低，一般100元为起，按100元的整数倍发售，不可以流通转让，但可以按照相关规定提前兑取、质押贷款和非交易过户。电子储蓄国债在提前兑取时，可以只兑取一部分，满足临时部分资金需求。另外需要注意，电子式国债的质押需要系统支持，不是每个银行都能办理。

在看完这些介绍之后，估计我们都已经大致清楚该选择什么样的债券可以稳赚不赔了。主要是最后面的这三种！当然了，债券式基金尽管很受欢迎，但毕竟有一定风险，而且严格来说，它属于基金而非债券，所以这里不列入我们稳赚不赔的项目。

也有些人觉得债券投资收益太小，便不愿意做这种投资，其实不然，只要坚持，还是能够获益不少的。而且，债券投资也并不只是收入一般的普通老百姓会选择的投资工具，很多资本充足的有钱人也会选择这种投资方式。

张女士是一位私营企业主，前两年在股票、基金市场都有投资，且获利颇多。今年年初，其朋友的公司正好需要一笔短期资金，张女士就卖出手上的股票、基金，清仓了！没想到，这一卖竟意外躲过了股市大跌。上个月，朋友还回了钱，躲过大跌而有些后怕的张女士再进行投资的时候，既没有再考虑买入股票，而是想到投资低风险、安全的品种。在一位做基金经理的朋友建议下，张女士最终果断选择了投资债券。张女士买入的这家公司债年回报率在8%以上，与银行存款等固定收益投资相比，利率还是高出不少，更主要的是风险很低。据了解，在买入这家房地产公司的公司债之前，张女士专门和基金经理朋友一道前往公司进行了考察，发现该公司发展前景不错。

为什么张女士会选择这种方式呢？其实很简单，因为通过买债券能够安安稳稳地赚小钱，赚得虽少，可是稳赚不赔，心里踏实！毕竟这世上稳赚不赔的投资是很少的。

基金，让你的投资遍布全世界

应该说，基金是一种人气指数比较高的投资产品，很多女性都热衷于购买基

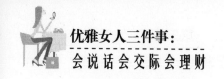

金。因为它相对股票来说，风险比较低，适合普通大众做投资。不过，对于新手来说，要想很快弄懂基金也不是一件容易的事情。

简单来说，基金就是一种间接的证券投资方式。它是由基金管理公司发行基金单位，集中投资者的资金，再由基金托管人（即具有资格的银行）托管，由基金管理人管理和运用资金，从事股票、债券等金融工具投资，然后共担投资风险、分享收益。形象地说，就是很多人把钱交给一个共同的"大管家"，这个管家来帮助这些做投资的人来用钱，代表他们投资，最后，投资所得或所失，所有买基金的人共同承担，正所谓"有福同享，有难同当"。这样，就有一个"大管家"帮助你来做投资，而且大管家还有专业的投资知识。尽管你只出了一部分资金，但是别人与你出的钱共同被"大管家"管理之后，"大管家"代替你将你的资金投向各个领域，甚至还会投向国外。这就为偷懒的你解决了大麻烦了。

另外，对于基金的种类，可能刚刚开始学习的女性朋友们不太了解，这里，简单地对几种基本的基金种类做一个介绍：

根据基金单位是否可增加或赎回，可分为开放式基金和封闭式基金。开放式基金不上市交易，一般通过银行申购和赎回，基金规模不固定；而封闭式基金有固定的存续期，期间基金规模固定，一般在证券交易场所上市交易，投资者通过二级市场买卖基金单位。

根据组织形态的不同，可分为公司型基金和契约型基金。公司型基金是通过发行基金股份成立投资基金公司的形式而设立的；由基金管理人、基金托管人和投资人三方通过基金契约设立的，通常称为契约型基金。当然了，目前我国的证券投资基金均为契约型基金。

根据投资风险与收益的不同，可分为成长型、收入型和平衡型基金。

根据投资对象的不同，可分为股票基金、债券基金、货币市场基金、期货基金等。

大致来说，基金的基本种类就是上述这几种。由于篇幅所限，每一种基金具体的特点就没办法详细展开了。建议对基金感兴趣的朋友们可以阅读专业的书籍来了解每一种基金的具体特点，寻找适合自己投资的基金类型，而不要盲目跟随别人去购买。

很多人虽然在投资基金，但是，对基金其实并不是很了解。他们可能只是盲从而已。为什么要选择基金作为你的投资工具呢？它有什么特殊的地方？我想，这是每一个想要投资基金的女性朋友都需要了解的问题。

1.基金是一种集中的理财方式，管理更加合理

正如上面所说，基金需要一个"大管家"来帮助众多的投资者理财。也就是说，基金将众多投资者的资金集中起来，委托基金管理人进行共同投资，这样，它就表现出一种集合理财的特点。通过汇集众多投资者的资金，积少成多，有利于发挥资金的规模优势，降低投资成本。基金由基金管理人进行投资管理和运作。基金管理人一般拥有大量的专业投资研究人员和强大的信息网络，能够更好地对证券市场进行全方位的动态跟踪与分析。因此，相对于外行来说，中小投资者可以通过这种形式直接享受到专业化的投资管理服务。而这正是其他投资项目所难以拥有的特点。

2.基金以组合的方式来分散中小投资者的风险

稍微了解一点基金的投资者都知道，基金的风险相对较低。而至于为什么基金的风险低，可能就没几个人能答得上来了。我国《证券投资基金法》规定，基金必须以组合投资的方式进行基金的投资运作，从而使"组合投资、分散风险"成为基金的一大特色。"组合投资、分散风险"的科学性已为现代投资学所证明，中小投资者由于资金量小，一般无法通过购买不同的股票分散投资风险。基金通常会购买几十种甚至上百种股票，投资者购买基金就相当于用很少的资金购买了"一篮子"股票，某些股票下跌造成的损失可以用其他股票上涨的盈利来弥补。所以，你就相当于和别的投资者一起，用他们的钱来帮助你买多样化的股

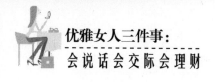
票，如果赚到了钱，那么，你就可以拿回属于你的利润；如果赔了钱，那还有别人帮助你分担。

3.基金的"管家"不能觊觎你的资金

很明显，如果你投资了基金，那么你就是一定份额基金的所有者。你和其他的基金投资人共担风险，共享收益。基金投资收益在扣除由基金承担的费用后的盈余全部归基金投资者所有，并依据各投资者所持有的基金份额比例进行分配。为基金提供服务的基金托管人、基金管理人只能按规定收取一定的托管费、管理费，并不参与基金收益的分配。所以说，帮助你和其他投资者管理你们的资金的基金托管人，是不能觊觎你们的资金的。这就可以让投资者放心了。

4.中国证监会帮你来监管

看了上一条，可能有人还是不放心，万一帮助我管理资金的基金托管人，也就是我们的"大管家"动了歪心思，把我们的资金都给骗走了怎么办？正是因为考虑到这一点，为切实保护投资者的利益，增强投资者对基金投资的信心，中国证监会对基金业实行比较严格的监管，对各种有损投资者利益的行为进行严厉的打击，并强制基金会进行较为充分的信息披露。所以，在这种严厉的监管之下，基金的信息十分透明，可以让投资者也做一个监督者，这也是基金的一个显著特点了。

5.用你资金的人与保管你资金的人不是同一个

如果负责管理你的资金的基金"大管家"同时又能够帮助你做投资，那么，对他如何用你的资金就难以形成有效的监督了。所以，为了形成有效的监督机制，基金管理人负责基金的投资操作，却并不经手基金财产的保管。基金财产的保管由独立于基金管理人的基金托管人负责。因此，这种相互制约、相互监督的制衡机制对投资者的利益提供了重要的保护。这种保护加之证监会的保护，就更加提高了基金的安全性。

尽管女性朋友们的安全感一般比较低，但是，基金可以让所有的女性朋友们打消种种顾虑，让对财经信息头疼的女性朋友们省下不少精力。因为有人可以帮助你来打理你的资金了。优秀的基金经理，会将你的资金按照不同的比例分成不同的份数，然后根据各种资金市场的情况进行合理投资，你的资金的触角就伸到了很多不同的市场。这是你自己去投资所难以做到的，而且，你也不必一个人承担这些投资的风险，而是有其他的投资人与你共同承担。所以，女性朋友们热爱基金，也就有因可循了。

外币投资的赚钱攻略

利用外汇的差价赚钱，也就是俗称的"炒外汇"。相对于其他投资形式，在普通老百姓中，利用这种形式投资的人相对稀少。但是，这里还是不得不提及这种赚钱方式，懂得外汇的人，仅仅就是利用几个数字的差别，就能从中捞取巨大的利润。

简单地说，外汇就是外国货币或以外国货币表示的能用于国际结算的支付手段。外汇交易是以一种外币兑换另一种外币。而汇率又称汇价，指一国货币以另一国货币表示的价格，或者说是两国货币间的比价，通常用两种货币之间的兑换比例来表示。我们都知道，各个国家的币值不是固定不变的，而是会随着经济状况上下波动，这样，一个国家的币值发生变动，那么这个国家与其他国家的汇率就发生变动了。能够及时抓住汇率变动的信息便可获利，目前，国内很多银行都推出了外汇汇率投资业务，手中拥有外汇的人士可以考虑参与外汇汇率投资交易从而获利。当然了，这种投资需要外汇专业知识做基础，盲目投资的话，不仅赚不到钱，还会赔不少。

何老师是某财经杂志的编辑，由于职业的关系，她经常能通过采访结识一些炒汇族，耳濡目染，也渐渐了解了不少炒汇方面的知识。看着许多老汇民们在汇

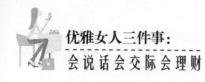

市中经历洗礼痛并快乐着，去年何老师也动了进入外汇市场的心思。于是，她从银行取出了1万美元的存款放进了炒汇的账户中，加入了炒汇一族。从开始炒汇到现在，说起其中的起起落落，何老师感慨良多。

这事说来也怪，很多投资者在刚刚进入一个投资领域时，也不知是运气好，还是因为初次尝试，心态比较谨慎，在刚开始的投资阶段，总是比较顺利。何老师也不例外，说起自己最早的炒汇经历，何老师抑制不住兴奋的心情。"我曾经用10分钟赚到200美元，而且是实盘交易。"说到当时的成功交易操作，何老师至今记忆犹新。她初进入汇市时，一开始并没有怎么上心，只是工作之余有空闲的时候研究一下，偶尔操作一次，赚钱和赔钱的几率都不是很大。因为是实盘交易，每次操作还要被银行扣掉30个点差，因此她一直觉得靠炒汇赚钱太难了，所以也就没想着真靠这个来赚钱，总是抱着谨慎的心态小心地操作。

但是，炒了两三个月之后，突然地一次走好运，让她彻底改变了炒外汇不能赚钱的想法。当天央行公布了新的汇率体制改革方案，决定将人民币升值2%。由于何老师所从事的职业是财经编辑，每天都会上网监控所有财经网站，所以当天晚上7时她第一时间监控到了这个消息。"当时我的第一反应就是全仓买入日元。"果然如她所料，日元在短时间内迅速蹿升2万个点，她手中的1万美元也迅速转成了日元，并且几乎跟随了日元上涨曲线的全过程。也就是短短的10分钟，200美元的收入进账。这次的赚钱机会来得如此的突然，也如此的轻松，让何老师觉得，自己以前真是想错了，看来外汇还是很值得炒一炒的。

可能有些女性朋友们心里已经开始有些痒痒了。别看何老师炒起来那么简单，炒外汇其实并不是我们想象中那么容易的。它的风险值比较高，而且对汇率方面的专业知识要求比较高，如果没有这方面的专业知识做铺垫就盲目投资，就等于白送钱了。如果有兴趣想要尝试这个领域的女性朋友们需要注意以下几个技巧：

从免费模拟外汇交易入手，在模拟战中提高本领。现在不少外汇网站都推出了模拟交易盘。刚参与外汇交易的投资者，不妨利用这个免费"实习平台"耐心学习，循序渐进，不要急于开设真实交易账户。注意：要以真实交易的心态去做模拟交易，这样才能更快进入状况，不能抱游戏心态模拟操盘。

投入资金须量力而为，切忌挪用生活必须金，切忌过度交易。与其他类型投资一样，要用余钱"炒外汇"，才能保持心态平衡，而不会孤注一掷、急躁冲动。资金压力过大，会误导投资策略，徒增交易风险，可能引发较大错误。因为即使经验丰富的外汇交易人员也会判断失误，必须预留缓冲地带。

外汇交易不能只靠运气和直觉，需尽快确立自己的盈利模式。如果你没有固定的交易模式，那么获利便是随机的，即靠运气。这种获利是不能长久的，今后碰到运气不好的时候，就会亏损。为了避免致命性错误的产生，记住一个简单法则：一旦损失达到事先设定的限度，不要犹豫，立即平仓！善用止损，才不至于出现巨额损失，导致"崩盘"发生。止损之后，则不要惋惜。要学会坚决执行交易策略，不要找借口推翻原有决定。

炒汇这种理财方式，应该说不太适合没有任何经济学基础知识的女性朋友，也不太适合家里闲散资金并不充足的朋友。上面所说的三种技巧，只是作为提供给确实有些理财知识，而且对外汇投资十分感兴趣的女性朋友们的入门经。在入门之后，还有更多的技巧都是个人化的，不同的人在炒外汇的过程中会慢慢形成自己的风格，这就需要我们自己去探索了。

黄金投资，让你成为金女人

黄金，一听就是一个高贵的词。谁不希望自己家里藏着一箱子黄金呢！如今很多有理财头脑的女性朋友都知道，黄金不仅仅作为女性最喜爱的饰物，也是适

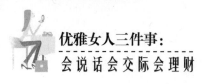

合女性的投资品种之一。

正是因为黄金的贵重以及投资的优势，很多女性朋友都热衷于"炒黄金"，而且，通过黄金投资赚到不少银子，即使赚不到钱，黄金也可以保值，帮助家庭抵御通货膨胀，抵御金融危机。

王佳就是在2004年的时候，把自己更多的时间和精力放在了金银币投资上。那时，她通过分析认为，当时的股市低迷、基金乏力，也许投资金银币是个不错的选择。后来，做了几年金币收藏的王佳有了一个根深蒂固的观念，"不管价格怎么样，黄金永远也是黄金。"奥运会之后的一段时间，黄金的价格水涨船高，王佳也在黄金的投资中获益不少，这让她说起黄金就兴奋。

在选择投资黄金时，王佳和很多其他的女性朋友一样，都选择了金币作为投资对象。金币的基础材料就是黄金，比黄金本身还贵出了手工费、艺术感，无论怎么贬值，其价值都不可能低于市场上黄金的价格。黄金本身又是硬通货，有保值的作用。在收藏品投资领域一直有这么一句话：只要时间耗得起，总归还是会升值的。这句话对金银币投资也同样成立，因为黄金本身是稀有金属，物以稀为贵。而且，市场上每次投放的金银币量都是受到控制的，一段时间后想买的人即使有钱，也不一定能买到。

收藏黄金一方面除了能够做投资，让它升值外，另一方面它还有一个很重要的作用，那就是抵御通货膨胀。在通货膨胀时，最不好过的就是家庭主妇了，因为什么东西都在涨价，只有工资没有涨，这时候家里日渐涨起来的开支往往让主妇们头疼。而投资实物黄金是一个非常好的抵御通货膨胀的方法。因为黄金具有抵抗通货膨胀的长期保值功能。黄金的长期保值性就在于：等量的黄金可以换到等量的商品或服务，可以抵御通货膨胀带来的币值变动和物价上涨的影响。以英国著名的裁缝街萨维尔罗街的历史来看，两百多年来，这条长约300米的小街上，一套量身定制的高档西装的制作价格，折算成黄金，基本稳定在五六盎司，这是黄金购买力在一个很长时期里保持稳定的明证。也就是说，无论商品的价格怎么变，其对黄金的相对价格都是基本固定的。

当然了，很多人一听到购买黄金有这么多的好处，就一哄而上，疯狂地购买。殊不知这样其实并不好，购买黄金，需要根据各自不同的情况量力而行，而且，还需要保持好的心态。一般来说，黄金的平均价格每年都保持在15%以上的涨幅，收益比较稳定。不过，想要投资而不是消费黄金的女性朋友们要注意，尽量不要买饰品来投资，饰品的价格要远远高于金条的价格，不划算。想要通过黄金投资理财者，最好选择可回购的实物金条。

最后，还是需要提醒一下，不同家庭的黄金投资计划是不同的，所以，作为家里"掌金大人"的女人们，不要和别人攀比而盲目投资。而要根据自己的实际情况来合理投资黄金。

生活富足的"阔太太"适合投资实物金。这类女性朋友们可大胆地将投资资产的15%进行黄金投资，对冲目前理财市场上存在的风险。

年轻的妈妈们则可以少量投资黄金为孩子准备教育资金。该阶段的女性承受着工作和照顾孩子的双重压力，没有太多精力关注投资，但当有跟小宝宝有关的实物金推出时，适当关注一下，既放松了心情，又为孩子积累了财富。

未婚或者是刚刚新婚的女性朋友们，适合定期购买金条。比如说，赵小姐刚新婚不久，"家底"不厚的她，为了给自己的小日子提供更多保障，定期与老公投资金条，一般每个月投资一根20克的金条，每两三个月投资一根50克金条，随着时间的推移，这种"定期存款"的优势会逐渐显现，不知不觉中，他们的"家底"就厚实了不少，同时还规避了投资风险。

当然了，不管你目前处于哪种阶段，都需要切记一点：千万不要为"金女"着了迷，不顾家庭实际情况盲目地购买黄金，这样对你只会有害而无利。"金女"是慢慢地镀出来的，不是靠急性子就能一步到位的。

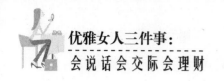

股票，女人新的理财名片

在城市，白领丽人们是新趋势——从最新款的移动电话到汽车以及咖啡饮料等的第一追随者，而今天，她们还站在了另一种新时尚的前沿：股市投资。

全美投资协会统计表明，纯由妇女组成的股票投资俱乐部，年平均收益达21.3%，而纯由男子组成的股票投资俱乐部，年平均收益只有15%。女人炒股，便由最初的小女人开始投身大世界。她们不再只看言情剧，而开始看新闻联播，关心GDP，关心政治，关心经济。股票改变的不仅是女人的钱袋，更是女人的生活方式。

在股市行情大好时，她们甚至忘记了失恋的痛苦，单身的寂寞。女人与股市发生关系后，她们变得独立、坚强、勇敢，新鲜的生活方式让她们趋之若鹜。从几年前的女人要有自己的房，到现在要有自己的股，她们不断成长、独立，不断创造出属于自己的新天地。

投资股票的兴趣最初仅限于经验丰富的老股民，而目前已蔓延到更广泛的社会领域，特别是在大中城市。现在越来越多没有炒股经验的人去开户，股民的年龄越来越年轻化。很多股民甚至是还在大学读书的学生，股票真的成为新新人类的理财名片了。

小王是一位媒体工作者，有空时她总会关心一下股市和一些银行的理财产品。她总以小股民自居，"资金少、胆子小"，别人把股市当作收割机，希望很快就挣得盆满钵满，她却以平常心看待股市。

她有一班经常一起吃饭的朋友，朋友们从来不东家长、西家短的，话题最集中的就是手中的钱投资什么最容易增值，买什么股票最好，朋友们都炒股，方式各不相同，各有各的精彩。那是她们聚会的话题，也是她们的业余生活。小王拿5万元左右来炒股，也不指望暴富，有点收益就行，要知道，在银行5万元存1年定期，只有1 000元的利息，股市的收成总比放在银行里多。

小王觉得自己像一个收拾麦穗的农民，总是不紧不慢地提着篮子拣剩余。不过保守有保守的好处，股市行情不好时，小王依然有10％的进账，这已经比银行利息高了好几倍。有了这额外的收入，小王就拿这点闲钱买打折时装，与朋友喝茶吃饭，炒股也变得其乐无穷。

大多数的股东们只是拥有一份普通职业，不论你是教师、司机、医生或学生都可能是某家公司的股东。所以即使你不是百万富翁，或甚至身无长物，你也可以投资股票。

倾听专家建议，进行专业咨询

很多时候，银行和保险公司为了宣传自己的理财产品，会举办一些理财产品推介班，尤其是针对新推出的理财产品等目的性强的推介班。如果有类似机会，建议女性投资者千万不要错过！

其次是参加理财专业人士办的各种财富培训班。他们会为理财投资初学者，系统、详细、有重点地讲解各种理财基础操作技巧，如有专门讲解如何贷款、如何购买保险、如何选择合适的理财产品等等。女性朋友可以通过朋友介绍和自己的了解，选择其中的较为优秀的理财产品参加培训。

通过理财专家的直接讲解和指导，能深一步掌握各种理财产品的优势和劣势、相关投资手法、理财投资的要领和诀窍。另外，还可以随时针对自己一知半解或者不懂的地方，向理财专业人士现场求教。

演员萧蔷对理财一向抱着"钱来得快也去得快"的态度。她表示，以前自己没有那么多钱时，因为对投资不感兴趣，有多少花多少，后来手头比较宽裕了，她就交给别人管理。萧蔷理财的方法采取稳健保守路线，大部分钱交给母亲，其

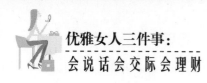

他交由专家处理。

"绝大多数都投资国外的共同基金，有些钱也花在房地产上，不过买的房子都是自己住，没有打算靠这个赚钱。""我不知道他们（专家）是怎么分配购买，现在的状况还好耶，基本持平，没有赔钱。我还是比较信赖专家的。"

让懂得理财的人去为自己打理钱财，而自己趁着年轻，多做一些自己喜欢做的事。

当然，所谓专家就是在某一领域内比较专业的人士，但是虽然他们很了解行业内的情况，但是最了解你自己情况的人还是你自己，所以专家的话你要慎重地考虑，从自身的条件出发，不可盲目地不加选择地接受。

在证券市场投资当然要紧跟主力，券商、基金都是主力。但是，现在看券商报告和听一些基金经理的分析，会发现水分很大，虚多实少。也许，他们站在什么立场上，就要为谁说话。市场真正的底和顶的点位是没有人能看透的，不管在什么样的市场环境下都提倡走一步看一步，看一步再走一步。没有人能猜得到市场的底究竟在哪里。

所以，女性朋友们要注意，对于专家的话不可不信，当然也不可全信。